密闭环境暴露组学与人体效能研究

许硕贵 王川 王子莹 方晶晶 主编

清华大学出版社
北京

内容简介

本书介绍了国内外环境暴露组学的总体研究情况，重点描述了：密闭环境暴露有害因素、内暴露和外暴露采样技术、环境暴露组学的分析方法、环境暴露组学的分子实验技术及统计方法、基于多种生物样本的暴露标志物分析、环境暴露组学的可穿戴设备开发应用以及多组学技术和精准医疗等内容。内容翔实，实用性强，有助于预防医学和公共卫生管理人员、各类职业卫生专业人员掌握环境暴露组学的相关知识，提高对环境暴露危险因素的风险评估和控制。也可供预防医学、公共卫生学以及卫生管理专业本科和研究生使用。

版权所有，侵权必究。举报：010-62782989，beiqinquan@tup.tsinghua.edu.cn。

图书在版编目（CIP）数据

密闭环境暴露组学与人体效能研究/许硕贵等主编.
北京：清华大学出版社，2024.6. --ISBN 978-7-302-66443-7

Ⅰ．X503

中国国家版本馆CIP数据核字第2024RS8760号

责任编辑：肖　军
封面设计：钟　达
责任校对：李建庄
责任印制：沈　露

出版发行：清华大学出版社
　　　　网　　址：https://www.tup.com.cn，https://www.wqxuetang.com
　　　　地　　址：北京清华大学学研大厦A座　　　邮　　编：100084
　　　　社 总 机：010-83470000　　　　　　　　　邮　　购：010-62786544
　　　　投稿与读者服务：010-62776969，c-service@tup.tsinghua.edu.cn
　　　　质量反馈：010-62772015，zhiliang@tup.tsinghua.edu.cn
印 装 者：三河市龙大印装有限公司
经　　销：全国新华书店
开　　本：185mm×260mm　　　印　　张：17.25　　　字　　数：350千字
版　　次：2024年6月第1版　　　　　　　　　　　　印　　次：2024年6月第1次印刷
定　　价：198.00元

产品编号：107894-01

主编简介

许硕贵

主任医师，教授，医学博士，博士＆博士后导师。上海长海医院战创伤急救中心执行主任兼创伤骨科主任，急诊医学＆创伤骨科学科带头人。全军科技领军人才、学科拔尖人才，上海市医学领军人才。负责的海军特殊作业环境人体效能增强技术创新团队入选"首批海军高端科技创新团队"，海军院士培养对象。兼任中国医师协会急诊分会副会长、解放军急救专业委员会副主任委员、上海市医学会急诊专科分会副主任委员。长期从事急性伤病的临床诊疗与基础科研，以第1完成人获得国家科技进步二等奖1项（2016）、军队科技进步一等奖1项（2014）、上海市科技进步一等奖1项（2013）；主编专著4部，以第一＆通讯作者共发表论文162篇，其中SCI论文77篇，授权专利101项，其中发明专利13项，转化后临床应用获CFDA批件9个（Ⅲ类证7个）。2014年荣立个人二等功一次。

王 川

博士，副研究员，硕士生导师，主要从事航海人因工程与特殊环境作业人员人体效能增强技术研究。担任分子神经生物学教育部重点实验室副主任，航海人因工程实验平台负责人。中国人类工效学学会理事兼生物力学专业委员会副主任委员，中国系统工程学会人-机-环境系统工程专业委员会副秘书长，浙江大学兼职副教授。入选"首批海军高端科技创新团队"。海军特色医学中心"科技创新卓越人才"培养对象。主持国家自然科学基金面上项目、国家科技部重点研发计划、中央军委及海军主管的军事课题、国家重大武器装备型号科研项目、军民融合项目等各类课题20余项。主持制定军用标准4项。授权国家发明专利7项、实用新型专利5项、软件著作权登记11项。主编《生物节律与神经认知》《航海作业中的环境行为学》《装备人因工程》《密闭环境作业人员健康风险评估》等4部著作，发表SCI和EI论文40余篇。多次执行深海密闭空间水下长远航重大军事任务。先后组织完成多批次多人次"潜艇环境模拟舱大型人体封舱试验"，被央视CCTV-7，央广网、央广军事、中国军事网、国防时空及《人民海军报》等多家权威媒体报道。2022年完成国内首次"潜艇环境模拟舱艇员生物节律紊乱调控干预大型人体试验"，被《科技日报》和《人民海军报》报道。获教育部和中央军委联合举办的"源创杯"创新创意大赛全国一等奖。

王子莹

　　博士，助理研究员，从事航海特殊环境人因优化与作业工效提升技术研究。航海人因工程研究团队核心骨干，入选"首批海军高端科技创新团队"。现任分子神经生物学教育部重点实验室核心骨干暨认知障碍干预研究方向负责人，中国人类工效学学会生物力学专业委员会委员，《装备环境工程》审稿人。主持上海市军民融合项目（省部级）1项、中央军委课题4项、海军课题1项、教学成果培育项目1项。参与制定军用标准3项。参加中央军委及海军各类军事课题10余项。多次赴海军一线部队参加重大武器装备演习演训任务，撰写的多篇建议报告被机关采纳。以第一作者和通讯作者发表SCI论文10余篇（其中3篇影响因子＞10分），EI论文7篇，核心期刊5篇。授权发明专利4项，实用新型专利2项、软件著作权登记7项。编写著作4部。获军队"四有"优秀文职表彰。

方晶晶

博士，副研究员，硕士生导师，主要从事舰艇环境有害物质检测及控制、非金属材料安全评价研究。兼任国家教育部学位中心学位论文评审专家，中华医学会航海医学分会常任理事，上海人工智能学会副秘书长。承担国家自然科学基金、国家工信部、军队重点科研项目及上海市重点课题10余项，主持修订国家军用标准30余项；获军队科技进步二等奖2项、三等奖5项、授权发明专利8项、实用新型专利10项。享受军队优秀专业技术人才三类岗位津贴，海军高新工程关键技术岗位津贴。主编专著1部，发表论文50余篇。担任Waste Manegement、Journal of the Air & Waste Management Association、Journal of Chenical Technology & Biotechnology、安全与环境学报、环境工程学报等十余家国际国内学术期刊审稿人。

编委会

主　编：许硕贵　王　川　王子莹　方晶晶

副主编：王志鹏　姚向辉　彭　军　王　建
　　　　　吕　凡　林本成　税光厚

编　委：（按姓氏笔画排序）

　　　　　王小军　王宝成　王晓茜　丰　斌　石　玥
　　　　　卢东源　田　蕾　吕　薇　刘　璇　刘晨曦
　　　　　刘焕亮　李　康　杨　桦　来文庆　吴廉巍
　　　　　何品晶　张亚萍　张雅宣　张皓宇　陈东宾
　　　　　赵广宇　周运超　姚　远　聂慧鹏　徐浩丹
　　　　　高忠峰　康心悦　程航涛　谭　伟

序 一

密闭工作环境包括封闭式驾驶室、封闭隔间、密闭车厢、飞机、潜艇、航天飞船等空间。与大气环境或一般室内环境相比，密闭环境中含有更高浓度的有害物质，环境暴露对人体造成的危害更大。暴露有害因素包括化学有害物质、物理有害物质和其他有害物质。环境污染物的暴露会导致遗传毒性、代谢紊乱和各种疾病风险。研究环境污染物暴露的毒性作用机制和影响过程，是评估其健康风险、制定相应管控策略的基础。

人可能会有在密闭环境中连续数小时乃至数天、数月的职业暴露，或是特定情况下紧急暴露的情形，因此需要根据特定密闭环境筛选出一定时间内的暴露指导污染物。人体生物样本是分析人体环境暴露程度的有效途径之一。通过分析样本中的代谢产物等生物标志物，可获取个体及群体暴露化学环境的种类、水平以及变化趋势。随着高通量检测技术的发展，组学手段在环境暴露领域得到广泛应用，研究人员利用组学手段（如基因组学、转录组学、蛋白质组学、代谢组学）来研究环境暴露导致的生物学变化，揭示复杂的生物学相互作用和信号转导过程。

环境暴露组旨在评价整个生命过程环境因素对机体疾病和健康状态的综合影响，因此如何系统和全面考察复杂暴露组样本中所有与环境暴露相关的标志物是环境暴露组学的关键点。暴露组学分析样本覆盖水、空气、土壤、灰尘、植物、食品、人类样本等，其分析的目标成分包括全氟、多氟烷基物质，水中残留的药物，土壤中残留的杀虫剂、多环芳香族化合物，空气中挥发性、半挥发性有机物，灰尘中的阻燃剂，食品包装和人体内的塑化剂、杀虫剂和卤代化合物等。气、液相质谱分析等技术在暴露组的定性和定量分析方面相对成熟，并且具有高覆盖度、高精度、高灵敏度和高通量的特点。目前组学分析的研究趋势是开展多组学等联合分析以获得全面、深度的综合信息。

该书主编许硕贵教授、王川副研究员和王子莹助理研究员来自海军特殊环境作业人体效能增强创新团队。该团队一直从事特殊环境作业人群人体效能增强技术研究，近年来主持承担国家科技部重点研发计划、国家自然科学基金面上项目、军委和海军人体效能增强研究领域重大、重点及专项课题研究任务，并多次深入基层一线部队调研和授课辅导。组织开展了多批次、多人次模拟深海密闭空间水下长远航人体试验等多项专题研究，熟练掌握深海密闭空间作业人员的作业任务、工作环境、空间布局、生活保障、昼夜节律、作业工效的变化特点和规律。2021年以来，该团队在深海极端环境模拟舱开展人体封舱试验，累计270余昼夜，被中央电视台CCTV-7、央广军事、中国军视网、央广网、国防时空、人民海军报等多家权威媒体报道转载。2022年组织完成国内首次"潜艇环境模拟舱艇员生物节律紊乱调控干预大型人体试验"，该试验是国内首次利用LED光照技术开展潜艇艇员生物节律紊乱调控干预，开展"关联机制研究—关键技术突破—实际效应评估"的全系统和全链条研究，完成LED光谱生物节律干预样机研发和模拟试验验证，实现对潜艇艇员睡眠障碍等节律紊乱症状的精准干预，填补国内空白。2023年团队开展多批次水下长航任务，国内首次构建密闭空间长远航作业人员人体效能深度表征体系。荣获首届海军高端科技创新团队。

随着科学技术的迅速发展，基因表达分析已成为环境暴露组学研究中最为常用的手段之一。利用微阵列技术、RNA定量PCR以及RNA测序可以检测环境暴露物引起的基因表达谱和转录本的变化，从而预测其潜在的生物学功能和毒理学作用。DNA甲基化分析和染色质免疫沉淀等技术可用于检测环境化学物质导致的表观遗传学变化，探究其表观遗传调控作用机制。此外，蛋白质组学和代谢组学可以分析环境暴露样品中的蛋白质和代谢物变化，以揭示功能和代谢的重塑过程。系统生物学方法则试图整合多组学数据，构建环境暴露的网络模型，深入理解复杂的生物学机制。环境暴露领域多组学和系统生物学研究可以为研究环境健康影响和相关疾病机制提供全新的视角。

本书不仅系统阐述了密闭环境暴露有害因素、暴露采样技术、环境暴露组学分析方法、环境暴露组学分子实验技术及统计方法、暴露标志物分析，还进一步介绍了环境暴露组学可穿戴设备开发应用以及多组学技术和精准医疗的研究进展。本书以理论知识和研究实践为基础，深入浅出，聚焦前沿，衷心希望本书的出版能对暴露组学及密闭环境人体效能领域的学者、从业人员和广大读者在理论和实践上有所裨益，并为推动密闭环境暴露组学与人体效能的研究发展带来深远影响。

中国工程院院士
2024年2月于北京

序 二

健康的奥秘是人类永恒的谜题。健康是维持完整生理机能的动态平衡状态以及对环境的充分反应和良好适应力。经典的生物医学研究侧重于确定遗传病因并阐明从健康到疾病转变的致病机制，基因组学的发展革命性地促进了人类对健康和疾病的理解。但是，虽然基因组学研究揭示了大量健康和疾病相关的基因及其相互作用调控网络，依然远远不能完全阐明任一复杂性疾病的发生发展机制。事实上，目前单纯遗传因素只能解释人类疾病病因的一小部分，因为对于大多数复杂性疾病而言，生活方式、化学物质接触、环境污染、病原体感染、辐射等各种外源性因素与基因相互作用共同影响着疾病的发生发展过程。2005年，癌症学家Christopher Wild首次提出了与基因组相对应的"暴露组（exposome）"概念，指生物体全生命过程中接触的所有环境暴露物，用来代表健康和疾病的非遗传性环境驱动因素。此后，暴露组被进一步定义为全生命过程中的环境暴露及其导致生物学效应的总和，包括体内暴露，如代谢、激素水平、肠道菌群、炎症水平、氧化应激和衰老等；环境暴露，如化学暴露、生物暴露、辐射暴露等；社会人文暴露，如职业、教育、社会地位、心理压力等。

与大规模广泛应用的基因组学研究相比，暴露组学方兴未艾。暴露组学研究面临的最大挑战在于如何将环境因素对生物体的影响转化成可切实测量的表征。非遗传环境因素具有超乎想象的多样性，并随着时间推移不断动态变化，例如，世界上绝大多数化学物质未被人类定义，而新兴化学物质还在不断产生，单就数千万乃至上亿种化学物质暴露来讲，暴露组学的数据采集和处理就面临巨大挑战。暴露组学研究更重要的挑战，在于解析暴露组与生物体基因之间复杂的相互作用，建立暴露组与健康和疾病之间的因果联系。随着技术的进步，利用高分辨率质谱分析、传感器、图像采集设备、可穿戴设备、单细胞技术、多组学技术、生物信息学、生物统计学等手段，可以实现对暴露组的检测，逐步系统地绘制暴露组图谱。

许硕贵教授主编的《密闭环境暴露组学与人体效能研究》恰逢其时。该书详细介绍了国内外环境暴露组学的总体研究情况、最新进展水平和未来发展前景，共分为密闭环境暴露有害因素、内暴露和外暴露采样技术、环境暴露组学的分析方法、境暴露组学的分子实验技术及统计方法、基于多种生物样本的暴露标志物分析、环境暴露组学的可穿戴设备开发应用以及多组学技术和精准医疗等七个章节。全书内容翔实，实用性强。本书的问世有助于预防医学和公共卫生管理人员、各类职业卫生专业人员掌握暴露组学这个新兴领域的相关知识，提高对环境暴露危险因素的认识，并指导其进行风险评估和控制，保障人员的安全和健康，提升社会的公共安全性。此外，本书可指导环境卫生专业人员对密闭环境的暴露开展健康风险评估，也可作为预防医学、公共卫生学以及卫生管理专业的相关专业的本科和研究生的参考书使用，帮助他们全面了解环境暴露组学的研究内容和技术装备。期待未来有更多科研人士和青年才俊加入到该领域的研究中，相信许硕贵教授带领的海军特殊环境作业人体效能增强创新团队在相关领域能产出更多重要科研成果。

专业技术少将
军事科学院军事医学研究院
2024年3月于北京

目 录

第一章　密闭环境暴露有害因素 ··· 1
　第一节　密闭环境化学有害物质 ··· 3
　第二节　密闭环境物理有害物质 ··· 33
　第三节　密闭环境生物有害物质 ··· 38

第二章　内暴露和外暴露采样技术 ·· 43
　第一节　外暴露环境的空气采样技术 ··· 43
　第二节　内暴露环境的生物样本采集技术 ··· 52
　第三节　样品的运输和保存技术 ··· 60
　第四节　样品的质量控制程序 ·· 68

第三章　环境暴露组学的分析方法 ·· 78
　第一节　环境暴露组学的气相质谱分析方法 ·· 78
　第二节　环境暴露组学的液相质谱分析方法 ·· 86
　第三节　环境暴露组学的离子迁移谱分析方法 ··· 100
　第四节　环境暴露组学的其他分析方法 ·· 104

第四章　环境暴露组学的分子实验技术及统计方法 ····································· 119
　第一节　环境暴露组学的基因分析方法 ·· 119
　第二节　环境暴露组学的蛋白分析方法 ·· 129
　第三节　环境暴露组学的单细胞分析技术 ··· 151
　第四节　环境暴露组学的其他分子生物学方法 ··· 160
　第五节　环境暴露组学的统计方法 ··· 170

第五章　基于多种生物样本的暴露标志物分析 ·· 184
　第一节　暴露生物学标志物的概念 ··· 184
　第二节　暴露生物学标志物的分类 ··· 185
　第三节　暴露生物学标志物的用途 ··· 200
　第四节　大气污染物的暴露标志物 ··· 201

第六章　环境暴露组学的可穿戴设备开发应用 ……… 207
第一节　可穿戴设备相关政策分析 ……… 207
第二节　可穿戴设备穿戴方式分类 ……… 224
第三节　可穿戴设备研究的发展阶段 ……… 226
第四节　智能可穿戴设备在环境暴露组学方面的应用 ……… 229

第七章　多组学技术和精准医疗 ……… 234
第一节　多组学联用的系统生物学方法 ……… 234
第二节　环境暴露组学数据和机器学习方法 ……… 245
第三节　多组学联用和精准医疗 ……… 254

第一章 密闭环境暴露有害因素

密闭环境由于封闭和孤立的空间环境，与大气污染的环境或室内空气一般环境暴露相比，有害因素浓度更高，在密闭环境的暴露对人体危害更大。密闭工作环境可能是封闭式驾驶室（如出租车、农药喷洒、矿业操作）、封闭隔间、密闭车厢、飞机、潜水艇、宇宙飞船、通风不良的厨房和浴室等。这些密闭环境，既可能是有轮班的数小时内或一个工作周内数天的职业暴露，也可能是数十天每天24小时在有害空气中的连续暴露；也可能是特殊紧急情况，如关闭舱口、使用灭火器时持续1~24小时的紧急暴露。因此，一般需要根据特定的密闭环境筛选出1~24小时短时间内的紧急暴露污染物和数十天连续暴露的污染物。

密闭环境中人体、物品材料、人类活动会导致空气污染物等有害因素的累积，例如，人体呼吸、皮肤释放的挥发性物质，人类抽烟产生一氧化碳、烹饪产生的油烟物质，空间建筑装修材料、家具、控制设备、动力传动系统、武器系统、电池充电释放的氢气、空调和制冷系统，以及各种维护和修理活动等。

密闭环境暴露有害因素可分为化学有害物质、物理有害物质和其他有害物质，其中以化学有害物质的种类最多。

作为对照，空气质量污染典型关注的是悬浮颗粒物（SPM，包括尘土、烟灰、烟雾和烟尘，包括小颗粒PM10（空气动力学直径小于10 μm）、细颗粒物PM2.5（空气动力学直径小于2.5 μm）、二氧化硫（SO_2）、二氧化氮（NO_2）、一氧化碳（CO）、臭氧（O_3）。常规室内空气污染物还包括多环有机物、甲醛等各类挥发性有机化合物（volatile organic compounds，VOCs）、氡、铅、双原子碳。这些空气污染物很多是来源于固体燃料燃烧，VOCs则来自在室内使用的化学产品。这些空气污染物的持续暴露与慢性阻塞性肺疾病、中耳炎、急性呼吸道感染、肺结核、哮喘、肺癌、喉癌和鼻咽癌、低出生率、围产期疾病和严重的眼部疾病有关，甚至可能导致失明。

最典型的：二氧化硫多来源于石油、煤和天然气等化石燃料燃烧，急性暴露会影响支气管活动。一氧化碳多来源于烟草烟雾、火炉、锅炉、煤油或燃气加热器、燃料燃烧，可导致低出生体重，围产期死亡率增加。二氧化碳多来源于车库中的燃烧活动、代谢活动和机动车燃料燃烧，可导致头痛、嗜睡、注意力不集中。氡多来自土壤建筑浓缩材料，如石头和混凝土，增加了患肺癌的风险，可导致呼吸问题。石棉，来源于绝缘、阻燃材料，可导致间皮瘤、胸膜增厚、胸膜斑块和石棉肺等癌症。二氧化氮多来源于车库中的机动车、燃料燃烧和室外空气，可导致哮喘和喘息加重、儿童肺功能下降、呼吸道感染。颗粒物多来自烟草烟雾、再悬浮、燃烧，可导致哮喘加重、喘息、呼吸道感染、慢性阻塞性肺疾病加重、慢性支气管炎和慢性阻塞性肺疾病。臭氧，来自光化学反应，可导致气道刺激、永久性肺损伤、肺炎和支气管炎，加重哮喘。铅，来源于油漆、枪支、铅弹、灰尘、泥土、散热器、消费品，可导致记忆力丧失、听力丧失、新生儿神经系统受损、高血压、肾脏和心脏病、生育能力下降、多动或意识丧失。挥发性有机化合物燃烧（来源于燃气、木材和煤油、清洁剂、油漆、发胶、香水和烟草烟雾）可导致过敏性皮肤反应、视觉障碍和记忆障碍，中枢神经系统、肾脏和肝脏受损，血清、胆碱酯酶水平下降以及病态建筑物综合征（sick building syndrome，SBS；包括头痛、头晕，眼睛、鼻子和喉咙有刺激感，干咳、皮肤过敏、注意力不集中、疲劳、恶心等症状）。

相比而言，密闭环境有害物质除了上述常规大气和室内空气污染物，可能因各行业特殊性还会关注一些特别的有害因素。图1-1显示了在家居室内密闭环境可能暴露的有害物质。图1-2显示了在工作场所密闭环境中可能暴露的有害物质。

图1-1 家居室内密闭环境可能暴露的有害物质

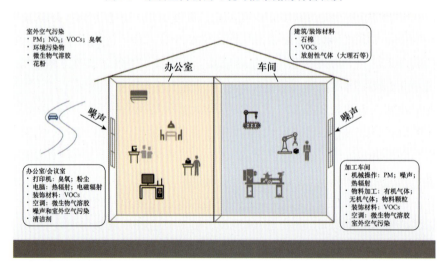

图1-2 工作场所密闭环境中可能暴露的有害物质

第一节 密闭环境化学有害物质

下面具体介绍宇宙飞船和潜艇这类密闭环境中特别关注的数十种化学有害因素（以中文拼音排序）。限于篇幅，未具体介绍的还有：八甲基环四硅氧烷、丙二醇、2-丙醇、二甲苯、二氯甲烷、甲苯、甲基肼、4-甲基-2-戊酮、甲醇、甲乙酮、汞、锰、氯乙烯、三甲基硅醇、三氯乙烯、硝基甲烷。表1-1列出了美国航空和航天局制定的航天器各类化合物最大允许浓度（spacecraft maximum allowable concentrations，SMAC）。表1-2列出了美国紧急情况和持续接触指南委员会给出的选定海底污染物的暴露指导水平。

紧急暴露指导水平（emergency exposure guidance level，EEGL）：定义为在通常持续 1~24 h 的罕见紧急情况下不会造成不可逆转的伤害或阻止执行基本任务（如关闭舱口或使用灭火器）的上限浓度。

持续暴露指导水平（continuous exposure guidance level，CEGL）：定义为上限浓度，旨在防止因持续长达 90 d 的连续暴露而导致的任何直接或延迟的不利健康影响或船员绩效下降。

一、氨气

氨是氮和氢的无机化合物，化学式为 NH_3。氨是一种稳定的二元氢化物，也是最简单的氢化物，是一种具有明显刺激性气味的无色气体，嗅阈值 5 ppm。CAS 编号 7664-41-7。

环境中的氨来源于自然和人为。氨存在于空气、土壤和水中，以及植物和动物（包括人类）中。人类肠道细菌会分解食物中的含氮成分，在肠道内产生氨，产量估计为从十二指肠每天 10 mg 到结肠每天 3 mg；健康成人中，血液中的生理氨水平通常低于 35 μmol/L；存在氨代谢或尿素排泄缺陷的个体中，体内可能会达到有毒氨水平。某些食物如蔬菜中的氨含量达 4000~15 000 mg/kg。许多家用和工业清洁剂中也含有氨；装有催化转化器的汽油车中也含有氨。氨用于许多行业。农业是环境氨排量的主要贡献者。乳制品加工过程，如奶酪熟化、灭菌和酸化，都会产生氨。

职业暴露场景包括：土壤使用肥料；制造肥料、橡胶、硝酸、尿素、塑料、纤维、合成树脂、溶剂和其他化学品；矿工和冶金；炼油；在食品加工中使用商业制冷剂生产冰块时靠近冷藏和除冰的操作；有机废物集中的地方，如畜禽粪便和生活垃圾堆肥处理，牛、猪和鸡的集约化养殖环境，污水污泥处理。氨具有刺激性、腐蚀性，因此所有接触途径对人体健康均可能有害，急性吸入最初可能引起上呼吸道刺激，口腔接触会导致疼痛、流涎过多和呼吸消化道灼伤。高浓度的急性暴露会导致口腔、鼻咽、喉和气管灼伤，伴有气道阻塞、呼吸窘迫以及细支气管和肺泡水肿；非常高浓度的氨

表 1-1 航天器最大允许浓度

化合物	1小时		24小时		7天		30天		180天		1000天	
	ppm	(mg/m³)	ppm	(mg/m³)	ppm	(mg/m³)	ppm	(mg/m³)	ppm	(mg/m³)	ppm	(mg/m³)
乙醛 CAS #:75-07-0 致癌物	10 器官黏膜	(18) 影响刺激性	6 器官黏膜	(10) 影响刺激性	2 器官黏膜	(4) 影响刺激性	2 器官黏膜	(4) 影响刺激性	2 器官黏膜喉	(4) 影响刺激性致癌	未设置 器官	未设置 影响
丙酮 CAS #:67-64-1	500 器官中枢神经系统	(1200) 影响疲劳	200 器官中枢神经系统	(500) 影响疲劳	22 器官中枢神经系统	(52) 影响疲劳头痛	22 器官中枢神经系统	(52) 影响疲劳头痛	22 器官中枢神经系统	(52) 影响疲劳头痛	未设置 器官	影响
丙烯醛 CAS #:107-02-8	0.075 器官黏膜	(0.17) 影响刺激性	0.035 器官黏膜	(0.08) 影响刺激性	0.015 器官黏膜	(0.03) 影响刺激性	0.015 器官黏膜	(0.03) 影响刺激性	0.008 器官黏膜	(0.02) 影响刺激性	0.008 器官黏膜	(0.02) 影响刺激性
C₃~C₈ 脂肪族饱和醛	45	(/)	45	(/)	5 器官鼻腔	(/) 影响受伤	5 器官鼻腔	(/) 影响受伤	5 器官鼻腔	(/) 影响受伤	5 器官鼻腔	(/) 影响受伤
C₁~C₄ 烷烃 CAS #:/¹	10% LEL	(/)	10% LEL	(/)	10% LEL	(/)	10% LEL	(/)	10% LEL	(/)	未设置	未设置
CAS #:/²	器官	影响爆炸	器官	影响爆炸	器官	影响爆炸	器官	影响爆炸	器官	影响爆炸	器官	影响爆炸
C₅~C₉ 烷烃 CAS #:/³	150 器官中枢神经系统	(/) 影响沮丧	80 器官中枢神经系统	(/) 影响沮丧	60 器官中枢神经系统	(/) 影响沮丧	20 器官中枢神经系统	(/) 影响沮丧	3 器官中枢神经系统	(/) 影响耳毒性	未设置 器官中枢神经系统	未设置 影响
氨	30	(20)	20	(14)	3	(2)	3	(2)	3	(2)	3	(2)

续表

化合物	1小时 ppm	1小时 (mg/m³)	1小时 影响	24小时 ppm	24小时 (mg/m³)	24小时 影响	7天 ppm	7天 (mg/m³)	7天 影响	30天 ppm	30天 (mg/m³)	30天 影响	180天 ppm	180天 (mg/m³)	180天 影响	1000天 ppm	1000天 (mg/m³)	1000天 影响
CAS #:7664-41-7	器官 眼 中枢神经系统	影响 刺激性 头痛	(35)	器官 眼 中枢神经系统	影响 刺激性 头痛	(10)	器官 眼 中枢神经系统	影响 刺激性 头痛	(1.5)	器官 眼 中枢神经系统	影响 刺激性 头痛	(0.3)	器官 眼 中枢神经系统	影响 刺激性 头痛	(0.2)	器官 眼 中枢神经系统	影响 刺激性 头痛	(0.04)
苯 CAS #:71-43-2 致白血病	10 器官 血液 血液 中枢神经系统	免疫毒性 贫血 肌无力	3 器官 血液	(35) 影响 免疫毒性	3 器官 血液	(10) 影响 免疫毒性	0.5 器官 血液 血液	(1.5) 影响 免疫毒性 血液病	0.1 器官 血液	(0.3) 影响 免疫毒性	0.07 器官 血液 血液	(0.2) 影响 免疫毒性 血液病	0.013 器官 血液	(0.04) 影响 血液病
三氟溴甲烷 CAS #:75-63-8	3500 器官 心脏 中枢神经系统	(21000) 影响 心律失常 认知问题	3500 器官 心脏 中枢神经系统	(21000) 影响 心律失常 认知问题	1800 器官 中枢神经系统 心脏	(11000) 影响 泪丧 心律失常	1800 器官 中枢神经系统	(11000) 影响 泪丧	1800 器官 中枢神经系统	(11000) 影响 泪丧	未设置 器官	未设置 影响
正丁醇 CAS #:71-36-3	50 器官 眼 中枢神经系统	(150) 影响 刺激性 泪丧	25 器官 眼	(80) 影响 刺激性	25 器官 眼 系统性疾病	(80) 影响 刺激性 受伤	25 器官 眼 系统性病	(80) 影响 刺激性 受伤	12 器官 眼 系统性疾病	(40) 影响 刺激性 受伤	12 器官 眼 系统性疾病	(40) 影响 刺激性 受伤
叔丁醇 CAS #:75-65-0	50 器官 中枢神经系统	(150) 影响 泪丧	50 器官 中枢神经系统	(150) 影响 泪丧	50 器官 中枢神经系统	(150) 影响 泪丧	50 器官 肾 中枢神经系统	(150) 影响 肾毒性 泪丧	40 器官 肾 膀胱 中枢神经系统	(120) 影响 肾毒性 受伤 泪丧	未设置 器官	未设置 影响

续表

化合物	1小时 ppm	1小时 (mg/m³)	1小时 器官	1小时 影响	24小时 ppm	24小时 (mg/m³)	24小时 器官	24小时 影响	7天 ppm	7天 (mg/m³)	7天 器官	7天 影响	30天 ppm	30天 (mg/m³)	30天 器官	30天 影响	180天 ppm	180天 (mg/m³)	180天 器官	180天 影响	1000天 ppm	1000天 (mg/m³)	1000天 器官	1000天 影响
一氧化碳 CAS #:630-08-0 碳氧血红蛋白目标	425	(485)	器官 中枢神经系统 心血管	影响 沮丧 心律失常	100	(114)	器官 中枢神经系统 心血管	影响 沮丧 心律失常	55	(63)	器官 中枢神经系统 心血管	影响 沮丧 心律失常	15	(17)	器官 中枢神经系统 心血管	影响 沮丧 心律失常	15	(17)	器官 中枢神经系统 心血管	影响 沮丧 心律失常	15	(17)	器官 中枢神经系统 心血管	影响 沮丧 心律失常
氯仿 CAS #:67-66-3	2	(10)	器官 中枢神经系统 肾	影响 沮丧 肾毒性	2	(10)	器官 中枢神经系统 肾	影响 沮丧 肾毒性	2	(10)	器官 中枢神经系统 肾 肝	影响 沮丧 肾毒性 肝毒性	1	(5)	器官 中枢神经系统 肝	影响 沮丧 肝毒性	1	(5)	器官 中枢神经系统 肝	影响 沮丧 肝毒性	未设置		未设置	
十甲基环五硅氧烷 CAS #:541-02-6	未设置			影响	未设置			影响	7	(100)	器官 呼吸系统 性腺	影响 受伤 中毒	5	(75)	器官 呼吸系统 性腺	影响 受伤 中毒	1	(15)	器官 呼吸系统 性腺	影响 受伤 中毒	未设置			
双丙酮醇 CAS #:123-42-2	50	(250)	器官 黏膜 中枢神经系统	影响 刺激性 沮丧	50	(250)	器官 黏膜 中枢神经系统	影响 刺激性 沮丧	20	(100)	器官 黏膜 中枢神经系统	影响 刺激性 沮丧	6	(30)	器官 黏膜 中枢神经系统	影响 刺激性 沮丧	4	(20)	器官 肝 中枢神经系统	影响 肝肿大 沮丧	未设置		器官	影响
二氯乙炔 CAS #:7572-29-4	0.6	(2.4)	器官 中枢神经系统 肾 肝	影响 沮丧 肾毒性 肝毒性	0.04	(0.16)	器官 中枢神经系统 肾	影响 沮丧 肾毒性	0.03	(0.12)	器官 中枢神经系统 肾	影响 沮丧 肾毒性	0.025	(0.10)	器官 中枢神经系统 肾	影响 沮丧 肾毒性	0.015	(0.06)	器官 中枢神经系统 肾	影响 沮丧 肾毒性			器官	影响

续表

化合物	1小时 ppm	1小时 (mg/m³)	24小时 ppm	24小时 (mg/m³)	7天 ppm	7天 (mg/m³)	30天 ppm	30天 (mg/m³)	180天 ppm	180天 (mg/m³)	1000天 ppm	1000天 (mg/m³)
1,2-二氯乙烷 CAS #:107-06-2 削弱宿主对细菌的防御能力	0.4 器官 胃肠道	(1.6) 影响 胃肠道中毒	0.4 器官 胃肠道	(1.6) 影响 胃肠道中毒	0.4 器官 胃肠道	(1.6) 影响 胃肠道中毒	0.4 器官 胃肠道	(1.6) 影响 胃肠道中毒	0.4 器官 胃肠道	(1.6) 影响 胃肠道中毒	0.4 器官 肝	(1.6) 影响 胃肠道中毒 肝毒性
二甲肼 CAS #:57-14-7	3 器官 中枢神经系统	(7.5) 影响	0.12 器官 中枢神经系统	(0.3) 影响	0.03 器官 血液	(0.075) 影响 贫血 肝	0.017 器官 血液	(0.0425) 影响 贫血	0.003 器官 肝	(0.0075) 影响 贫血 肝毒性	未设置	未设置
乙醇 CAS #:64-17-5	5000 器官 眼 黏膜 皮肤 中枢神经系统	(10000) 影响 刺激性 刺激性 发红 沮丧	5000 器官 眼 黏膜 皮肤 中枢神经系统	(10000) 影响 刺激性 刺激性 发红 沮丧	1000 器官 眼 黏膜 皮肤 肝	(2000) 影响 刺激性 刺激性 发红 肝毒性	1000 器官 眼 黏膜 皮肤 肝	(2000) 影响 刺激性 刺激性 发红 肝毒性	1000 器官 眼 黏膜 皮肤 肝	(2000) 影响 刺激性 刺激性 发红 肝毒性	1000 器官 眼 黏膜 皮肤 肝	(2000) 影响 刺激性 刺激性 发红 肝毒性
2-乙氧基乙醇 CAS #:110-80-5	10 器官 血液 黏膜	(40) 影响 血液中毒 刺激性	10 器官 血液 黏膜	(40) 影响 血液中毒 刺激性	0.8 器官 血液 睾丸	(3) 影响 血液中毒 睾丸中毒	0.5 器官 血液 睾丸	(2) 影响 血液中毒 睾丸中毒	0.07 器官 血液 睾丸	(0.3) 影响 血液中毒 睾丸中毒	未设置	未设置
乙苯 100-41-4	180 器官 黏膜 中枢神经系统	(780) 影响 刺激性 沮丧	60 器官 黏膜 中枢神经系统	(260) 影响 刺激性 沮丧	30 器官 黏膜 睾丸	(130) 影响 刺激性 坏死	30 器官 黏膜 睾丸	(130) 影响 刺激性 坏死	12 器官 睾丸	(50) 影响 坏死	未设置	未设置

续表

化合物	1小时		24小时		7天		30天		180天		1000天	
	ppm	(mg/m³)	ppm	(mg/m³)	ppm	(mg/m³)	ppm	(mg/m³)	ppm	(mg/m³)	ppm	(mg/m³)
乙二醇 CAS #:107-21-1	25 器官 黏膜	(64) 影响 刺激性	25 器官 黏膜 中枢神经 系统	(64) 影响 刺激性 沮丧	5 器官 黏膜 中枢神经 系统 肾	(13) 影响 刺激性 沮丧 肾毒性	5 器官 黏膜 中枢神经 系统 肾	(13) 影响 刺激性 沮丧 肾毒性	5 器官 黏膜 中枢神经 系统 肾	(13) 影响 刺激性 沮丧 肾毒性	未设置	未设置
甲醛 CAS #:50-00-0 上限值,致癌物	0.8 器官 黏膜	(1.0) 影响 刺激性	0.5 器官 黏膜	(0.6) 影响 刺激性	0.1 器官 黏膜	(0.12) 影响 刺激性	0.1 器官 黏膜	(0.12) 影响 刺激性	0.1 器官 黏膜 鼻	(0.12) 影响 刺激性 致癌	0.1 器官 黏膜 鼻	(0.12) 影响 刺激性 致癌
氟利昂 11	140 器官 心脏	(790) 影响 心律失常	140 器官 心脏	(790) 影响 心律失常	140 器官 心脏	(790) 影响 心律失常	140 器官 心脏	(790) 影响 心律失常	140 器官 心脏	(790) 影响 心律失常	未设置	未设置
氟利昂 113	50 器官 心脏	(400) 影响 心律失常	50 器官 心脏	(400) 影响 心律失常	50 器官 心脏	(400) 影响 心律失常	50 器官 心脏	(400) 影响 心律失常	50 器官 心脏	(400) 影响 心律失常	未设置	未设置
氟利昂 12	540 器官 心脏	(2600) 影响 心动过速	95 器官 心脏	(470) 影响 心律失常	95 器官 心脏	(470) 影响 心律失常	95 器官 心脏	(470) 影响 心律失常	95 器官 心脏	(470) 影响 心律失常	未设置	未设置
CAS #:75-71-8												
氟利昂 21	50 器官 心脏	(210) 影响 心动过速	50 器官 心脏	(210) 影响 心动过速	15 器官 肝	(63) 影响 肝毒性	12 器官 肝	(50) 影响 肝毒性	2 器官 肝	(8) 影响 肝毒性	未设置	未设置
CAS #:75-43-4												器官 肝	影响 肝毒性

续表

化合物	1小时 ppm	(mg/m³)	器官	影响	24小时 ppm	(mg/m³)	器官	影响	7天 ppm	(mg/m³)	器官	影响	30天 ppm	(mg/m³)	器官	影响	180天 ppm	(mg/m³)	器官	影响	1000天 ppm	(mg/m³)
氟利昂22 CAS #:75-45-6	1000	(3500)	器官 心脏 中枢神经系统	影响 心律失常 沮丧	1000	(3500)	器官 心脏 中枢神经系统	影响 心律失常 沮丧	1000	(3500)	器官 心脏 中枢神经系统	影响 心律失常 沮丧	1000	(3500)	器官 心脏 中枢神经系统	影响 心律失常 沮丧	1000	(3500)	器官 心脏 中枢神经系统	影响 心律失常 沮丧	未设置	未设置
氟利昂	4	(11)	器官 肝	影响 肝毒性	0.4	(1)	器官 肝	影响 肝毒性	0.025	(0.07)	器官 肝	影响 致癌	0.025	(0.07)	器官 肝	影响 致癌	0.025	(0.07)	器官 肝	影响 致癌	未设置	未设置
戊二醛 CAS #:110-00-9 致癌物质	0.12	(0.50)	器官 黏膜 中枢神经系统	影响 刺激性 头痛	0.04	(0.08)	器官 黏膜 中枢神经系统	影响 刺激性 头痛	0.006	(0.025)	器官 呼吸系统	影响 病变	0.003	(0.012)	器官 呼吸系统	影响 病变	0.0006	(0.002)	器官 呼吸系统	影响 病变	器官	影响
六甲基环三硅氧烷 CAS #:111-30-8	未设置		未设置	影响	未设置		未设置	影响	10	(90)	器官 呼吸系统 中枢神经系统	影响 受伤 沮丧	5	(45)	器官 呼吸系统 中枢神经系统	影响 受伤 沮丧	1	(9)	器官 呼吸系统	影响 受伤	未设置	未设置
肼 CAS #:302-01-2 致癌物质	4	(5)	器官 肝	影响 死亡	0.3	(0.4)	器官 肝	影响 肝毒性	0.04	(0.05)	器官 肝	影响 肝毒性	0.02	(0.03)	器官 肝 鼻	影响 肝毒性 增生 致癌	0.004	(0.005)	器官 肝 鼻	影响 肝毒性 增生 致癌	器官	影响

续表

化合物	1小时		24小时		7天		30天		180天		1000天	
	ppm	(mg/m³)	ppm	(mg/m³)	ppm	(mg/m³)	ppm	(mg/m³)	ppm	(mg/m³)	ppm	(mg/m³)
氢气 CAS #:1333-74-0 上限值为爆炸下限的10%	4100 器官 影响 爆炸	(340) 影响 爆炸	4100 器官 影响 爆炸	(340) 影响 爆炸	4100 器官	(340) 影响 爆炸	4100 器官	(340) 影响 爆炸	4100 器官	(340) 影响 爆炸	未设置 器官	未设置 影响
氯化氢 CAS #:7647-01-0	5 器官 眼 黏膜	(8) 影响 刺激性 刺激性	2 器官 眼 黏膜	(3) 影响 刺激性 刺激性	1 器官 眼 黏膜	(1.5) 影响 刺激性 刺激性	1 器官 眼 黏膜	(1.5) 影响 刺激性 刺激性	1 器官 眼 黏膜	(1.5) 影响 刺激性 刺激性	未设置	未设置
氰化氢 CAS #:74-90-8	8 器官 中枢神经系统 中枢神经系统	(9) 影响 沮丧 头痛 恶心	4 器官 中枢神经系统 中枢神经系统	(4.5) 影响 沮丧 头痛 恶心	1 器官 中枢神经系统 中枢神经系统 睾丸	(1.1) 影响 沮丧 头痛 恶心 睾丸相关疾病	1 器官 中枢神经系统 中枢神经系统 睾丸	(1.1) 影响 沮丧 头痛 恶心 睾丸相关疾病	1 器官 中枢神经系统 中枢神经系统 睾丸	(1.1) 影响 沮丧 头痛 恶心 睾丸相关疾病	器官	影响
吲哚	1.0	(5)	0.3	(1.5)	0.05	(0.25)	0.05	(0.25)	0.05	(0.25)	未设置	未设置
CAS #:120-72-9 吲哚的正常周转率用于确定下限0.05 ppm	器官 中枢神经系统	影响 恶心	器官 中枢神经系统 血液	影响 恶心 血液中毒	器官 中枢神经系统 血液	影响 恶心 血液中毒	器官 中枢神经系统 血液	影响 恶心 血液中毒 死亡	器官 中枢神经系统 血液	影响 恶心 血液中毒 死亡	器官	影响
异戊二烯	50	(140)	25	(70)	2	(6)	2	(6)	1	(3)	未设置	未设置

续表

化合物	1小时		24小时		7天		30天		180天		1000天	
	ppm	(mg/m³)	ppm	(mg/m³)	ppm	(mg/m³)	ppm	(mg/m³)	ppm	(mg/m³)	ppm	(mg/m³)
CAS #:78-79-5	器官 黏膜	影响 刺激性	器官 黏膜	影响 刺激性	器官 黏膜 血液	影响 刺激性 贫血	器官 黏膜 血液	影响 刺激性 贫血	器官 肺 血液 中枢神经系统	影响 受伤 贫血 神经中毒	器官	影响
柠檬烯	80	(450)	80	(450)	20	(115)	20	(115)	20	(115)	20	(115)
CAS #:5989-27-5	器官 眼 肺	影响 刺激性 刺激性	器官 眼 肺	影响 刺激性 刺激性	器官 眼 肺	影响 刺激性 刺激性	器官 眼 肺	影响 刺激性 刺激性	器官 眼 肺	影响 刺激性 刺激性	器官 眼 肺	影响 刺激性 刺激性
线性硅氧烷	600	(/)	100	(/)	100	(/)	50	(/)	50	(/)	50	(/)
CAS #: (/)⁴	器官 肺	影响 神经中毒	器官 肺	影响 神经中毒	器官 肝	影响 肝毒性	器官 肝	影响 肝毒性	器官 肝	影响 肝毒性	器官 肝	影响 肝毒性

① 包括丙醛、丁醛、戊醛、己醛、庚醛、辛醛。mg/m³ 值取决于特定醛的分子量。
② 包括甲烷、乙烷、丙烷和丁烷。这些易燃气体的毒性远高于爆炸危险，因此上限设定为爆炸下限的10%，mg/m³ 值取决于特定烷烃的分子量。
③ 包括戊烷、己烷、庚烷、辛烷、壬烷和支链异构体，不包括正己烷。mg/m³ 值取决于特定烷烃的分子量。
④ 包括六甲基二硅氧烷、八甲基三硅氧烷、十甲基四硅氧烷、十二甲基五硅氧烷。mg/m³ 值取决于特定线性化合物的分子量硅氧烷。

表 1-2 美国海军当前暴露指导水平与美国国家科学院紧急情况和持续接触指南委员会推荐水平比较

化合物	暴露水平	美国海军当前值，ppm	委员会建议值，ppm
乙醛	1-h EEGL	10	25
	24-h EEGL	6	12.5
	90-day CEGL	2	2
氯化氢	1-h EEGL	5	9
	24-h EEGL	2	3
	90-day CEGL	1	1
氟化氢	1-h EEGL	2	3
	24-h EEGL	1	1
	90-day CEGL	0.1	0.04
硫化氢	1-h EEGL	10	10
	24-h EEGL	3	2.8
	90-day CEGL	1	0.8
丙二醇二硝酸酯	1-h EEGL	0.15	0.2
	24-h EEGL	0.02	0.02
	90-day CEGL	0.01	0.004

会损害肺部或导致死亡。

动物研究表明慢性接触可能发生继发于慢性代谢性酸中毒的骨质疏松症。慢性吸入也与咳嗽、痰、喘息和哮喘的增加有关。

氨溶解在空气的水分中，并在组织或黏膜上形成氢氧化铵，一种强碱。氨水和氢氧化铵具有腐蚀性，可以迅速渗入眼睛并可能造成永久性损害。短期吸入暴露后，氨几乎完全保留在上鼻黏膜中。皮肤或眼睛暴露氨后的全身吸收并不显著。但高浓度氨会超过黏膜吸收能力，会通过肺部进行全身吸收。氨很容易在肝脏中代谢为尿素或谷氨酰胺，并主要以尿素的形式从尿液中排出。

二、苯

苯属于碳氢化合物，苯分子由连接在平面环中的六个碳原子组成，每个碳原子连接一个氢原子，分子式 C_6H_6，CAS 编号 71-43-2。气味为甜的（像石油的味道），嗅阈值 12 ppm。

苯天然存在于原油中，含量高达 4 g/L。苯是汽车燃料的成分之一，用作脂肪、蜡、树脂、油、油墨、油漆、塑料和橡胶的溶剂，用作种子油和坚果油的提取，用于凹版印刷，也用作化学中间体。苯还用于制造洗涤剂、炸药、药物和燃料。环境中苯的主要来源包括汽车尾气、工业来源和加油站的燃料蒸发。

苯极易挥发，大部分接触是通过吸入。苯在高层大气中迅速降解。由于具有一定的水溶性，少量苯可能会被雨水带走并污染地表水和土壤，但它在地表水或土壤中并不持久，而是会挥发回空气中或被细菌降解。

所有使用石油的人类活动均会导致与苯接触，这些活动包括：石油产品加工，煤焦化，苯乙烯、苯酚、环己烷、乙苯、异丙苯等芳香族化合物的生产，以及在工业和消费品中的用途，作为化学中间体以及作为汽油和取暖油的成分。苯曾是工业溶剂的重要成分，现在许多国家都限制将其用作溶剂，但是在制鞋、绘画、印刷和橡胶制造等行业，苯暴露还都存在。

室内空气会检测到高含量的苯，一些接触来自建筑材料（油漆、黏合剂等），但大部分来自家庭和公共场所的香烟烟雾。车库、靠近加油站和交通繁忙地区的房屋的空气中的苯含量会增加。未通风的油加热、使用含苯的消费品、泄漏的地下汽油储罐都会增加苯含量。车内空气的苯含量高于住宅空气的含量，但远低于加油站的含量。

急性职业接触苯可能导致麻醉，即头痛、头晕、嗜睡、意识模糊、颤抖和意识丧失。使用酒精会增强毒性作用。苯会刺激眼睛、皮肤和呼吸道。

至于长期接触后的影响，苯是公认的人类致癌因素，因此没有推荐的安全暴露水平。苯会导致急性非淋巴细胞白血病、非-霍奇金淋巴瘤、慢性淋巴性白血病、多发性骨髓瘤、慢性髓性白血病、急性髓性白血病（图1-3），多种儿童癌症以及肺癌。导致人类骨髓中红细胞和白细胞生成减少；更高接触量可导致再生障碍性贫血和全血细胞减少症。苯会导致实验动物及雌性后代的血液中毒和免疫抑制。与10^{-4}、10^{-5}、10^{-6}的白血病终身风险过高相关的空气中苯浓度分别是17、1.7和0.17 μg/m³。

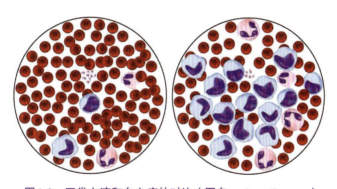

图1-3　正常血液和白血病的对比（图自 omicsonline.org）

苯吸入后被代谢激活为亲电子代谢物，诱导氧化应激，并且具有遗传毒性，与一系列基因毒性效应有关，包括氧化性DNA损伤、DNA链断裂、基因突变、染色体畸变和微核。

三、丙二醇二硝酸酯

丙二醇二硝酸酯具有难闻的气味，嗅阈值为0.18～0.23 ppm，5分钟内就会出现嗅觉疲劳。

丙二醇二硝酸酯是奥托燃料（otto fuel Ⅱ，鱼雷和其他武器系统的燃料）的主要成分，约76%。相比于该燃料中的其他成分，例如，作为稳定剂的2-硝基二苯胺和作为脱敏剂的癸二酸二正丁酯，丙二醇二硝酸酯最易挥发。鱼雷设施中丙二醇二硝酸酯的空气浓度范围为0～0.22 ppm。

丙二醇二硝酸酯是一种全身毒物，对实验动物的红细胞、肝脏、肾脏、心血管系统和中枢神经系统会产生影响，在24小时内在体内迅速完全代谢，以无机硝酸盐形式从尿液中排出。人类暴露于丙二醇二硝酸酯后，血管扩张可导致轻度至重度前额头痛，也有报道头晕、平衡障碍、鼻塞、眼睛刺激、心悸和胸痛。

四、丙酮

丙酮，是一种具有水果气味的无色液体。嗅阈值13～62 ppm。CAS编号：67-64-1。

丙酮可以自然产生，也可以是人为的。丙酮在森林火灾等自然过程产生后进入空气、水和土壤，但在更大程度上来自人类活动。丙酮的用途广泛，例如，用作油漆、塑料、黏合剂、指甲油和清漆去除剂的溶剂，用于制造其他化学品、人造革和橡胶制品以及树脂。

释放到环境中的丙酮通常会在几天内降解并且不会累积，它会被阳光以及土壤和水中的细菌分解。因此，预计环境中的丙酮含量很低。

人体在脂肪分解过程中会自然产生少量丙酮；它也可能存在于饮食中，因为它天然存在于多种水果和蔬菜中。从天然和人造来源释放后，饮用水和室外空气中也可能接触到极低水平的丙酮。使用到丙酮的制造过程和使用过程都可能导致丙酮暴露。其他被忽略的暴露环节还包括汽车尾气和烟草烟雾，以及来自燃烧废物和垃圾填埋场。由于使用含丙酮的产品和在室内吸烟，人类可能会接触到室内空气中略多的丙酮。作为正常饮食的一部分以及通过正确使用含有丙酮的产品，环境中低水平的丙酮不会对健康造成影响。

正确使用含有丙酮的家用产品后的低水平接触预计不会对健康造成不利影响，吸入高浓度的丙酮会引起喉咙和肺部刺激以及胸部紧缩。意外摄入含有丙酮的产品会导致恶心、呕吐（呕吐物可能含有血液）和口腔炎症。皮肤接触到丙酮，可能会引起皮肤刺激；皮肤可能会干燥、发红和发炎。眼睛接触液体和丙酮蒸气会导致刺激或眼睛损伤，长时间接触眼睛可能会造成永久性损伤。吸入或摄入的丙酮会被吸收到体内，可能由此会导致头痛、运动问题、疲倦、言语不清、恶心、呕吐和不适。呼吸中可能有水果味。在严重的情况下，可能会出现大脑肿胀、意识不清、体温低和呼吸减慢。接触丙酮认为与癌症的发展无关。

五、丙烯醛

丙烯醛又称丙烯酸醛、烯丙醛、乙醛和水线，是一种清澈或黄色的液体，会迅速蒸发并容易燃烧。接触其他物质时反应迅速。丙烯醛具有强烈的难闻气味，嗅阈值1.8 ppm。CAS编号107-02-8。

丙烯醛通过燃烧化石燃料和烟草烟雾产生而进入空气中。动植物脂肪被加热时会产生丙烯醛，也是火灾的副产品。丙烯醛主要用于制造丙烯酸，用于控制灌溉渠中植物和藻类的生长，用于杀死或控制油井、液态烃燃料、冷却水塔和水处理中的微生物和细菌池塘。在造纸行业中，丙烯醛用于控制黏液。一根燃烧的香烟最多可形成100 μg丙烯醛，主要是通过含糖叶添加剂的燃烧产生。

因此，职业接触丙烯醛可能发生在使用丙烯醛制造其他化学品如丙烯酸酯聚合物的生产过程中，以及使用杀虫剂、防菌剂、除草剂、地洞熏蒸剂来控制脊椎动物害等农业生产和日常活动过程中。丙烯醛日常暴露场景包括：靠近正在吸烟的人，靠近汽车尾气，或靠近燃油或燃煤发电厂。一些食品中可能含有少量丙烯醛，例如，油炸食品、食用油和烤制食品、咖啡。在通风不良的准备油炸食品过程中，甘油作为食用油的常见成分，是炉灶油烟中的主要前体，它在高温下会脱水释放丙烯醛，导致家庭和商业厨房空气样本中检测到丙烯醛。

室内空气丙烯醛浓度在每立方米26～65 μg，低于职业阈限值（例如，丙烯醛的TLV为0.1 ppm或250 μg/m^3）。

急性暴露于浓度不断升高的丙烯醛10～60分钟后眼睛会产生非常轻微的刺激和"烦恼"/不适，以及鼻子/喉咙刺激和呼吸频率降低。

人类和动物慢性（长期）吸入接触丙烯醛的主要影响包括一般呼吸道充血和眼睛、鼻子和喉咙刺激。丙烯醛是一种强烈的皮肤刺激物，丙烯醛严重刺激皮肤、眼睛和黏膜，眼睛是最敏感的接触目标。呼吸系统是丙烯醛毒性的主要靶器官，会刺激呼吸道，增加气道阻力和潮气量，并降低呼吸频率，吸入丙烯醛可能导致呼吸窘迫和迟发性肺水肿，暴露于低至10 ppm的丙烯醛蒸气浓度可导致肺水肿和死亡；患有呼吸困难或皮肤病的人可能更容易受到其影响，可能会引起敏感个体的哮喘反应。与皮肤或眼睛接触会产生刺激和流泪，并可能导致化学灼伤。丙烯醛产生中毒症状的机制尚不清楚，但该化合物具有很高的反应活性，可交联DNA，并通过在体外与巯基反应来抑制某些酶（包括细胞色素P450和谷胱甘肽-S-转移酶）的活性位点。丙烯醛也会抑制肺部的抗菌防御，释放氧自由基，并与蛋白质发生反应。上述刺激作用会立即发作，但肺水肿可能会延迟出现，呼吸功能不全可能在接触后持续长达18个月。吸入丙烯醛可能导致高血压和心动过速。

六、二噁英、呋喃和类二噁英多氯联苯

二噁英、呋喃和类二噁英多氯联苯（PCB）是具有相似毒性和共同化学特性的一类化学品的缩写名称。

二噁英和呋喃是在制造其他化学品或产品时产生的副产物。产生环节包括：森林

火灾或垃圾焚烧，纸浆和纸张的氯漂白，制造或加工某些类型的化学品，如杀虫剂。在1979年被禁止之前，多氯联苯被用作热交换器和变压器中的绝缘流体、液压流体以及油漆、油和填缝剂的添加剂。这些物质会在环境中残留，进入食物链并在动物体内累积。

暴露场景包括食用高脂肪食物（如奶制品、鸡蛋、肉类和一些鱼类），以及工作场所接触可能发生在燃烧废物或制造含有这些物质的其他化学产品的行业中。无意中接触大量这些化学物质的人会出现氯痤疮的皮肤病、肝脏问题和血脂（脂肪）升高。实验室动物研究显示了各种影响，包括癌症和生殖问题。

七、二甲肼

1,1-二甲基肼是一种无色易燃吸湿性液体，具有类似氨的鱼腥味，嗅阈值1.7 ppm。CAS编号57-14-7。1,1-二甲基肼在空气中与臭氧和羟基自由基反应生成1,1-二甲基亚硝胺，后者是一种强致癌物质。

1,1-二甲基肼主要用作军事应用中的高能燃料，用作火箭推进剂和推进器燃料，以及小型发电机组燃料。1,1-二甲基肼还用于制造植物生长调节剂、化学合成、照相化学品、燃料添加剂的稳定剂以及酸性气体的吸收剂。

暴露场景：上述涉及1,1-二甲基肼行业的工作场所；火箭燃料以及在装载、运输和储存过程中的溢出、泄漏和排放（图1-4）。

图1-4　谷神星一号遥七运载火箭成功发射升空

人类急性吸入1,1-二甲基肼会导致鼻子和喉咙发炎、轻度结膜炎、恶心和呕吐。1,1-二甲基肼对皮肤、眼睛和黏膜具有很强的腐蚀性和刺激性，可能造成神经系统症状。动物研究表明，1,1-二甲基肼具有高吸入特点，口服和皮肤接触会引起急性毒性；急性摄入会影响中枢神经系统，动物受到刺激和抽搐。

长期接触1,1-二甲基肼可能会导致人体肝损伤；动物试验观察到溶血性贫血和惊厥发作等中枢神经系统效应，呼吸和肾脏影响。

八、二氯乙炔

二氯乙炔是一种具有令人不快的甜味气味的挥发油，具爆炸性、强还原剂。强烈加热会爆炸，与空气接触会燃烧；受到冲击或暴露于热或空气中时有严重的爆炸危险；能与氧化性物质发生剧烈反应。CAS编号7572-29-4。

二氯乙炔是偏二氯乙烯合成过程中的副产品。该化合物也可由各种含氯烃的热解产生，因此较少出现在日常生活暴露，而主要是相关人员在生产过程的职业暴露。暴露途径有吸入、皮肤吸收、摄入、皮肤和/或眼睛接触。暴露症状为头痛、食欲不振、恶心、呕吐、下颌剧烈疼痛、颅神经麻痹；在实验动物研究中发现肾、肝、脑损伤；减肥效果。靶器官是中枢神经系统。二氯乙炔是潜在的职业致癌物，实验动物研究表明可导致肾肿瘤。

美国政府工业卫生学家会议（ACGIH）并未推荐8小时时间加权平均阈限值，但建议将0.39 mg/m³为工作场所空气中二氯乙炔职业暴露的上限值。类似的值已被用作其他国家的标准或准则。

九、1,2-二氯乙烷

1,2-二氯乙烷，也称为二氯乙烷，是一种透明液体，具有令人愉悦的气味和甜味，嗅阈值88 ppm。CAS编号107-06-2。

1,2-二氯乙烷是人造化学品，在自然环境中不存在。最常见的用途是生产氯乙烯，而氯乙烯用于制造各种塑料和乙烯基产品，包括聚氯乙烯（PVC）产品、家具、家居用品、墙纸、汽车内饰、汽车零件。作为溶剂添加到含铅汽油中以去除铅。

在空气中，1,2-二氯乙烷通过与阳光形成的其他化合物发生反应而被分解。但分解时间很长，分解之前可以在空气中停留5个月以上。其在水中的分解也非常缓慢，而且大部分会蒸发到空气中。释放到土壤后其会蒸发到空气中，或渗入地下水。

暴露场景：涉及1,2-二氯乙烷合成和使用的工厂职业暴露；在1,2-二氯乙烷附近居住或工作；非正规危险废物处置场附近。

人体吸入或摄入大量1,2-二氯乙烷会导致神经系统紊乱、肝脏和肾脏疾病以及肺部影响。实验动物研究发现，呼吸或摄入大量1,2-二氯乙烷也会导致神经系统紊乱以及肝、肾和肺的影响；会损害免疫系统。长期摄入低剂量1,2-二氯乙烷的动物会出现肾脏疾病。动物实验研究表明，1,2-二氯乙烷不会影响繁殖。

国际癌症研究机构（IARC）认为1,2-二氯乙烷是可能的人类致癌物。动物实验中，吸入、口腔和皮肤接触后，胃癌、乳腺癌、肝癌、肺癌和子宫内膜癌的发生率有所增加。

十、氟利昂

"氟利昂"（Freon）是Chemous公司的注册商标，也是许多卤化碳产品的通用描述。各类氟利昂产品是稳定、不易燃、低毒的气体或液体。散发出类似于丙酮的强烈化学气味。这些产品中包括了氯氟烃（CFC）和氢氟碳化物（HCFC），这两种物质都会导致臭氧消耗并导致全球变暖。

氟利昂是常用的制冷剂和气溶胶推进剂，因此空调、冰箱制冷剂泄漏均会导致氟利昂暴露。需要说明的是，这些含氟产品已逐渐被无氟制冷剂替代。

比较受关注的有Freon 11（CAS编号75-69-4）、Freon 113（CAS#:76-13-1）、Freon 12（CAS#:75-71-8）、Freon 21（CAS#:75-43-4）、Freon 22（CAS#:75-45-6）、Freon 218［CAS#:76-19-7，全氟丙烷（PFA3）和其他脂肪族全氟烷烃］。PFA3常温气态，无色无味；气态PFA3压缩时很容易凝结成液体。PFA3目前用作俄罗斯和平号空间站冰箱的二次冷却剂。据俄罗斯毒理学家称，如果所有PFA3从冷却系统逸出进入和平号舱，舱内浓度可能达到5000 mg/m^3；Mir-18是美国宇航第一个涉及居住在俄罗斯航天器上的任务；对于这次任务，机舱空气样本显示PFA3是浓度最高的衡量污染物；PFA3在Mir中的浓度范围为20~48 mg/m^3。

经常吸入高浓度的氟利昂会导致以下情况：呼吸困难、肺部积液、器官损伤、猝死。轻度至中度中毒的症状包括：刺激眼睛、耳朵和喉咙、头痛、恶心、呕吐、冻伤（液态氟利昂）、咳嗽、化学灼伤皮肤、头晕。严重中毒的症状包括：肺部积液或出血、食道有烧灼感、吐血、精神状态下降、呼吸困难、吃力、不规则的心率、意识丧失、癫痫发作。

十一、氟化氢

氟化氢是一种腐蚀性的无色气体，可能会在空气中冒烟。嗅阈值为0.04~3 ppm。极易溶于水，氟化氢水溶液称为氢氟酸。

氟化氢主要用于生产氟化铝，合成冰晶石、含氟聚合物、氯氟烃、无机氟化物，铀浓缩、制氟。氟化物存在于鱼、海鲜、明胶、茶等食品和饮料中。公共水源可能进行了氟化。

环境空气中氟化氢浓度通常低于检测限。但在潜艇上会监测到氟化氢，有报告为

3～300 ppb，认为可能是由潜艇中卤化碳氢化合物和制冷剂的分解引起的。使用氟化氢清洁剂时，浴室中氟化氢可能超过 170 ppm。

意外暴露场景包括：氢氟酸泄漏、在不通风或通风浴室中使用8%～9%氢氟酸作为清洁剂。职业暴露如铝工业的电解车间、石油公司的烷基化装置操作、磷肥厂、生产氢氟酸和氟化铝工厂等。生活中也会有长期暴露，如接触燃煤产生的氟化物，摄入污染空气中的氟化物和受污染的食物，喷洒杀虫剂。

氟化氢及其水溶液通过吸入或皮肤接触具有急性危险。气态氟化氢的主要目标是呼吸道，即刺激呼吸道和诱发呼吸道疾病，呼吸道影响包括刺激、气道阻塞和气道炎症；也会出现皮肤刺激和眼部刺激。持续1小时暴露于浓度大于3 ppm的氟化氢会出现明显的感官刺激；短期接触后可能出现长期的呼吸道影响；长期接触氟化氢会增加哮喘的风险。氢氟酸的急性影响包括损害皮肤和肺部，如严重烧伤和心律失常和急性肾功能衰竭等系统效应。氟化氢暴露会导致氟离子吸收，引起全身效应，如抗甲状腺作用、超敏反应或对氟化物的耐受性降低；一些全身效应可能是耗尽钙和镁，或高钾血症。

意外摄入后会出现瘙痒、皮疹、胃肠道症状以及四肢或面部麻木或刺激。氟化物的慢性毒性影响包括激素分泌紊乱、肾脏损伤、生殖毒性、骨骼变化、遗传毒性和癌症；一些慢性症状包括肺功能下降、胃肠道问题以及严重的背部和腿部疼痛、蛋白尿频率增加；正常内分泌功能受干扰表现包括：增加促甲状腺激素，甲状腺激素、降钙素或甲状旁腺激素浓度改变，继发性甲状旁腺功能亢进症、糖耐量降低。终生接触氟化物（如饮用水浓度为4 mg/L或更高）可能导致人群骨折率更高，和氟骨症。

吸入的氟化氢会迅速被吸收到血液中，导致血浆氟化物浓度快速升高。氟化物通过被动扩散从胃肠道快速近全量吸收。吸收的氟离子不会在大多数软组织中累积，但会在骨骼中累积。氟化物通过取代氢氧根离子而结合到骨骼中，形成羟基氟磷灰石，导致骨骼脆性增加；而且氟化物还会产生其他全身影响，如抑制酶、改变正常生理信号机制、干扰内分泌功能、破坏钙平衡。

十二、肼

肼，又称联氨、联胺，是一种无机化合物，化学式为N_2H_4。是一种简单的光致氢化物，是一种具有类似氨气味的无色、易燃、具有腐蚀性的液体，嗅阈值3.7 ppm，可与水混溶。CAS编号302-01-2。

肼主要用作制备聚合物泡沫的发泡剂、农用化学品（农药）、聚合催化剂、医药中间体、照相化学品、用于防腐的锅炉水处理、纺织燃料，以及用作太空航天器推进的长期可储存推进剂，还是各种火箭燃料和制备气囊中使用的气体前体；在核电厂和常规发电厂蒸汽循环中用作除氧剂，以控制溶解氧的浓度，从而减少腐蚀。暴露场景为上述工业场所的职业暴露，在烟草烟雾中也可检测到少量肼。

急性暴露影响：刺激眼睛、鼻子和喉咙，暂时性失明、头晕、头痛、恶心、肺水肿、癫痫发作、昏迷；损害人体的肝脏、肾脏和中枢神经系统。皮肤接触可能会产生化学灼伤和严重的皮炎。动物研究表明，肼具有很高的急性吸入和摄入的毒性以及极度急性皮肤接触的毒性。慢性影响：动物研究观察到了对呼吸系统、肝脏、脾脏和甲状腺的影响。

肼是潜在的人类致癌物，吸入暴露的肼的大鼠和仓鼠观察到鼻腔肿瘤。

十三、甲醛

甲醛是一种无色、腐蚀性、易燃气体，具有刺激性、令人窒息的气味，嗅阈值 $0.05 \sim 1$ ppm。CAS 编号：50-00-0。

甲醛在工业上被广泛应用，主要用于其他化学品和树脂的生产。甲醛树脂在生产木制品、纸浆和纸张、合成纤维、塑料和涂料以及纺织品的许多行业中用作黏合剂。甲醛-尿素树脂在建筑施工中用作绝缘材料。甲醛在欧洲已被限制用作化妆品和指甲硬化产品中的防腐剂。5%甲醛水溶液被用作医院、船舶、住宅和动物处理设施的消毒剂和熏蒸剂，因为它能有效杀死大多数细菌、病毒和真菌。37%甲醛溶液通常被称为福尔马林，用于在实验室和博物馆中储存和保存组织样本。

甲醛产生源包括自然源和人类行为。自然环境中，甲烷被阳光分解、森林和灌木丛火灾以及火山活动都会形成甲醛。甲醛在环境中迅速分解，并通过阳光、雨水和生物降解从空气中去除。有机材料燃烧过程中会释放甲醛，因此，柴火、汽车尾气、烟草烟雾和焚香产生的烟雾中都可能有甲醛。在施工安装过程中甲醛-脲醛树脂建材会释放甲醛。甲醛也可能从衣服、地毯、家具、黏合剂、油漆、清漆、清洁剂以及蜡中释放到环境中。因此，甲醛的室内空气源包括吸烟、烹饪、熏香和建筑材料等。

暴露途径：吸入、摄入、皮肤接触。

吸入甲醛会刺激鼻子、嘴巴和喉咙。在严重的情况下，可能会出现呼吸窘迫以及喉部和肺部水肿。摄入甲醛后会在早期引起胃或肠灼伤和溃疡。摄入甲醛还可能导致胸痛或腹痛、恶心、呕吐、腹泻和胃肠道出血。其他临床特征包括呼吸急促、皮肤变黄、尿血和肾衰竭。眼睛暴露于蒸气或飞溅的甲醛会引起刺激，立即出现刺痛或灼痛，并伴有眼睑痉挛和流泪。皮肤接触甲醛会引起皮肤刺激和过敏性接触性皮炎；皮肤接触高浓度甲醛溶液会引起水疱和荨麻疹。

国际癌症研究机构已将甲醛归类为对人类致癌的化学物质。长期（数年）接触甲醛会导致工业工人出现鼻腔肿瘤（鼻肿瘤）和白血病。

十四、硫化氢

硫化氢是一种无色易燃气体，具特有的臭鸡蛋特征气味。嗅阈值极低，仅为0.5～

10 ppb，刺激性浓度为 10 ppm，嗅觉疲劳浓度为 100 ppm，神经麻痹浓度为 150 ppm。

硫化氢是天然硫循环的必然产物，源于细菌分解蛋白质和还原硫酸盐。因此，动物因体内肠道细菌或口腔细菌的作用，会散发硫化氢。很多工业过程，如制造无机硫化物、染料、杀虫剂、聚合物和药物等产品，都会形成硫化氢副产物。废物储放和处理过程中会产生硫化氢，因此卫生系统是重要的硫化氢产生源。环境空气中硫化氢浓度为 0.11~0.33 ppb。核动力潜艇监测到硫化氢浓度为 2~22 ppb。患有严重口臭的人的口腔硫化氢浓度可能超过 10 ng/mL。

职业暴露环境包括农业、天然气、炼油、造纸、黏胶人造丝生产等多种行业。意外暴露常发生在密闭空间，并导致致命接触，例如，下水道、化粪池、污水泵站、污水厂、废物处理厂检修期间等。

硫化氢毒性作用涉及神经、心血管和呼吸系统。暴露在低浓度硫化氢和其他含硫气体的人员会出现头痛、恶心和其他症状。硫化氢是一种接触刺激物，会对眼睛和呼吸道的黏膜造成炎症和刺激作用，眼部影响包括流泪、角膜和结膜的灼痛和刺激。人类报告和实验动物研究均表明，接触约 50 ppm 时会导致呼吸道炎症。急性接触约 100 ppm 硫化氢会导致出现流泪、畏光、角膜混浊、呼吸急促、呼吸困难、气管支气管炎、恶心、呕吐、腹泻和心律失常；恢复后还可能会出现咳嗽和嗅觉异常等，例如，嗅觉减退、嗅觉障碍（感觉改变）和错误的气味识别（幻觉），会持续数天至数周。吸入低至 100~250 ppm 的硫化氢仅几分钟即可导致不协调、记忆和运动功能障碍以及嗅觉麻痹（即嗅觉丧失）；接触时间越长，症状越严重，有时会导致肺水肿。暴露在更高浓度如 500 ppm 下可能导致昏迷（迅速失去知觉）或持续性头痛，或长期的神经功能障碍，如平衡和运动功能障碍、记忆力减退等记忆功能障碍、性格改变、幻觉和嗅觉丧失，临床表现与缺氧导致的器质性脑病一致。有些人暴露在大约 1000 ppm 时会出现迷走神经介导的呼吸暂停和硫化氢引起的中枢性呼吸骤停。意外高浓度暴露经常会导致由呼吸衰竭、非心源性肺水肿、昏迷和发绀引起的致命事件。

硫化氢是一种直接作用的代谢毒物。硫化氢对呼吸系统的严重影响体现在，细胞呼吸必需的线粒体中由细胞色素氧化酶控制过程和能量产生过程都会被硫化氢抑制，即硫化氢主要通过抑制细胞色素 C 氧化酶来阻断呼吸链，阻断细胞色素 C 氧化酶依赖性将氧还原为水，从而损害氧化磷酸化；而且未解离的分子态（H_2S）比离子态（HS^-）抑制作用更强。因此，需氧量高的心脏和大脑等组织对电子传输的硫化物抑制特别敏感，这与氰化物抑制机制类似。硫化氢对嗅觉系统的影响体现在，硫化氢会损伤鼻上皮细胞。

同时，硫化氢被推断是一种气态生物分子和神经递质，介导一系列生物学效应。添加生理浓度的硫化氢有助于在海马体中诱导长期增强，并伴随着 cAMP 的增加，从而间接激活谷氨酸的突触后 N-甲基-D-天冬氨酸受体。硫化氢在大鼠脑中的浓度为 1~2 ppm，肺中的背景浓度范围为 50~140 ppm。

十五、六甲基环三硅氧烷

六甲基环三硅氧烷，简称D3，属于有机硅化合物。是一种无色或白色的挥发性固体。CAS编号541-05-9。

该化合物涉及较广泛的工业过程，包括：所有其他基本有机化学品制造；所有其他化工产品及制剂制造；沥青铺路、屋顶和涂料制造；电脑及电子产品制造；循环粗中间体制造；塑料材料与树脂制造；合成橡胶制造。家庭产品中含有该化合物的包括：汽车产品、个人护理。目前认为吸入、摄入和皮肤接触等暴露均无危险。

十六、氯仿

氯仿是一种清澈、无色、易挥发的液体，具有特有的甜味，嗅阈值11.7 ppm。不易燃，分解时会放出有毒烟雾。CAS编号67-66-3。

氯仿主要用于生产空调或冷柜的制冷剂HCFC-22（氯二氟甲烷或氢氯氟烃22）。自2004年以来，新设备已禁止使用这些物质，并且正在逐步从现有机器中被淘汰。氯仿用于农药配方、实验室和工业中的溶剂和化学中间体、清洁剂、染料生产、灭火器以及制药和橡胶工业，还用于制造氟碳塑料、树脂和推进剂。氯仿在过去被广泛用于医学麻醉剂，现已停止使用。

上述使用氯仿的行业会造成氯仿的职业暴露。而日常的氯仿暴露更常见的是来自消毒过程。氯与有机化合物反应时会间接产生氯仿。因此，许多水消毒过程，包括饮用水、废水和游泳池的氯化，纸浆和造纸厂的消毒过程，都会导致氯仿的形成和释放到环境中。

氯仿可以通过摄入或吸入被人体吸收。吸入氯仿蒸气可能导致呼吸急促、口干和咽喉等症状。摄入氯仿会导致口腔和喉咙有烧灼感、恶心和呕吐，兴奋和恶心，还会出现头晕和嗜睡。更严重的是接触氯仿可能会导致心脏问题、不适、意识不清，在某些情况下甚至会导致死亡。急性有毒氯仿暴露的延迟效应（暴露后长达48小时）是肝脏和肾脏损伤。皮肤接触氯仿可能导致暴露区域的刺激和炎症。眼睛接触氯仿蒸气可能会引起刺痛感，眼睛接触液体氯仿会立即引起疼痛和炎症。长期接触氯仿会导致肝损伤。在实验动物中有足够的证据，但在人体中却没有足够的证据表明氯仿会致癌。因此，国际癌症研究机构已将氯仿归类为可能具有导致人类癌症的能力。

十七、氯化氢

氯化氢是一种无色、腐蚀性、不可燃的气体，具有刺激性气味。嗅阈值为0.77 ppm，刺激性浓度为33 ppm。氯化氢极易溶于水并形成盐酸，极易吸湿，因此，空气中的氯化氢通常是一种盐酸气溶胶。CAS编号7647-01-0。

氯化氢天然存在于环境中，由大多数哺乳动物的消化系统产生。更是许多工业过程的副产品和工业原料，主要用于合成无机和有机化学品。

核动力攻击潜艇上检测到氯化氢浓度1～3 ppb，认为可能是由潜艇中卤代烃和制冷剂的分解引起的。

高浓度氯化氢会刺激黏膜、眼睛和皮肤。意外接触气体产品或混合含有高浓度氯化氢的物质会导致一系列的慢性影响，包括反复发作的急性呼吸道疾病和哮喘，长时间的低氧血症。人类长时间接触氯化氢的最高耐受浓度为10 ppm，几个小时的最高耐受浓度为10～50 ppm。对实验室动物的呼吸道影响范围从低浓度（小于100 ppm）的轻度至中度刺激到中等浓度（100～500 ppm）的鼻损伤，和高浓度（大于500 ppm）使鼻黏膜的吸收或缓冲能力饱和，肺部损伤如充血、轻度出血和多灶性急性肺泡炎，严重的肺损伤可能导致死亡。氯化氢导致功能性和形态性呼吸道损伤程度，取决于暴露浓度高低和持续时间长短。由于其高水溶性，吸入的氯化氢会迅速吸附在黏膜上，吸入的大部分氯化氢在上呼吸道被吸收掉，因此理论上不会导致全身毒性；鼻腔最前部区域出现组织损伤，鼻腔后部区域或下游气管和肺部的损伤要小得多，甚至可以忽略不计。但是也能观察到实验室动物在反复暴露于高浓度后会出现肝、心肌和肾损伤，这可能归因于酸碱代谢紊乱或肺损伤导致的血氧浓度下降；而且一些意外暴露病例均显示了持续性低氧血症的临床特征，表明混合氯化氢蒸气和薄雾可能引起迟发性肺深部或胃实质损伤。

氯化氢被黏液和黏膜吸收后，不会被代谢，而是解离成氢离子和氯离子。氢离子与水反应生成水合氢离子，水合氢离子作为质子供体，很容易与有机分子反应。该反应可能由此导致了细胞损伤，甚至细胞死亡。

常见的意外暴露场景包括：吸入氯化氢烟雾、吸入聚氯乙烯燃烧产生的混合物（如消防员）、游泳池采用了盐酸产品清洗、接触盐酸和光气混合物、化工厂释放出含氯化氢的蒸气、盐酸泄漏。

反复接触和亚慢性毒性研究表明，持续3天，每天6小时暴露于310 ppm氯化氢后，小鼠鼻腔中观察到有组织病理学损伤；病变包括鼻呼吸道上皮的脱落、糜烂、溃疡和坏死；鼻腔损伤在嗅觉上皮细胞中是最小的，而且肺中没有观察到任何影响。为期90天的研究表明，10 ppm是观察到的最低不良反应水平，因为分别在大鼠和小鼠中观察到鼻炎和鼻甲中嗜酸性粒细胞最少。

慢性毒性研究表明，暴露于氯化氢的大鼠的气管增生和喉部增生的发生率有所增加。

十八、柠檬烯

具有典型柑橘气味的无色液体，嗅阈值2.5 ppm。CAS编号5989-27-5。

柠檬烯是自然界中最常见的萜烯之一，存在于柑橘和种类繁多的其他植物中。是柑橘皮油、莳萝油、孜然油、橙花油、佛手柑和葛缕子油的主要成分。柠檬烯一直被用作食品、饮料的香精香料添加剂；也用作溶剂，替代氯化烃、氯氟烃和其他有机溶剂；用于制造树脂；用作润湿剂和分散剂以及用于昆虫控制。用作各种工业产品上漆前的脱脂剂，用于清洁电子工业中的印刷电路，用于清洁印刷厂的印刷滚筒，并作为染料的溶剂。香水中柠檬烯浓度在0.005%～1%，经常用作家用消费品中的香料。在医疗上柠檬烯也有应用，例如，已被用来溶解残留的胆固醇术后胆结石；柠檬烯及其代谢产物紫苏醇目前正在进行临床用于治疗乳腺癌和其他肿瘤以及化学预防的试验；柠檬烯用作添加剂用于药物透皮应用以增加药物渗透的系统活性物质。

室内和室外空气均会检测到柠檬烯，室内空气中柠檬烯浓度8～2940 μg/m^3。根据致死剂量和动物口服给药的重复剂量毒性研究，d-柠檬烯已被指定为低毒化学品。

十九、氢

氢是一种无色、无味、易燃、易爆的气体。CAS编号1333-74-0。

广泛用于制造其他化学品，如油脂加工、焊接和切割金属。液态氢是火箭燃料和推进剂。是电解水制氧气的副产品，水蒸气通过加热的铁也会产氢。厌氧自然环境微生物、人体和动物肠道微生物降解有机物会产氢，人类每天大约产氢50 mg。为船用电池充电会产氢。飞机和航天飞机空气中氢气浓度约100 ppm。潜艇中氢气检测浓度平均0.03%（0～0.63%范围）。

氢气在空气中浓度非常高的情况下，是一种简单的窒息性气体，因为它能够排开氧气并导致缺氧。氢没有其他已知的毒性活性。当密闭环境中的氧气浓度降低时，氢气引起的窒息可能会在较低的氢气浓度下发生。但是即使在低氧环境中引起缺氧所需的氢气浓度也将远远超过气体的爆炸极限。因此，职业接触标准是根据氢的爆炸性而不是其毒性设定的。

二十、氰化氢

氰化氢，分子式HCN，温度26℃下是蓝白色液体，温度升高是无色气体，具苦杏仁或杏仁软糖的香气，嗅阈值2～10 ppm。CAS编号74-90-8。氰化氢是一种速效致死剂，可抑制细胞水平的有氧呼吸，阻止细胞利用氧气。

氰化氢用于熏蒸、电镀、采矿、化学合成以及生产合成纤维、塑料、染料和杀虫剂。职业暴露场景有熏蒸船舶和建筑物、在果园等地区熏蒸室外害虫、丙烯酸纤维、合成橡胶和塑料制造行业、硬化钢铁的工厂。高浓度暴露症状包括换气过度、意识丧失、抽搐、角膜反射消失、喉咙发紧感、眩晕、困倦、视力受损、头部周围有压迫感、疼痛可能发生在颈部和胸部的后部；中等浓度暴露症状为立即和渐进的温暖感（由于血管扩张所致）伴有可见的潮红，虚脱伴恶心、呕吐、头痛、呼吸困难和胸闷感，导致无意识和窒息；低浓度暴露症状为忧虑、呼吸困难、头痛、眩晕、嘴里有金属味。

二十一、十甲基环五硅氧烷

十甲基环五硅氧烷，简称D5，是一种挥发性低分子量环状硅氧烷，CAS编号541-02-6。

十甲基环五硅氧烷主要用作生产一些广泛使用的工业和消费品的中间体，并有意添加到以下产品中：化妆品和个人护理产品、洗涤和清洁产品、抛光剂和蜡、药物、纺织品处理产品和染料以及香水。

D5的广泛使用可能会导致工人（职业接触）、消费者和公众受到接触。例如：室内使用（如机洗液/洗涤剂、汽车护理产品、油漆和涂料或黏合剂、香水和空气清新剂）、在室内密闭环境中设备的释放（如冰箱中的冷却液、油基电加热器）和室外密闭系统的释放（如汽车悬架中的液压液、机油中的润滑剂和制动液）。

暴露途径包括吸入和摄入，没有明显的皮肤吸收。毒性相对较低，不被认为是皮肤或眼睛刺激物或皮肤致敏剂。短期的体外和体内试验证明其不具有遗传毒性/诱变性，并且不会对大鼠造成生殖或发育毒性。大鼠吸入160 ppm D5长达24个月，对肝脏（体重变化和肝细胞肥大）和子宫（几种动物的子宫内膜腺癌、子宫内膜腺瘤和腺瘤性息肉的发病率增加）产生不良影响。

二十二、叔丁醇

叔丁醇是最简单的叔醇，分子式为$(CH_3)_3COH$。叔丁醇是一种无色固体，在室温附近熔化，有类似樟脑的气味，嗅阈值47 ppm。与水、乙醇和乙醚混溶。CAS编号75-65-0。

叔丁醇用途广泛，例如，油漆溶剂、乙醇和其他醇类的变性剂、脱水剂，用于制造浮选剂、水果香精和香水。是甲基叔丁基醚和乙基叔丁基醚的主要代谢物。

暴露途径主要是吸入含有叔丁醇蒸汽的空气、食用受污染的水或食物。也可能通过直接皮肤接触。

动物研究表明，长期口服接触叔丁醇与肾脏和甲状腺的影响有关。基于雄性和雌性小鼠的甲状腺肿瘤以及雄性大鼠的肾肿瘤，表明叔丁醇具有潜在致癌性。

二十三、双丙酮醇

双丙酮醇，简称DAA，是一种无色液体，具有令人愉悦的气味，嗅阈值0.28 ppm。是强氧化剂、强碱。CAS编号123-42-2。

双丙酮醇用于工业合成和作为溶剂，例如，双丙酮醇用于纤维素酯漆，特别是刷漆，可以产生明亮的光泽和坚硬的薄膜，并且没有气味。用于清漆稀释剂、涂料、木材着色剂、木材防腐剂和印刷色浆；用于纸张和纺织品的涂料组合物；作为永久性标记；用于制造人造丝绸和皮革；仿金箔；作为动物组织的防腐剂；存在于赛璐珞水泥和金属清洁化合物中；摄影胶片的制造；在液压制动液中，通常与等量的蓖麻油混合。

暴露途径包括吸入、摄入、皮肤和/或眼睛接触。症状包括：刺激眼睛、皮肤、鼻子、喉咙，角膜损伤，实验动物出现麻醉、肝损伤。靶器官是眼睛、皮肤、呼吸系统、中枢神经系统及肝脏。

二十四、烷烃

烷烃可分为碳数1～4和碳数5～9两大类。烷烃（碳数1～4），即甲烷、乙烷、丙烷、丁烷。以下分别以丁烷和正己烷为例。

丁烷是一种具有微弱难闻气味的无色气体，难溶于水，爆炸下限为1.9%。是由天然气生产的。主要用途是生产乙烯和1,3-丁二烯等化学品，用作制冷剂、气溶胶推进剂、液化石油气的成分以及气体打火机填充物的主要成分。因为它很容易获得，所以丁烷经常被用于吸入滥用。

在滥用案例中观察到的主要影响是中枢神经系统和心脏影响。如果在怀孕第27周或第30周期间进行高剂量单次暴露，胎儿可能会出现严重的脑损伤和器官发育不全。丁烷对小鼠和大鼠的死亡率先于中枢神经系统效应。

正己烷是一种由原油制成的化学品。纯的正己烷是一种无色液体，略带难闻气味。它很容易蒸发到空气中，仅微溶于水。正己烷高度易燃，其蒸气可能具有爆炸性。

实验室会用纯的正己烷。工业中使用的大多数的正己烷都与类似的化学物质混合为溶剂，如"商业己烷""混合己烷""石油醚"和"石脑油"，旧称"石油苯"。含正己烷的溶剂主要用于从大豆等农作物中提取植物油，还用作印刷、纺织、家具和制鞋行业的清洁剂；用于屋顶和制鞋业和皮革业的某些特殊胶水中也含有正己烷。一些消费品含有正己烷，例如，汽油中含有1%～3%的正己烷，橡胶水泥中也存在正己烷。正己烷一旦进入空气中，就会与氧气发生反应并被分解，会在几天内被分解。如果正己烷洒入湖泊或河流中，极小部分会溶解在水中，但大部分会浮在水面上，然后正己烷将蒸发到空气中。如果正己烷洒在地上，大部分会在渗入土壤之前蒸发到空气中。植物、鱼类或动物不会储存或浓缩正己烷。

正己烷的日常暴露很普遍，由于汽油中含有正己烷，几乎每个人都会接触到空气中的少量正己烷。汽油中的正己烷在加油站和汽车尾气中释放到空气中。芝加哥空气中正己烷的浓度，每10亿份空气中含有2份正己烷（2 ppb）。因为食用油是用含有正己烷的溶剂加工的，所以这些产品中也可能含有非常少量的正己烷；不过食用油中正己烷的含量太低，不会对人产生任何影响。居住在含有正己烷的危险废物场附近或在其制造、加工或储存设施附近的人可能会受到暴露。职业暴露场景包括炼油厂、制鞋和制鞋组装、实验室、操作或修理排版和印刷机械、建筑施工、铺地毯、木匠、汽车修理和加油站、汽车制造、轮胎或内胎制造，以及航空运输和空运业务。

正己烷暴露对人体健康影响主要是：神经障碍（手脚麻木、足部和小腿肌肉无力、胳膊和腿出现麻痹、控制手臂和腿部肌肉的神经受损）。实验动物研究表明，正己烷的分解产物（称为2,5-己二酮）会导致神经损伤，而不是正己烷本身。检测尿液中的2,5-己二酮可用于确定一个人是否接触过可能有害量的正己烷。当空气中的正己烷含量非常高（1000～10 000 ppm）时，雄性大鼠的精子形成细胞出现受损迹象，兔子和老鼠的肺部受到损害。但人们很少能接触到如此高浓度的正己烷，因此尚不清楚这些影响是否会发生在人身上。

二十五、戊二醛

戊二醛，是一种透明的油状液体，有刺激性气味，嗅阈值0.04 ppm。CAS编号111-30-8。

戊二醛应用广泛，尤其在卫生保健领域，包括：工业用的交联剂和鞣剂；造纸中的杀黏菌剂；金属加工液和油气管道中的杀菌剂；畜舍消毒剂；水处理系统中的抗菌剂；不能加热灭菌的手术器械消毒液、组织学和病理学实验室的组织固定剂、X射线中的硬化剂、移植物和生物假体的制备、各种临床应用；形成防腐剂；化妆品中的防腐剂。

接触戊二醛可能导致以下症状：喉咙和肺部刺激、哮喘、哮喘样症状和呼吸困难、鼻刺激、打喷嚏、喘息、出鼻血、眼睛灼痛和结膜炎、皮疹接触和/或过敏性皮炎、手染色（褐色或棕褐色）、麻疹、头痛、恶心。

二十六、线性硅氧烷

硅氧烷是包含与氢或烃侧链结合的交替硅和氧原子的线性或环状主链的聚合化合物。低分子量硅氧烷暴露在空气中的潜在风险最高，是高度亲脂性液体。

广泛用于各种工业和消费品，包括液压油、黏合剂、纺织品、洗涤剂、止汗剂、化妆品、个人护理产品、医疗和电子设备、炊具和建筑材料。

其中线性硅氧烷的动物暴露影响研究如下：

急性暴露：在暴露后14天内，观察所有大鼠的治疗相关毒性迹象，包括呼吸、皮肤、行为、鼻腔或眼部变化的证据。在高暴露组中，暴露2～3天死亡。在中剂量组和高剂量组中报告了神经功能障碍、肺部不良反应，包括充血和出血。

亚急性效应：观察到实验动物肝脏重量增加，发现了雄性特异性蛋白肾病、肝卟啉病。

亚慢性影响：发现肾小管变化，包括透明管型增加；肝脏重量增加，并伴有相应的小叶中心性肝细胞肥大。

慢性影响：观察到出现间质细胞瘤、肾小管腺瘤、肾小管癌。

二十七、溴三氟甲烷

溴三氟甲烷是一种气态碳氟化合物，分子式$CBrF_3$，通常称为Halon 1301。CAS编号75-63-8。

溴三氟甲烷被广泛用作灭火剂，尤其是应用在计算机、高科技设施和博物馆展品的灭火。由于高效且无残留，Halon 1301被用于航天飞机灭火系统。除了用作灭火剂外，$CBrF_3$还被用作制冷剂，也是三氟甲基化剂（三氟甲基三甲基硅烷）的前体。但是，$CBrF_3$是一种大气臭氧消耗剂，因此1989年制定的《蒙特利尔议定书》要求必须更换它和其他哈龙灭火剂和制冷剂。$CBrF_3$的一种替代品是1,1,1,2,2,4,5,5,5-九氟-4-（三氟甲基）戊烷-3-酮1，称为Novec 1230。

大约2/3的航天飞机飞行空气样本中检测到了Halon 1301，这可能是由于储罐中的小泄漏造成的。检测到的浓度范围为$1\sim 77$ mg/m^3。如果航空电子设备舱发生火灾或误报而使用了灭火剂，则会导致舱内Halon 1301浓度为1%（10 000 ppm，61 000 mg/m^3）。这种低浓度的卤化甲烷无法通过活性炭有效去除，并且会留在航天器的密闭环境中。在航天飞机安全返回地球之前，机组人员可能会暴露于Halon 1301长达24小时。空间站的空气再生系统无法有效地去除Halon 1301，因此不应在空间站中使用，但是如果Halon 1301在航天飞机与空间站对接时在航天飞机中排放，气体可能会扩散到空间站，机组人员在执行任务期间可能会长时间暴露在低浓度的Halon 1301中。

溴三氟甲烷会刺激皮肤，反复接触会导致皮肤干燥和开裂，接触液体会导致皮肤冻伤。接触溴三氟甲烷可能导致头痛、头晕、麻木和注意力不集中。高浓度接触可能会导致抽搐和失去知觉。吸入高浓度气体可能导致不规则的心跳，甚至是致命的。

二十八、一氧化碳

一氧化碳是一种无色、无味、无刺激性的气体，CAS编号630-08-0。

一氧化碳是燃料在不完全燃烧时由于氧气不足而产生的副产品。大多数燃料燃烧过程（自然或人为）都会产生一些一氧化碳。因此，如下环节产生的烟气均可能含高浓度的一氧化碳：汽车和卡车发动机、小型汽油发动机、燃料燃烧空间加热器、燃气灶、灯笼、供暖系统（包括家用炉子）、燃烧木炭、煤油、丙烷或木材、垃圾焚烧/热解。一氧化碳还用于制造其他化学品，包括甲醇和光气。也用于某些激光器。

因此，交通和冶炼行业是环境空气中一氧化碳的重要来源。在室内环境中，石油、天然气或煤油加热器和有故障的燃气设备会产生大量的一氧化碳。空气中一氧化碳的天然来源包括火山、与光的化学反应和自然火灾。

常见暴露场景包括：安装不当、有故障或使用不当（包括通风不足）的炊具或其他燃料燃烧器具，在室内、大篷车和帐篷内使用烧烤和便携式发电机。暴露于火灾烟雾、香烟、水烟或水烟管；暴露于汽车尾气和工业过程，如在封闭空间使用液化石油气或汽油动力设备。

一氧化碳被吸入后，通过肺部进入血液并附着在身体的氧载体血红蛋白上，导致携带到全身的氧气量减少。短暂接触少量一氧化碳可能导致头痛、潮红、恶心、头晕、眩晕、肌肉疼痛或性格改变，接触更高剂量可能导致运动问题、虚弱、意识模糊、肺部和心脏问题、意识丧失和死亡。长时间接触少量一氧化碳可能导致类似流感的症状，包括疲倦、头痛、恶心、头晕、性格改变、记忆力问题、视力丧失和痴呆。

二十九、乙苯

乙苯是一种透明无色液体，有类似汽油的甜味，嗅阈值2.3 ppm。乙苯蒸发容易着火。CAS编号100-41-4。

乙苯来源包括自然源和人类活动。乙苯天然存在于煤焦油和石油中。工业上乙苯主要用途是制造苯乙烯，一种用于制造塑料的化合物。乙苯也存在于汽油、油漆、油墨、杀虫剂、地毯胶水和烟草制品中。

暴露途径包括吸入和饮用水。暴露场景：制造或使用乙苯的工作或生活场所，例如，使用清漆、喷漆、黏合剂和胶水；居住在生产或使用乙苯的工厂附近；汽油和汽车尾气是公众接触的主要形式；接触烟草烟雾。饮用水可能因液体乙苯溢出、工厂排放或泄漏的地下汽油罐进入水或土壤而被污染。

短期接触空气中的乙苯会影响中枢神经系统，引起头晕，嗜睡、头痛或手部协调困难，乙苯还会刺激眼睛、鼻子、喉咙和皮肤。长期接触空气中的乙苯会对神经系统产生持久影响。动物研究表明，长期接触会导致肝脏和肾脏受损。动物研究表明大剂量饮用乙苯会影响中枢神经系统。

乙苯被命名为可能的致癌物质。吸入乙苯的小鼠和大鼠患上了肺癌、肝癌和肾癌。

三十、乙醇

乙醇是一种透明无色液体，具有典型的酒精气味，嗅阈值84 ppm。CAS编号64-17-5。

乙醇是酒精饮料中的主要成分，也是溶剂、香水、化妆品、消毒剂、洗手液、防腐剂、抛光机的成分，也用于制造燃料和生物燃料、橡胶和药品、其他化学品。液体、泡沫和凝胶形式的酒精基洗手凝胶最多可含有95%的乙醇。

环境中最可能的乙醇来源是制造过程或使用乙醇的行业排放的废气。乙醇被释放到环境后大部分会被阳光分解。

吸入乙醇会刺激鼻子和喉咙，导致窒息和咳嗽；摄入乙醇会导致情绪变化、反应变慢、运动不协调、言语不清和恶心；较高的暴露量会导致视力模糊、意识模糊和迷失方向、运动问题、呕吐和出汗。乙醇会刺激皮肤，伴有疼痛、发红和肿胀，导致眼睛流泪、灼痛和刺痛。饮酒会增加人体患癌症（口腔、喉咙、声带、食管、大肠、肝癌、乳腺癌、胰腺癌）的风险。有肝病者可能对乙醇的有害影响更敏感。

三十一、乙二醇

乙二醇，又名甘醇、水精，属于最简单的二元醇。是无色透明、微黏稠、有甜味的液体。能与水以任意比例混合。CAS编号107-21-1。

乙二醇用途多样，包括：用作冷却和加热系统的防冻剂，在液压制动液中用作工业保湿剂，作为电解电容器的成分，在油漆和塑料工业中用作溶剂，打印机油墨、印台油墨和圆珠笔墨水的成分，是玻璃纸的软化剂，用于制造安全炸药、增塑剂、涤纶等合成纤维和合成蜡。用于机场跑道和飞机除冰。

暴露场景有制造和使用乙二醇的工作车间。通过生产和使用乙二醇过程中排放的废水，通过其作为机场跑道和飞机除冰，通过使用过的防冻剂、冷冻剂和溶剂溢出而进入环境。暴露途径为吸入或皮肤接触。

急性暴露影响：中枢神经系统抑制（呕吐、嗜睡、昏迷、呼吸衰竭、抽搐、代谢变化、胃肠道不适）、心肺影响和后期肾损害；慢性影响：喉咙和上呼吸道刺激。动物研究发现，亚慢性吸入暴露观察到眼部刺激和病变以及肺部炎症，饮食中长期接触乙二醇的大鼠表现出肾脏毒性和肝脏影响。

三十二、乙醛

乙醛是一种无色易燃液体，具有刺激性水果气味，嗅阈值 0.0001～2.3 ppm，刺激浓度为 50 ppm。CAS编号75-07-0。

乙醛主要用作生产除草剂、杀虫剂、杀菌剂、药物、香料、燃料、塑料和合成橡胶等产品的化学中间体；少量用作果汁和软饮料等的食品添加剂，在食品中的浓度通常高达 0.047%；是高等植物呼吸作用的中间体，因此是许多水果和蔬菜的天然成分；也是人体乙醇和糖代谢、氨基酸代谢的代谢产物，以及人体肠道菌群对葡萄糖厌氧代谢的产物。人体禁食后，呼气中的乙醛以 17 μg/h 速度消失。乙醛是烟草烟雾的一种成分，产生的乙醛量取决于香烟的类型。每支香烟产生的烟雾中乙醛量介于 400～1400 μg；低焦油卷烟的乙醛排放量较低，每支产生 90～270 μg。乙醛也是汽车尾气的一种成分。

大气环境中的乙醛浓度为 0～69 ppb。核动力攻击潜艇内的乙醛浓度为 16～350 ppb，弹道导弹潜艇内为5～250 ppb。

作为一种高反应性亲电子化合物，乙醛很容易与组织以及游离蛋白质和非蛋白质巯基（如半胱氨酸和谷胱甘肽）的巯基部分结合，从而可能会与组织、蛋白质、肽和DNA结合。

急性接触乙醛，会产生黏膜刺激，眼睛刺激比鼻子或喉咙刺激更敏感，在低于50 ppm浓度下会刺激眼睛，而鼻子或喉咙刺激浓度通常需要100～200 ppm。意外高剂量职业暴露，如空气浓度增加时会导致乙醛蒸汽更深地渗透到呼吸系统中，从而导致闭塞性细支气管炎或哮喘患者的支气管收缩。与甲醛和丙烯醛一样，乙醛主要是一种针对上呼吸道黏膜的入口毒物，但它的效力远低于这两种醛类。

大鼠反复亚慢性接触50 ppm乙醛后，未出现全身效应或对嗅觉上皮细胞或呼吸道其他部分的影响。小鼠连续24小时暴露于125 ppm乙醛14天，以及大鼠反复亚慢性暴露于150 ppm或更高浓度的乙醛会导致鼻部损伤并增加嗅觉神经元的丢失，以及嗅觉退化，和变薄上皮随着浓度和暴露时间增加而增加。大鼠反复亚慢性接触大于500 ppm的较高浓度，也可导致呼吸道上皮炎症、增生和鳞状化生，浓度为1500 ppm时会导致嗅觉上皮细胞出现中度至重度损伤，并伴有神经元丢失和增生。大鼠长期接触750 ppm或更高浓度2年对鼻黏膜具有致癌性。

三十三、2-乙氧基乙醇

2-乙氧基乙醇是一种无色液体，有甜味的有机溶剂，嗅阈值2.7 ppm。易溶于水和有机溶剂（丙酮、苯、四氯化碳等）。CAS编号110-80-5。

2-乙氧基乙醇是一种常见的溶剂。与其他乙二醇醚一样，用于半导体行业。还用于表面涂层，例如清漆和油漆。用于清漆去除剂、印刷油墨、复印液、木材着色接触。

暴露场景：使用或生产2-乙氧基乙醇的行业中的工人存在接触风险。暴露于使用2-乙氧基乙醇的生产和加工设施产生的空气；消费者在使用含有2-乙氧基乙醇的消费品时也可能接触到2-乙氧基乙醇，尤其是在通风不良的情况下；家用硬表面清洁剂、油漆、清漆、油漆、油墨和脱漆剂是一些可能释放2-乙氧基乙醇的消费品。

暴露途径：吸入或通过皮肤。

短期接触可能会刺激眼睛、鼻子和喉咙。非常高的水平可能会导致头晕、头晕和昏倒。长期暴露可能导致肾脏受损、血细胞受损、男性睾丸受损以及男性生育能力下降。动物实验证明2-乙氧基乙醇是一种致畸剂，并且是一种可能的人类致畸剂。

三十四、异戊二烯

异戊二烯是常见的挥发性化合物，在其纯净形式下，它是一种无色挥发性液体，嗅阈值5 ppb。CAS编号78-79-5。

异戊二烯来源既有人类源，也有天然源。异戊二烯用于制造其他物质、橡胶和塑料，这些物质用于制造汽车轮胎和各种产品，包括涂料、树脂、鞋类、黏合剂和模塑制品等。异戊二烯也存在于烟草烟雾中。许多树种（橡树、杨树、桉树和一些豆类）都会产生和排放异戊二烯。藻类也会产生异戊二烯。异戊二烯是人类呼吸中可测量的最丰富的碳氢化合物，人体内异戊二烯的估计生成速率为 0.15 μmol/（kg·h）。

暴露途径：吸入、摄入。

急性暴露影响：中度刺激眼睛、皮肤和呼吸道；可能对中枢神经系统造成影响，导致呼吸抑制和意识下降；吞咽时很容易进入呼吸道并可能导致吸入性肺炎。

长期或反复接触的影响：反复或长时间吸入可能会对肺部造成影响，可能致癌，可能对人类生殖细胞造成可遗传的基因损伤。

三十五、吲哚

吲哚是一种天然存在的芳香物质，是造成人类和动物粪便气味的主要原因。在高浓度时散发出粪便的气味，但在低浓度时散发出花香。CAS编号120-72-9。

吲哚在环境中无处不在，因为人类、动物粪便均含有吲哚，一些植物和其他天然物质也含有吲哚。吲哚最初是从靛蓝中分离出来用作燃料，是重要的工业来源煤焦油的主要成分。农药应用方面作为生化农药、引诱剂。吲哚是香水和合成精油（如茉莉油）中的常见成分。

纯的吲哚会刺激眼睛和皮肤，吞咽或皮肤接触可能会致命。吲哚的浓缩蒸汽会刺激喉咙和肺部。

三十六、正丁醇

正丁醇的嗅阈值1～15 ppm。CAS编号71-36-3。

正丁醇主要用作工业中间体。例如，用于制作乙酸丁酯和其他丁酯、丁基醚（如乙二醇单丁基醚、二和三乙二醇单丁醚，以及相应的乙酸丁醚）。用于制造邻苯二甲酸二丁酯、药物、聚合物、胶棉塑料、黄原酸丁酯和其他丁基化合物。在尿素/甲醛和三聚氰胺/甲醛树脂生产中用作稀释剂/反应物。正丁醇也被用作溶剂和用于制造、染料、漆、树脂和清漆。用于制造橡胶胶水、安全玻璃、人造丝、防水布、人造皮革、雨衣、电影和胶卷。作为柔软剂，用于制造硝酸纤维素塑料。用于制造药物。显微镜检查时是样品制备的石蜡包埋材料，在兽医学中作为杀菌剂，作为脱水剂用于香水、水果香精，用于食品和饮料中的调味剂中，是指甲油成分。

暴露途径是吸入、皮肤吸收、摄入、皮肤和/或眼睛接触。

接触后对人体健康影响症状包括：刺激眼睛、鼻子、喉咙；头痛，头晕，嗜睡；角膜炎症、视力模糊、流泪（流泪）、畏光（对光的异常视觉不耐受）；皮炎；可能的听觉神经损伤，听力损失；抑郁症。

三十七、脂肪族饱和醛

脂肪族饱和醛（碳数3～8）即指丙醛至辛醛，及其异构体，如异丁醛。其嗅阈值均很低，丙醛：1 ppb，丁醛：0.67 ppb，戊醛：0.41 ppb，己醛：0.28 ppb；庚醛：0.18 ppb；辛醛：0.01 ppb。其具有不同的味道，被描述为令人愉快的水果味到令人窒息的味道，例如，丙醛具有令人窒息的水果气味，丁醛是刺激性的，戊醛是辛辣的，己醛是果味浓郁的青草味、锐利的醛香，庚醛是肥腻刺鼻、果味浓郁，辛醛也是果味。以下主要以丙醛为例介绍。

丙醛用于制造丙酸、聚乙烯等塑料、合成橡胶等化学品，用作消毒剂和防腐剂。通过用重铬酸盐氧化混合物处理丙醇或通过丙醇蒸汽在高温下通过铜来制备的。丙醛可形成爆炸性过氧化物，加入酸、碱、胺和氧化剂，会导致火灾或爆炸危险。燃烧时丙醛分解，产生有毒气体和刺激性烟雾。

丙醛主要通过木材、汽油、柴油和聚乙烯的燃烧释放到环境中，也是香烟烟雾的成分。城市垃圾焚烧炉也会向环境空气中释放丙醛。丙醛被允许作为合成调味成分直接添加到食品中。脂肪族饱和醛会通过多种方式进入载人航天器的宜居舱室，例如，在环境控制和生命支持系统中醇类的不完全氧化空气再生子系统，是人体新陈代谢的副产品，通过材料排气或者在食物准备过程中产生。在空气中，丙醛预计仅以蒸汽形式存在；它可以通过与光化学产生的羟基反应在大气中被降解，该反应在空气中的半衰期为19.6小时。

墨西哥室内和室外空气中的丙醛浓度分别为0.0002～0.018 mg/m³和0.0002～0.016 mg/m³。在严重的光化学濡染事件期间，洛杉矶空气检测到丙醛浓度最高约0.033 mg/m³或0.014 ppm，浓度范围为0.017～0.06 mg/m³或0.007～0.025 ppm。俄罗斯和平号空间站的机组舱空气样品测试表明C_3～C_8脂肪族饱和醛浓度峰值约为0.1 mg/m³。饮用水和咖啡中也能检测到丙醛。

脂肪族饱和醛低浓度接触会导致黏膜刺激，高浓度会导致肝损伤。动物研究报告表明，暴露于高浓度丙醛会导致麻醉和肝损伤（通过吸入暴露）和血压升高（通过腹膜内暴露），吸入、口服和皮肤接触丙醛具有中度急性毒性。

第二节　密闭环境物理有害物质

一、噪声

（一）噪声类别

噪声和振动都是影响人体的空气（或其他介质）压力的波动。噪声有别于声音。

人耳检测到的振动被归类为声音。术语"噪声"来表示不需要的声音，即不需要的、烦人的、不愉快的或响亮的一种声音，会导致轻微到严重的不适或刺激。噪声和振动在高水平或持续很长时间时会对工人造成伤害。

噪声分为四类：

1. 连续噪声

连续产生的噪声。例如，来自工厂设备、发动机噪声或加热和通风系统等不间断地持续运转的机器产生的噪声。

2. 间歇性噪声

一种快速增加和减少的噪声水平。例如，由经过的火车、循环运转的工厂设备或在房屋上方飞行的飞机引起的噪声。

3. 脉冲噪声

突如其来的噪声。最常与建筑和拆除行业相关。通常是由爆炸或建筑设备或装修（例如打桩机、风钻）等或活动引起。

4. 低频噪声

日常噪声，广泛存在，并可传播数千米。如附近发电站低沉的背景嗡嗡声，大型柴油发动机的轰鸣声。

噪声以称为分贝的声压级为单位测量，以亚历山大·格雷厄姆·贝尔的名字命名，使用A加权声级（dBA）。A加权声级与人耳对响度的感知非常接近。分贝是按对数标度测量的，意味着分贝数的微小变化会导致噪声量发生巨大变化，并可能对人的听力造成损害。当噪声水平增加5 dBA时，一个人可以暴露在特定噪声水平下接受相同剂量的时间缩短了一半。

（二）噪声对健康的影响

当声波进入外耳时，振动会冲击耳鼓并传递到中耳和内耳。在中耳中，被称为锤骨（或锤骨）、砧骨（或砧骨）和镫骨（或镫骨）的三块小骨头将声音产生的振动放大并传递到内耳。内耳包含一个蜗牛状结构，称为耳蜗，耳蜗内充满液体，内衬有非常细的毛细胞。这些微小的毛发随着振动而移动，并将声波转化为神经冲动，即声音。暴露在嘈杂的噪声中会破坏这些毛细胞并导致听力下降（图1-5）。噪声引起的听力损失是全球突出的职业病之一。

职业噪声可能会导致3~5 kHz频率范围内的听觉阈值升高，这种听觉缺陷被称为"缺口"。取决于噪声参数的相互作用，例如频率、强度、暴露持续时间（急性与慢性）、噪声的性质（例如连

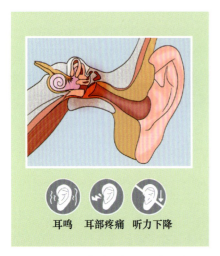

图1-5 噪声对耳部健康的影响

续、脉冲、间歇）、公认与噪声源的距离、工作场所条件（封闭或开放）和个体因素（个体敏感性、年龄等）。听觉阈值偏移可能是可逆的或不可逆的（暂时性阈值偏移，TTS）或永久性阈值偏移（PTS）。

暂时性阈值偏移或听觉疲劳是由耳蜗毛细胞下的谷氨酸能兴奋性毒性和/或毛细胞的能量耗尽所致，有可能恢复，这取决于暴露后的休息。如果残留的听觉阈值偏移在暴露后持续了四个星期，则该损伤被认为是永久性的。

永久性阈值偏移主要由柯蒂氏器（Organ of Corti，螺旋器，听觉的感受器）内的不可逆损伤所致。永久性阈值偏移有两种不同机制，机械损伤和代谢损伤。脉冲噪声会导致机械损坏，例如：耳蜗毛细胞的破损、塌陷、融合或松散的静纤毛，耳蜗毛细胞质膜的微损伤，以及耳前庭膜或网状膜的撕裂。长时间暴露在噪声中会导致代谢损伤，原因是急性肿胀的兴奋毒性现象，以及在柯蒂氏器的感觉细胞水平上产生的活性氧。

（三）噪声和耳毒性物质的联合暴露

高强度噪声和工作相关物质的联合暴露会产生综合效应，这种交互作用既可能是加成效应，也可能是协同效应。噪声会加剧耳毒性物质对耳功能的影响。耳毒物即所有可能影响内耳和相关神经通路的结构和/或功能的物质，如耳蜗毒物、前庭毒物。耳蜗毒物：一种通过血液输送到耳蜗的化学物质，会损害耳蜗结构，包括听觉感觉细胞——毛细胞，耳蜗管外壁上的液体产生细胞层"血管纹"和听觉神经的起点，螺旋神经节细胞；典型的耳蜗毒素有抗肿瘤药物和氨基糖苷类，利尿剂和水杨酸可通过改变血管纹的功能引起暂时性阈值偏移。前庭毒物可能损害内耳前庭器官的结构和/或功能，从而影响空间定向感、身体平衡和运动控制，还会导致头晕、眩晕、平衡障碍、蹒跚步态或眼球震颤，典型的有链霉素和庆大霉素等抗生素，腈类。

1. 已知的耳毒性物质包括：

（1）药物：抗生素（氨基糖苷类抗生素：链霉素、二氢链霉素、庆大霉素、阿米卡星）；某些其他抗生素：四环素类抗生素、红霉素、万古霉素）；某些抗肿瘤药物：顺铂、卡铂、博来霉素；某些利尿剂：呋塞米、依他尼酸、吡咯他尼、布美他尼；某些止痛药和退热药（水杨酸盐、奎宁、氯喹）。

（2）溶剂：甲苯、乙苯、正丙苯、苯乙烯、甲基苯乙烯、三氯乙烯、对二甲苯、正己烷、二硫化碳。溶剂引起的人类听力障碍显示了内耳和中枢神经系统的机械损伤，还会导致中枢平衡紊乱。

（3）窒息剂：一氧化碳、氰化氢及其盐类（氰化物）能造成耳蜗内有效缺氧。这些窒息剂对高频音具有显著影响，氰化物会引起血管纹的功能障碍，一氧化碳在内毛细胞下方的突触区域产生过多的谷氨酸释放（谷氨酸能兴奋性毒性）。

（4）腈类：丙烯腈、亚氨基二丙腈、3-丁烯腈、顺-2-戊烯腈、顺-巴豆腈。

（5）金属和金属化合物：铅及铅化合物、汞（氯化甲基汞、硫化汞）、锡及其有机化合物（三甲基锡、三乙基锡）、锗（二氧化锗）。

2. 以下是极可能的耳毒性物质：

（1）金属和准金属：镉（氯化镉）、砷。

（2）溴酸盐（溴酸钠、溴酸钾）。

（3）烟草烟雾。

（4）卤代烃：多氯联苯、四溴双酚A、六溴环十二烷；六氯苯。

3. 以下是疑似的耳毒性物质：

（1）杀虫剂：拟除虫菊酯、有机磷化合物。

（2）烷基化合物：正庚烷、亚硝酸丁酯、4-叔丁基甲苯。

（3）锰。

同时暴露于噪声和溶剂时，溶剂会降低中耳声学反射引起的保护作用。中耳声学反射是一种通常在响应高强度声音刺激时发生的不自主肌肉收缩，这种反射的干扰使危险的较高声能渗透到内耳中。

研究发现，单独由噪声引起的听力损失能逐渐或部分恢复，但由组合暴露于噪声和一氧化碳引起的听力损失却不能恢复。同时暴露于噪声和丙烯腈，听力损失可能会在较低的噪声水平下发生。接触噪声可能会加剧锰的潜在耳毒性，而且与单独接触锰的工人相比，同时接触锰和噪声会加速了听力损伤。吸烟（烟草烟雾）和接触噪声对听力的综合影响被估计为加成效应。

二、射频场

现代设备通常会产生100 kHz至300 GHz范围内的射频（radio frequency，RF）电磁场。射频场的主要来源包括移动电话、无绳电话、本地无线网络和无线电发射塔，以及医疗扫描仪、雷达系统和微波炉（表1-3）。

表1-3 产生射频场的设备的典型频率

射频场	100 kHz至300 GHz
在长波范围内工作的无线电发射机	30 kHz至300 kHz
焊接装置	高达几百千赫
电外科系统	几百千赫
除了静态和中频场外，临床MRI设备还使用射频场	63 MHz
移动电话：GSM 900	约900 MHz
移动电话：GSM 1800	约1800 MHz
移动电话：UMTS 2100	约2100 MHz
防盗装置	范围从几十赫兹到几千兆赫，具体取决于系统类型

无线电波源在不同的频段运行，电磁场的强度随距离的增加而迅速下降。随着时间的推移，一个人可能会从靠近身体的发射无线电信号的设备中吸收更多的射频能量，而不是从距离较远的强大信号源吸收更多的射频能量。移动电话、无绳电话、本地无

线网络和防盗设备都是近距离使用的来源。远程源包括无线电发射塔和移动电话基站。

手机使用的限值是人体头部2 W/kg的特定吸收率（SAR）。移动电话在最坏情况下进行测试，即在最高功率水平下进行测试，例如，2 W峰值功率对应于900 MHz下GSM的250 MW最大时间平均传输功率。10 g组织的平均最大局部SAR值通常在0.2～1.5 W/kg，具体取决于移动电话的类型。必须考虑到，由于GSM和UMTS电话的功率控制和不连续传输模式，发射功率通常比最大功率低几个数量级，从而导致暴露量大大降低。如果稳定传输不需要强度，GSM电话的功率控制会自动将发射功率降低至GSM的1000倍和UMTS的大约10^8倍。关闭手机不会发生暴露。与以最大功率运行的移动电话相比，在待机模式下运行的电话通常会导致低得多的暴露，但这种较低暴露的准确数字取决于到基站的传输路径的确切细节以及通信协议请求的流量和通过传入/传出的短信。

除了移动电话，其他无线应用如无绳电话，例如，DECT或WLAN系统非常普遍。与移动电话相比，它们通常以较低的输出功率运行，因此暴露通常低于移动电话的水平。DECT基站的最大时间平均功率水平为250 MW（专业应用处理与25个手机并行通信的最坏情况，与一个手机通信的典型家庭应用的时间平均功率为10 MW），DECT听筒10 MW。WLAN终端的峰值为200 MW，但平均功率取决于流量，通常会低很多。因此，此类系统的暴露通常低于移动电话，但在某些情况下，例如，由于靠近WLAN接入点，与GSM或UMTS移动电话相比，WLAN或DECT系统的暴露可能更低。例如，靠近WLAN系统的辐射通常低于0.5 MW/m²。近年来，防盗装置变得越来越普遍。一些现有系统在射频范围内运行；暴露取决于系统的类型，只要系统按照制造商的要求运行，就会低于暴露限值。一些工业设备在射频和微波范围内运行，如用于加热（如射频封口机）或广播站的维护。操作此类系统的工人的暴露值可能较高。

与移动电话相关的癌症研究主要集中在颅内肿瘤，因为来自移动电话的射频场的能量主要沉积在手机附近的颅骨小区域内。考虑全身暴露时，如在一些职业和环境研究中，也研究了其他区域的癌症。职业暴露总体证据并未表明一致的癌症过量。由国际癌症研究机构协调的一项以人群为基础的研究结果表明脑膜瘤或神经胶质瘤的风险没有增加。相比之下，一个瑞典小组报告了模拟和数字移动电话以及无绳电话在使用一年后的统计显著风险增加，使用十年后，他们观察到相对风险估计值翻了一番，其中高级别神经胶质瘤的增幅最大。

三、辐射暴露

电离辐射具有足够的能量来影响活细胞中的原子，从而破坏它们的遗传物质DNA。当损伤没有被体内细胞正确修复时，细胞可能会死亡或最终发生癌变。暴露于非常高水平的辐射下，例如，接近原子弹爆炸，会导致急性健康影响，例如，还会导致皮肤灼伤和急性辐射综合征（"放射病"）。还可能导致长期健康影响，例如，癌症和心血管疾病。暴露于环境中的低水平辐射不会对健康造成直接影响，但是是整体癌症风险的一个次要因素。

急性暴露：在短时间内的非常高水平的辐射暴露会在数小时内引起恶心和呕吐等症状，有时甚至会在接下来的几天或几周内死亡。即，急性放射综合征，俗称"放射病"。非常高的辐射暴露会引起急性辐射综合征——在短时间内（几分钟到几小时）超过0.75戈瑞（75拉德），相当于做全身的18 000次胸部X线片中得到的辐射量。急性辐射综合征仅见于极端事件，例如，核爆炸或意外处理或高放射源破裂。

暴露于低水平辐射不会立即对健康造成影响，但会增加患癌症的机会，并且风险会随着剂量的增加而增加：剂量越高，风险就越大。辐射剂量通常以毫西弗表示。大约99%的人不会因为一次性全身暴露在100毫西弗（10 rem）或更低的剂量下而患上癌症。

暴露于特定放射性核素的风险取决于：（1）辐射能量；（2）辐射类型（α、β、γ、x射线）；（3）辐射发射频率；（4）暴露是外部还是内部，外照射指放射源在体外，如X射线和伽马射线穿过身体，内照射指放射性物质通过进食、饮水、呼吸或注射（来自某些医疗程序）进入体内；（5）摄入或吸入后身体代谢和消除放射性核素的速率；（6）放射性核素在体内集中的位置及其停留时间长短。

第三节　密闭环境生物有害物质

一、生物气溶胶

生物气溶胶是非常小的空气传播颗粒，颗粒尺寸0.001～100 μm，由生物和非生物成分组成，例如，真菌、细菌和病毒、花粉，及其碎片，以及其代谢产物，如内毒素、霉菌毒素、β-葡聚糖、过敏原（图1-6）。

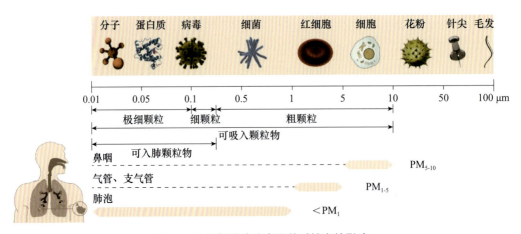

图1-6　生物气溶胶分类及其对健康的影响

生物气溶胶基本是自然起源，例如，腐烂树叶、霉菌生长、海洋气泡，因此环境中无处不在。职业性接触生物气溶胶的场所，主要是农业耕种、温室、畜禽养殖、废物处理（尤其是废物分选、堆肥、蚯蚓堆肥、昆虫堆肥等）、污水处理，还有食品工业（奶酪加工、虾蟹加工、鱼类加工、谷物处理）、实验室、使用金属加工液的车间、锯木厂、工作场所存在室内霉菌问题以及不经常维修和维护的空调系统。室内生物气溶胶污染的来源包括室外源（通过窗户、门和通风）和室内源（建筑材料、陈设、空调、人体、宠物、室内植物、有机废物）。人类活动（例如，咳嗽、洗涤、冲厕所、说话、散步、打喷嚏和扫地）也能够产生生物气溶胶。据估计，5%～34%的室内颗粒物空气污染是由生物气溶胶造成的。

二、生物气溶胶的健康影响

职业暴露的工人会出现多种呼吸系统疾病或症状，如：过敏性哮喘、鼻炎、气道炎症等。生物气溶胶的流行被认为可能与某些人类疾病有关，例如肺炎、流感、麻疹、哮喘、过敏和胃肠道疾病（表1-4）。但在某些情况下，接触某些微生物有利于健康，因为它可以培养健康的免疫系统并保护儿童免受过敏和哮喘的侵害。

生物气溶胶对健康的影响包括传染性疾病、呼吸疾病和癌症。

表1-4 生物气溶胶中可能的致病微生物类型及其导致的疾病

种	尺寸	导致的疾病	感染/传播途径
嗜肺军团菌 Legionella pneumophila	长度：2 μm 宽度：0.3～0.9 μm	军团病	吸入含有细菌的水气溶胶
结核分枝杆菌 Mycobacterium tuberculosis	长度：2～4 μm 宽度：0.2～0.5 μm	结核	空中人传人
百日咳杆菌 Bordetella pertussis	长度：40～100 nm 直径：2 nm	百日咳	直接接触或吸入空气中的飞沫
鼠疫杆菌 Yersinia pestis	长度：1～3 μm 宽度：0.5～0.8 μm	肺鼠疫	被受感染的啮齿动物、跳蚤咬伤或接触受感染的动物
炭疽杆菌孢子 Bacillus anthracis spore	长度：3～5 μm 宽度：1.0～1.2 μm	炭疽病	接触受感染的动物、苍蝇以及吸入含有炭疽孢子的空气
天花 Variola vera	长度：220～450 nm 宽度：140～260 nm	天花	吸入通过空气传播的天花病毒、与感染者长时间面对面接触、直接接触受感染的体液或受污染的物体
疱疹病毒，HHV-3 Herpesvirida，HHV-3	直径：150～200 nm	水痘和带状疱疹	直接接触带状疱疹引起的水疱中的液体
麻疹病毒 Morbillivirus measles	长度：125～250 nm 直径：21 nm	麻疹，腮腺炎和风疹	体液：唾液滴、鼻涕、咳嗽或打喷嚏、眼泪等
霍乱弧菌 Varibrio Cholerae	长度：1.4～2.6 μm 宽度：0.5～0.8 μm	霍乱	食用受污染的食物或饮用受污染的水

续表

种	尺寸	导致的疾病	感染/传播途径
伤寒沙门菌 Salmonella Typhi	长度：0.7～1.5 μm 厚度：28 μm	伤寒	通过受污染的食物或水，偶尔通过直接接触感染者
毛癣菌 Microsporum Trichophyton	长度：5～100 mm 宽度：3～8 mm	癣	直接或间接接受感染的人、动物或污染物的皮肤或头皮病变

三、内毒素的健康影响

内毒素是革兰氏阴性菌外膜的一部分，例如，肠杆菌科或假单胞菌科，由蛋白质、脂质和脂多糖（Lipopolysaccharides，LPS）组成。两亲性基于氨基葡萄糖的 LPS 负责细菌内毒素的大部分生物学特性，并且经常用作内毒素的同义词。内毒素可作为可测量的替代标记物或指示物质来描述复杂的生物气溶胶暴露。

内毒素由以下成分组成：核心多糖链，O-特异性多糖侧链（O-抗原），和脂质成分（脂质A，负责毒性作用）。暴露于内毒素被认为会导致肺扩散能力下降以及各种症状和疾病，例如，发热、寒战、血液白细胞增多、中性粒细胞性气道炎症、关节痛、呼吸困难和胸闷以及支气管阻塞，被认为是导致职业性肺病和有机粉尘中毒综合征的主要因素之一。

研究表明，过去接触内毒素与退休棉花工人的第一秒用力呼气量（FEV_1）水平降低有关，而最近接触内毒素与棉菌病和慢性支气管炎有关。谷物加工行业工人的内毒素、真菌孢子和灰尘暴露与眼睛和气道症状的患病率较高有关。废物处理行业工人（污水处理和废物堆肥）的暴露研究表明，在接触污水、粉尘的工人中测得的内毒素浓度高达 3160 EU/m^3，堆肥厂工人最大暴露量为 310 EU/m^3，暴露工人与参照物相比存在低度全身性炎症的证据，污水工人的炎症特性比堆肥工人更高。垃圾分类工作场所鼻腔灌洗液中生物气溶胶暴露与细胞因子反应之间的关系研究表明，白细胞介素-8（IL-8）的水平与有机粉尘和内毒素的浓度显著相关。

内毒素会和霉菌发生协同作用，人支气管上皮细胞在用烟曲霉菌丝、二氧化硅颗粒和脂多糖刺激后，共同暴露增强了细胞因子 IL-1β 的释放。另一项研究用室内霉菌"杂色曲霉"（Aspergillus versicolor）和内毒素的提取物刺激人类全血，发现 IL-1β 和 IL-8 由联合刺激引起的释放量高于单独刺激引起的量。

流行病学研究发现，同时暴露于浓度升高的内毒素和空气动力学直径小于 2.5 mm 的颗粒物与哮喘急诊室就诊次数增加呈协同相关。

四、生物气溶胶中其他组分的健康影响

β-葡聚糖已被用于增强免疫系统以及治疗高胆固醇、糖尿病和癌症。但是，暴露

于空气中的β-葡聚糖也可能会诱发炎症反应和相关的呼吸道症状。

霉菌毒素是由真菌产生的有毒次级生物分子。霉菌毒素会导致免疫系统减弱、过敏或刺激、许多可识别的疾病，甚至死亡。

过敏原是会引起异常的免疫反应并引发过敏反应的物质（抗原）。过敏原来源多样，例如，真菌（孢子和菌丝）、节肢动物（螨虫和蟑螂）、维管植物（蕨类孢子、花粉和大豆粉）、宠物皮屑和蜂王浆。过敏最常见的症状是流鼻涕、鼻塞、喉咙发痒、眼睛发痒和打喷嚏）。接触到一定程度的过敏原，会增加患哮喘和其他过敏性疾病的风险。

参 考 文 献

[1] Committee on Acute Exposure Guideline Levels; Committee on Toxicology; Board on Environmental Studies and Toxicology; Division on Earth and Life Studies; National Research Council. Acute Exposure Guideline Levels for Selected Airborne Chemicals: Volume 16 [M]. Washington (DC): National Academies Press (US); 2014 Mar 21.

[2] National Research Council (US) Committee on Acute Exposure Guideline Levels. Acute Exposure Guideline Levels for Selected Airborne Chemicals: Volume 6. Washington (DC): National Academies Press (US); 2008. PMID: 25032325.

[3] National Research Council (US) Committee on Acute Exposure Guideline Levels. Acute Exposure Guideline Levels for Selected Airborne Chemicals: Volume 8 [M]. Washington (DC): National Academies Press (US); 2010.

[4] National Research Council (US) Committee on Acute Exposure Guideline Levels; National Research Council (US) Committee on Toxicology. Acute Exposure Guideline Levels for Selected Airborne Chemicals: Volume 7 [M]. Washington (DC): National Academies Press (US); 2009. PMID: 25009920.

[5] Kim K H, Kabir E, Jahan S A. Airborne bioaerosols and their impact on human health [J]. Journal of Environmental sciences, 2018, 67: 23-35.

[6] Koehrn K, Hospital J, Woolf A, et al. Pediatric environmental health: Using data on toxic chemical emissions in practice [J]. Current Problems in Pediatric and Adolescent Health Care, 2017, 47 (11): 281-302.

[7] Haar R J, Iacopino V, Ranadive N, Dandu M, et al. Death, injury and disability from kinetic impact projectiles in crowd-control settings: a systematic review [J]. BMJ open, 2017: 7 (12): e018154.

[8] Organiscak J A, Cecala A B, Hall R M. Design, testing, and modeling of environmental enclosures for controlling worker exposure to airborne contaminants [R]. information cicucal, 2018: 1-62.

[9] Sliwinska-Kowalska M, Zamyslowska-Szmytke E, Szymczak W, et al. Exacerbation of noise-induced hearing loss by co-exposure to workplace chemicals [J]. Environmental Toxicology and Pharmacology, 2005, 19 (3): 547-553.

[10] National Research Council. Emergency and Continuous Exposure Guidance Levels for Selected Submarine Contaminants: Volume 2 [M]. National Academies Press. 2008.

[11] Walser S M, Gerstner D G, Brenner B, et al. Evaluation of exposure-response relationships for health effects of microbial bioaerosols–a systematic review [J]. International journal of hygiene and environmental health, 2015, 218 (7): 577-589.

[12] Haar R J, Iacopino V, Ranadive N, et al. Health impacts of chemical irritants used for crowd control:

a systematic review of the injuries and deaths caused by tear gas and pepper spray [J]. BMC public health, 2017, 17 (1): 1-14.

［13］ Haar R J, Iacopino V. Lethal in disguise: the health consequences of crowd-control weapons [J]. Physicians for Human Rights. 2016, 2: 21-25.

［14］ Liebers V, Brüning T, Raulf M. Occupational endotoxin exposure and health effects [J]. Archives of toxicology, 2020, 94: 3629-3644.

［15］ Howard W R, Wong B, Yeager K S, et al. Submarine exposure guideline recommendations for carbon dioxide based on the prenatal developmental effects of exposure in rats [J]. Birth Defects Research, 2019, 111 (1): 26-33.

［16］ Heinälä M, Gundert-Remy U, Wood M H, et al. Survey on methodologies in the risk assessment of chemical exposures in emergency response situations in Europe [J]. Journal of hazardous materials, 2013, 244: 545-554.

第二章 内暴露和外暴露采样技术

第一节 外暴露环境的空气采样技术

一、空气污染物采样技术

（一）直接采样法

当被测组分浓度较高或采用的检测方法灵敏度较高，直接进样即可满足检测要求时采用直接采样法。直接采样具有采样简单、不改变组分性质的特点，能够真实反映大气污染物的水平，一般采用气袋、注射器、玻璃瓶和suma罐等采样器具从空气中采样。气袋、注射器、玻璃瓶常用于永久性气体的采样，使用时先用现场气体置换几次以去除本底干扰。气袋用于极性无机物和有机物采样易造成吸附降解，使得检测结果不准确。suma罐是一种内部电抛光的不锈钢采样罐，罐内部采取高纯钝化，铬氧层不吸附碳氢化合物，可以采集永久性气体、易吸附无机物和有机物气体。suma罐采样口处安装有限流阀门，若增加积分采样表，6升的suma罐可以采集1小时到1星期的平均气体组分。使用suma罐时先抽成真空，根据采样要求设定采样时间，打开限流阀门使外部气体进入suma罐，压力平衡后关闭阀门，完成采样。suma罐采样已经形成了一个完整的标准体系，美国环保局EPATO-14、EPATO-15标准均采用suma罐进行采样。

（二）吸收采样法

吸收采样法是将空气中气态、蒸汽态以及一些气溶胶成分通过吸收液吸收而富集采样的方法。潜艇舱室内甲醛、SO_2、NH_3、光气、氟化物、酸雾等无机组分含量低，吸附性较强，不适合气袋等直接采样，一般采用吸收液浓缩采样。吸收采样主要通过内装吸收液的气体吸收管连接抽气装置，以一定的气体流量，通过吸收管采集空气样品。吸收采样法又分为组分不与吸收液反应的直接吸收法和组分与吸收液反应形成另外物质的反应吸收法两种。分光光度法测定甲醛采用蒸馏水吸收采样，组分完全溶解于吸收液中，属于直接吸收法；而高效液相色谱法测定甲醛采用含DNPH（2,4-二硝基苯肼）的吸收液采样，甲醛与DNPH反应生成了苯腙衍生物，属于反应吸收法。

(三)吸附剂采样法

潜艇舱室中有机物气体组分含量较低,直接检测灵敏度不够,多数有机物组分采用吸附剂浓缩采样以提高其检出限。吸附剂浓缩采样通过内装吸附剂的玻璃管或不锈钢管与采样泵连接,以一定的气体流量通过采样管采集空气样品。常用的吸附剂有活性炭、Tenax、Chromosorb、GDX、硅胶等。活性炭属于非极性吸附剂,吸附容量大,由于吸附力强,吸附的组分不易被解析,常用于非极性和弱极性有机化合物的采样。多孔型高分子聚合物具有比较小的比表面积,适合沸点较高的有机化合物采样,其中Tenax适合采集脂肪烃、芳香烃等组分,目前广泛应用于环境有机污染物采样,美国环保局(EPA)将Tenax采样作为采集挥发性有机物的标准方法TO-1,我国《室内空气质量标准》也规定使用Tenax作为TVOC(总挥发性有机化合物)采集的吸附剂。Chromosorb适合采集醇类、酮类、酯类、卤代烃等组分。GDX适合采集卤代烃、酚类。硅胶属于极性吸附剂,对极性有机物质有强烈的吸附作用,但吸附容量小,吸附力弱,易解析,适合采集醛类、胺类等组分。吸附剂一般装填在玻璃管中,也有装填在不锈钢管中,由于装填量较小,对采样流量和采样时间都有严格要求,采样流量一般控制在200 mL/min左右,采样时间一般控制在30 min至2 h,以确保吸附剂的吸附效率。

(四)滤膜采样

滤膜采样主要用于采集潜艇舱室环境中总悬浮颗粒物、金属气溶胶等,一般配以流量较大的采样泵,以便采集到足够的样品量进行分析。滤膜采样前,需要对滤膜进行加热恒重处理,并在干燥器中停留24 h后称量,确保滤膜的质量恒定。

(五)浓缩采样

对于烯烃类物质与醛类等的化学性质极不稳定的气体,可通过低温冷凝的方式制取样品。使用U形管放置在冷阱中,将样气充分释放,使其经过U形管,在低温状态下气体中的烯烃与醛类物质冷凝为液体。收集液体至采样管中,妥善地保管便可支持后期污染物中的气体检测。

二、影响空气采样误差的主要因素

以上为空气污染物采样的常规技术,开展环境监测期间,若想降低空气采样误差,要适时明确影响空气采样误差的主要因素。在采样过程中需注意影响采样误差的几点主要因素:

(一)温度

外界温度会给空气采样工作带来误差,若外界温度较高,则会使吸收管内壁生成一定的冷凝水，给吸收液带来更多污染，使空气样品内的气态污染物产生溶解，快速缩减吸收液的整体浓度。同时，空气内的颗粒会对气态污染物形成一定的吸附作用，使检测结果出现更多误差，导致空气采样工作过程中问题增多。当空气采样工作出现温度差值时，该项采样工作的数据信息较难达到理想状态，若该类数值出现不同程度的误差，则会给环境监测工作带来更多问题。

（二）气密性

试验仪器的气密性也会给大气采样工作的整体质量带来较大影响。当采样器械内部产生漏气现象时，会极大改变大气采样数据的准确性，降低环境监测工作的整体质量。进行实际采样前，要对吸收管与采样系统的内部进行全面检查，对其开展专业的气密性检测，若在该阶段发现漏气问题，应及时更换采样设备。比如，进行采样器材的气密性检测时，要将带有标准计量形式的吸收液安置在吸收管中，再将吸收管与抽气瓶进行紧密连接，严格控制该类装置中的溶液体积，再将入口科学封存，等到气泡消失以后，静置抽气瓶，10 min 后若该类液面保持稳定状态，可说明其气密性与当前试验的应用标准相符；若液面的稳定性较差，则该类仪器的气密性产生了较大问题。相关人员除了更换仪器外，还可对其进行科学修补，待该仪器的气密性达到试验标准后，才能将其应用到对应的环境监测中。

（三）采样仪器的校准度

进行大气采样前，要科学校准该类采样工作要用到的试验仪器，该类仪器包括流量计量装置、采样仪器等，在完成对应的校准工作后，要适时检查大气采样工作的开展时间。一般来讲，当前采样仪器的应用时间带有一定的随机性，即能24小时不间断地开展大气采样，因而对相关仪器的温度控制就显得较为重要，需使其始终保持恒温状态。当前采样仪器的内部装置多包括采样泵、控制装置、流量测量装置等，应使不同类型的仪器装置都能获得理想的校准数值。

（四）吸收液的合理使用

在利用吸收液采集样品时，因此类样品的稳定性较弱，在与空气接触后很容易被氧化，尤其是在高温、阳光直射情况下，更容易氧化分解，这便要求在现场采样期间，待样品成功采集后进行密封处理，并要求低温状态下保存。在高温的夏日更要将其存储在冰箱内，并尽快分析，以免受外界因素影响使误差增加。

（五）采样容器密封性

在大气采样期间，如若样品浓度较高或分析方法灵敏度较强，可采用塑料气袋、注射容器等直接采样。在现场采样中，应严格检查容器的密封性，以免因漏气而混入其他气体，或使样品丢失，影响样品保存的可靠性。在采样完毕后，还应尽快测定与分析，以免因长久存放而产生较大误差。

密闭作业环境大气中污染物种类较多、组分复杂，除氧气、氮气主要成分外，污染物其他成分众多，主要包括无机物和有机物两大类。其中无机物包括氢气、一氧化碳、二氧化碳、氮氧化物、硫化氢、二氧化硫、氨气、砷化氢、锑化氢、氯气、汞、氯化氢、氟化氢以及硫酸雾、碱雾、盐雾等组分；有机物包括烃类（脂肪烃、芳香烃和卤代烃）、醇类、醛类、酮类、酸类、酯类组分和含氮有机化合物、含硫有机化合物等组分，在密闭室内安装仪器完成全部组分监测目前还做不到。密闭作业环境内氧气、氢气、一氧化碳、二氧化碳等主要成分和危害严重的成分一般采用室内安装的仪器监测，对密闭环境大气中其他污染物更多采用现场采样实验室进行分析的方法。针对密闭作业环境现场情况复杂多变，标准采样方式应根据实际情况综合考虑。

三、针对密闭环境污染物的特殊采样方式

（一）对于可挥发性有机物

挥发性有机物的采集与分析针对不同的目标物涉及了5种采集分析方法。目前我国主流的VOCs监测方法为容器捕集法和固体吸附剂法两大类，各有优缺点。我国现行的HJ 759-2015方法（容器捕集法）已得到了广泛的应用，解决了之前测定方法凌乱、多类组分无法同时测定的困难。在HJ 759-2015实施之前，环境空气中没有方法专门针对VOCs的监测方法，都是一些如苯系物、氯苯类、卤代烃、烷烃类等类物质分别测定的零散方法，并且测定方法中样品的载体或容器主要以气袋、针筒为主。气袋、针筒的方法存在保存时间短、检测限高的问题。而固体吸附剂法（如活性炭）存在溶剂的二次污染以及解吸效率问题，热脱附管存在解吸不完全或吸附剂穿透的问题。而真空罐/GC-MS方法较好地避免了以上的种种弊端，具有方法检测限低、重现性好等优点。但其缺点也十分明显：真空罐自身、配套的仪器分析系统以及所用标准气体价格昂贵，且标准气体比较固定（HJ 759系列、EPA TO-15系列、PAMS臭氧前体物系列等），对于不在标准气体范围内的VOC类物质较难制作以获得标气。真空罐作为采样器运输十分保存不便，特别是舰船环境场景，需占用较多船上宝贵的空间，且大部分情况下真空罐需要专车托运。

1. 吸附管采样-热脱附/气相色谱-质谱法

采用吸附管对环境空气中的VOC气体进行富集；然后，将吸附管置于热脱附仪中，经气相色谱仪分离后，用质谱仪进行检测。以全扫描方式进行测定，以样品中目标物的相对保留时间、辅助定性离子和定量离子间的丰度比与标准中目标物对比来定性，外标法定量。具体方法可以参考HJ 644-2013。HJ 644-2013为我国现行的较为先进的VOC分析方法，较为成熟完善且实施时间较长。此方法目前比较普遍，可执行该方法的第三方实验室较多，标准物质容易获得。

2. 被动采样器采样-热脱附/气相色谱-质谱法

样品采集采用了管式轴向吸附管被动采样方式。在舰船等特殊工作生活环境中，作业人员需每天24 h暴露在该环境中。因此，对他们所处大气中存在污染物的较长时间加权浓度的评价监测是十分必要的。主动采样的劳动强度大，人员专业技能要求高（校准、操作、收集）、设备占用空间大，从操作方便、成本和舰船空间限制方面来说，被动采样是主动采样的一种更优的替代方法。此外，对船舶来说，长期和大规模的环境质量监测非常重要，但同时也可能非常昂贵。被动式采样作为一种低技术含量和低成本的监测工具具有很大的潜力，可以避免主动取样和/或样品制备技术的几乎所有缺点。在大多数情况下，被动采样极大地简化了样品收集和制备，省去了电力需求，显著降低了分析成本（在监测期间只需要少量分析），并能保护分析物在运输、储存和浓缩过程中不被分解。

对于被动采样方法，确定采样器对某物质的被动采样速率十分重要，主要有3种渠道可以确定。首先，较为常见的目标物，生产厂家会给出被动采样速率，可直接使用；其次，表2-1中对大部分常见的目标物提供了被动采样速率参数，可直接使用；最后，针对某些较为特殊的VOC可使用柔性气袋静态舱自行测定的方法确定被动采样速率。

表2-1　可获得被动采样速率的国内外参考标准

评价标准		标准名称
国内标准		GB/T 18470-2001 无泵型采样（检测）器技术规范
		GBZT 210.4-2008 职业卫生标准制定指南 第4部分：工作场所空气中化学物质的测定方法
		GBZT 300.59-2017 工作场所空气有毒物质测定 第59部分：挥发性有机化合物
		GBZT 300.60-2017 工作场所空气有毒物质测定 第60部分：戊烷、己烷、庚烷、辛烷和壬烷
		GBZT 300.66-2017 工作场所空气有毒物质测定 第66部分：苯、甲苯、二甲苯和乙苯
		GBZT 300.81-2017 工作场所空气有毒物质测定 第81部分：氯苯、二氯苯和三氯苯
		GBZT 300.136-2017 工作场所空气有毒物质测定 第136部分：三甲胺、二乙胺和三乙胺
		GBZT 300.139-2017 工作场所空气有毒物质测定 第139部分：乙醇胺
		GBZT 300.140-2017 工作场所空气有毒物质测定 第140部分：肼、甲基肼和偏二甲基肼
		JG_T 498-2016 建筑室内空气污染简便取样仪器检测方法
国际标准	ASTM Standards	ASTM D6246, Standard practice for evaluating the performance of diffusive samplers, ASTM International, 1998
		ASTM D6196, Standard practice for selection of sorbents, sampling and thermal desorption analysis procedures for volatile organic compounds in air, 2009
		ASTM D1356, Terminology Relating to Sampling and Analysis of Atmospheres
		ASTM D3686, Practice for Sampling Atmospheres to Collect Organic Compound Vapors (Activated Charcoal Tube Adsorption Method)
		ASTM D6306, Guide for Placement and Use of Diffusion Controlled Passive Monitors for Gaseous Pollutants in Indoor Air
		ASTM EB35, Practice for Gas Chromatography Terms and Relationships.

续表

评价标准		标准名称
国际标准	ISO Standards	ISO 5725, Precision of Test Methods
		ISO 6349, Gas Analysis. Preparation of Calibration Gas Mixtures. Permeation Method
		ISO 6879, Air Quality. Performance Characteristics and Related Concepts for Air Quality Measuring Methods 1983
		ISO 16107, Workplace Atmospheres- Protocol for Evaluating the Performance of Diffusive Samplers
	CEN Standards	EN 482, Workplace Atmospheres: General Requirements for the Performance of Procedures for the Measurement of Chemical Agents
		EN 838, Workplace atmospheres Diffusive sampling for the determination of gases and vapours Requirements and test methods, European Committee for Standardization, 1995
		EN ISO-16017(parts 1 and 2), Indoor, Ambient and Workplace Air- Sampling and analysis of volatile organic compounds in ambient air, indoor air and workplace air by sorbent tube/thermal desorption/capillary gas chromatography
		EN 13528-1, Ambient Air Quality- Diffusive samplers for the determination of concentrations of gases and vapours- Requirements and test methods. Part 1: General requirements
		EN 13528-2, Ambient Air Quality- Diffusive samplers for the determination of concentrations of gases and vapours- Requirements and test methods. Part 2: specific requirement and test methods
		EN 13528-3, Ambient Air Quality- Diffusive samplers for the determination of concentrations of gases and vapours- Requirements and test methods. Part 3: Guide to selection, use and maintenance
		EN ISO 16017-2-2003, Indoor, ambient and workplace air - Sampling and analysis of volatile organic compounds by sorbent tube/thermal desorption/ capillary gas chromatography - Part 2: Diffusive sampling
	Methods for the Determination of Hazardous Substances (MDHS) guidance	MDHS 27, Protocol for assessing the performance of a diffusive sampler, UK Health & Safety Executive
		MDHS 63, UK Health & Safety Executive, http://www.hse.gov.uk/pubns/mdhs/index.htm.
		MDHS 80, UK Health & Safety Executive, http://www.hse.gov.uk/pubns/mdhs/index.htm.
	The Safety Equipment Association/ American National Standards Institute Standards (ANSI/ISEA)	ANSI/ISEA 104, American National Standard for Air Sampling Devices Diffusive type for gases and vapors in working environments, American National Standards Institute, 1998
		ANSI/ISEA D4597-1997, American National Standard for Air Sampling Devices Diffusive type for gases and vapors in working environments, American National Standards Institute, 1998

续表

评价标准		标准名称
国际标准	National Institute for Occupational Safety and Health (NIOSH) Manual of Analytical Methods	NIOSH Method 2016, Formaldehyde
		NIOSH Method 2501, Acrolein
		NIOSH Method 2539, Aldehydes, Screening
		NIOSH Method 2541, Formaldehyde by Gas Chromatography
		NIOSH Method 5700, Formaldehyde on Dust
	Others	EPA Method 325B, Volatile organic compounds from fugitive and area sources: Sampler preparation and analysis
		EPA Method 325A, Sampler Deployment and VOC Sample Collection

3. 罐采样-气相色谱质谱法

目前我国主流的VOCs监测方法为容器捕集法和固体吸附剂法两大类，各有优缺点。我国现行的HJ 759-2015《挥发性有机物的测定 罐采样 气相色谱质谱法》方法（容器捕集法），已得到广泛的应用，解决了之前测定方法凌乱、多类组分无法同时测定的困难。在HJ 759-2015实施之前，环境空气中没有专门针对VOCs的监测方法，都是一些如苯系物、氯苯类、卤代烃、烷烃等类物质分别测定的零散方法，并且测定方法中样品的载体或容器主要以气袋、针筒为主。但气袋、针筒的方法存在保存时间短、检测限高的问题。而固体吸附剂法（如活性炭）存在溶剂的二次污染以及解吸效率问题，热脱附管存在解吸不完全或吸附剂穿透的问题。而真空罐/GC-MS方法较好地避免了以上种种弊端，具有检测限低、重现性好等优点。但其缺点也十分明显：真空罐自身、配套的仪器分析系统以及所用标准气体价格昂贵，且标准气体比较固定（HJ 759系列、EPA TO-15系列、PAMS臭氧前体物系列等），对于不在标准气体范围内的VOC类物质较难制作以获得标气。真空罐作为采样器运输十分保存不便，特别是舰船环境场景，需占用较多船上的宝贵空间，且大部分情况下真空罐需要专车托运，因此可以使用罐采样法进行VOC的测试，以获得HJ 759标准中涉及目标物的精准定量浓度。

4. 甲醛及醛酮类挥发性有机物的测定

吸附管采样-高效液相色谱法。甲醛及醛酮类化合物虽然也属于VOC类物质，但如果不经过衍生反应，则很难被现有仪器检测，因此在空气监测领域普遍的做法是经过衍生反应后应用光度法进行检测。对于密闭作业环境的此类挥发性有机物可使用附着DNPH（2,4-二硝基苯肼）的硅胶小柱，对空气中的醛酮类物质进行吸附衍生，储存运输至实验室后应用高效液相色谱仪进行分离检测。此方法近些年来逐渐成熟，较为普适，且应用吸附小柱代替吸收液更方便运输，适用于舰船空气场景。

5. 苯、甲苯、二甲苯活性炭管采样-二硫化碳解吸-气相色谱法

苯、甲苯、二甲苯作为室内空气的重要VOC污染物、污染源指示物、在舰船环境空气中也不例外。此类污染物采样可直接引用18883附录C《苯系物的二硫化碳解析-气相色谱分析》的方法。本方法的优势在于采样分析成本较低，所需仪器设备简单，可面向绝大多数非专业实验室，作为整体VOC检测的方案补充，面向某些只需要掌握苯系物污染情况的特殊场合。

（二）无机气体

无机气体的检测主要应用了比长式检测管法、传感器法，并对室内空气中常见的无机气体应用吸收液吸收-分光光度法进行检测。在实际检测工作中，受到检测下限的限制，检测管往往不能测到低浓度气体，因此近些年电化学传感器的现场快速检测设备较为普及。除应用电化学传感器外，一氧化碳、二氧化碳可应用红外传感器测定，臭氧可应用紫外分光光度仪器测定。以上均为目前普遍使用的检测方法。对于某些常见污染物（氮氧化物、二氧化硫、氨气）可应用吸收液吸收-实验室回溯分析的经典方法。

（三）颗粒物及其金属元素

在舰船等密闭环境中，颗粒物污染主要由外界环境与内部油品燃料燃烧共同造成，其主要以无机盐类及油雾形式存在。PM_{10}、$PM_{2.5}$以及油雾颗粒物三种颗粒物的采集及测量，可采用两种检测方法，分别为称重法和光散射法。其中光散射法应用现场直读仪器进行测量，可快速了解颗粒物污染情况，方便实用。称重法需要滤膜长期富集颗粒物，在实验室进行称重分析。但称重法的优势在于：可直接获得颗粒物质量浓度，避免了光散射法进行粒度-质量系数转换产生的误差；可获得较长时间的时间浓度加权值，对评价人体暴露水平更加有效；可获得富集的颗粒物滤膜样品，便于后续实验室分析得到颗粒物中各种毒害物质的组分，以进行后续分析研究。可根据研究目的自行选择检测方法。

对于油雾颗粒物：其他行业相关颗粒物（餐饮油烟、废气油烟）多为有组织排放测量，与密闭均值作业环境中的油雾颗粒物排放方式不符。根据实际作业场所的污染特征应用红外测油仪对四氯化碳吸收的空气中油雾类物质进行测量，此方法较为科学，也是目前通用的空气中油类测定方法。

对于空气中的金属元素：空气中的金属元素均以颗粒物的形式存在（除汞），在对空气中金属元素检测时可采用滤膜采样法富集颗粒物，回到实验室对滤膜进行分析。故空气中的金属元素样品的采集可与颗粒物称重法同时完成，从而达到高效简化样品采集过程的目的。可采用标准HJ 657《空气和废气颗粒物中铅等金属元素的测定电感耦合等离子体质谱法》、HJ 830《环境空气颗粒物中无机元素的测定波长色散X射线荧光光谱法》中2种方法来对空气中的重金属元素进行检测。

四、样品处理技术

直接采样法采集的样品可以直接进样进行检测。溶液吸收法采样后按照检测方法加入试剂后进行测定，样品一般不需特别处理。而吸附剂采样和滤膜等采集的样品，一般不能直接进行检测，需要处理后方能进行检测。

（一）溶剂提取法

溶剂提取法常用于处理吸附剂样品和滤膜样品，主要包括液固萃取、索式提取法、微波萃取、超临界流体萃取等。液固萃取是将吸附剂样品加入有机溶剂中，使吸附在吸附剂上的有机物组分进入有机溶剂中，萃取一定时间后过滤滤液进行分析。液固萃取是最简单、最方便的样品处理方法，缺点是萃取效率较低、选择性差。索式提取法是将吸附剂样品或滤膜放入索式提取器中，加热溶剂至沸，利用蒸汽回流来提取样品组分。索式提取法提取样品组分效率高，缺点是萃取时间较长。微波萃取是将样品加入放有萃取剂的耐高压样品管中，利用不同物质介电常数对微波能量的吸收差异，使样品中被萃取组分通过加热从基体分离出来，从而进入微波吸收较弱的萃取剂中。超临界流体萃取是在超临界状态下（任何一种物质液、气两相成平衡状态的点叫临界点，在临界点时的温度和压力称为临界温度和临界压力，高于临界温度和临界压力而接近临界点的状态称为超临界状态），将超临界流体与待分离的物质接触，使其有选择性地依次把极性大小、沸点高低和分子量大小的成分萃取出来。微波萃取、超临界流体萃取需要专门的仪器，提取组分效率高，是样品处理技术的发展方向。

（二）热解析（脱附）法

溶剂提取法处理吸附剂采集的样品效率较低，有时操作繁琐复杂，提取痕量组分不能满足检测要求，为此，人们开发了热解析（脱附）法。热解析（脱附）法是通过热解析（脱附）仪加热被吸附剂富集的样品，待测组分被惰性气体解析出来，然后进入分析仪器进行检测。热解析（脱附）法分为一级热解析法和二级热解析法。将吸附管中的提取物直接解析出来进入气相色谱分析柱中，这一过程称为一级热解析。一级热解析简单而有效，但它在色谱分析柱上产生宽带峰，而且不能用于毛细管柱。二级热解析法是将一次热解析脱附出的有机物，再经过吸附（冷阱吸附）-解析过程，这种方法可以有效地减小色谱峰的带宽，进而改进色谱分离效率。

（三）溶剂消解法

溶剂消解法主要用于处理滤膜采集的气溶胶和颗粒物样品。往样品中加入水、酸或碱，加热，样品中金属元素或无机物以离子形式进入溶液，然后采用不同分析仪器测定溶液中的离子。由于玻璃纤维等无机物滤膜在制备过程中加入了一定的金属或非金属元素，当测定金属元素处理滤膜采集的样品时需要考虑滤膜的空白，采样时尽量避免使用玻璃纤维一类的滤膜。

第二节　内暴露环境的生物样本采集技术

人体的生物样本是分析人体的环境暴露程度的有效途径之一。通过分析样本中的代谢产物等生物标志物，可获取个体及群体暴露化学环境的种类、水平以及变化趋势。由于部分标志物存在含量低、稳定性差的特点，为保证实验结果的准确性，不同的生物样本的采集操作应遵循相应的标准。

一、血液

血液是常见的生物样本类型之一，由血浆与血细胞组成，血浆中含有水、纤维蛋白、白蛋白、球蛋白、无机盐、代谢产物、激素、抗体、酶等，血细胞主要包括红细胞、白细胞与血小板。依据检测目的不同，血液样本（图2-1）可以分类为全血、血浆、血清以及血凝块、白膜层、外周血单个核细胞等。全血样本主要用于临床血液学检查，如血细胞计数和分类、形态学检测；血浆样本主要用于血浆生理性和病理性化学成分的检测；血清样本主要用于临床化学和免疫学检测。

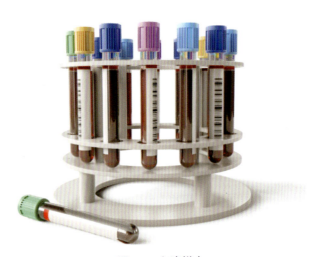

图2-1　血液样本

（一）采集前的准备

在血液样本采集开展前，采集项目部门需要完成采集方案的制订、伦理审查与科学技术审批，方案内容应包括采集目的、受试者选择标准、血液样本采集类型及例数、单例采血量、血液样本采集时间等详细信息。采集项目部门应在样本采集前与受试者进行充分沟通，向受试者提供采集目的与流程及要求、风险与不适、受益、责任及权力等相关信息，同时给予受试者充足的时间以便决定是否愿意参加临床试验。在受试者同意参与临床试验后,由受试者和研究人员在知情同意书中签署姓名与日期。当受试者为无行为能力人员、儿童或文盲等特殊人员时,须有法定代理人代替受试者完成上述流程。

此外,采集项目部门研究人员需要接受统一的指导与培训,掌握样本采集方案、样本标记方式、样本运送及储存条件、医疗废弃物的无害化处理流程,完成样本采集操作规程与紧急情况处置培训,完成采血针、真空采血管、运输箱与个人防护用品等物资准备。

血液样本采集应由具有采血资质的人员执行,以确保血液样本采集顺利进行。在血液样本采集前,研究人员应完成受试者的身份核对,确认受试者准备情况(饮食、用药、运动与情绪等)、过敏史及其他紧急信息。同时,研究人员需将受试者信息以标签或条形码形式粘贴至样本容器外壁上,受试者信息应包括:姓名、出生日期、性别、编号、检测项目、样本类型、研究人员姓名、采集时间等。此外,研究人员应在穿刺前进行手部清洗与消毒,消毒时首选速干手消毒剂,过敏人群可选用其他有效的手消毒剂。医疗手套建议一人一换。

(二)采血途径

采血途径包括静脉采血、动脉采血与末梢采血,其中静脉采血应用较多。

静脉采血前,受试者需静坐至少 5 min 以减少体位对于采集样本浓度的影响。静脉采血通常采用坐位采血,卧床患者采用卧位采血,当体位对部分检测项目的结果有明显影响,需遵循规定体位进行采血。坐位采血要求受试者侧身静坐,保持上身与地面垂直,小臂置于稳固平面上,抬高肘关节从而保证手臂呈直线,手掌位置略低于肘关节。卧位采血要求受试者仰卧,使小臂与大臂呈直线,手掌位置略低于肘关节。采血进针部位优先顺序为手臂肘前区正中静脉、头静脉及贵要静脉,为减少采血后出血和血肿的发生,受试者避免穿着袖口紧的上衣。当手臂肘前区静脉无法进行采血时,也可选择手背浅表静脉、颈部浅表静脉、股静脉进行采血。

动脉采血部位通常选用桡动脉、股动脉或肱动脉,新生儿可由脐动脉采血。桡动脉采血时垫高受试者小臂近腕处,小臂微向尺侧旋转,掌心向前,手掌垂直地面。股动脉采血时使受试者仰卧,下肢略微弯曲外展,选取腹股沟韧带中点下 1~2 cm 处作为采血穿刺部位。肱动脉采血时受试者应平卧或半卧位,手臂伸直外展,掌心向上,肘关节略微外旋,选取肘横纹与肱动脉搏动交叉点上 0.5 cm 处作为采血穿刺部位。

末梢采血通常部位为手指和足跟部,采血部位无破损、炎症、烧伤、感染等特殊情况。美国临床实验室标准化委员会建议 1 岁以内婴儿采用足跟采血,1 岁以上儿童采用指尖采血;世界卫生组建议出生 6 个月以内(体重 3~10 kg)的婴儿采用足跟采血,出生 6 个月以上(体重 >10 kg)的婴儿采用指尖采血;根据我国实际需求,中国医师协会检验医师分会儿科疾病检验医学专家委员会和世界华人检验与病理医师协会建议出生 6 个月以内(体重 3~10 kg)的婴儿采用足跟内侧或外侧采血,对于 28 天以上较大婴幼儿（体重>10 kg）及儿童一般选择中指或无名指指尖的两侧进行采血。特殊情况可选用受试者皮肤完整的肢体末端。

（三）采血

静脉采血前止血带需绑扎在采血进针部位上方5~7.5 cm处，避开皮肤破损部位。止血带使用时间不宜超过1 min，否则会引起淤血、静脉扩张，导致检测结果出现偏差。如需要在某部位绑扎超过1 min，应间隔2分钟后再重新绑扎。依据患者过敏情况，可选用碘酊与异丙醇复合制剂、葡萄糖酸洗必泰、聚维酮碘与乙醇复合制剂、碘、醋酸氯己定与乙醇复合制剂、75%医用酒精等消毒剂。消毒皮肤以圆形方式自采样进针部位向外进行，消毒范围直径为5 cm，消毒2次，待消毒剂自然干燥（30 s）后穿刺。在穿刺时受试者可通过攥拳使静脉更加充盈，穿刺成功后受试者可放松拳头，有助于采样成功。利用真空采血器进行采血时，按照顺序进行多管采血，及时接入所需的真空管。利用注射器采血时，采样结束后，按照顺序将血液样本注入不同样本容器。动脉采血可选用动脉血气针或一次性注射器进行采血。末梢采血前可用热敷或轻按方式促进局部血液循环，改善末梢血液循环。消毒完成后可进行采样，采血针刺入皮肤深度应<2.5 mm。无特殊要求时擦除第一滴血，避免过量体液影响血液样本检测结果。

为防止受试者血液引起的人类免疫缺陷病毒（HIV）和肝炎病毒（HBV、HCV）等感染，研究人员在血液标本的采集、收集和处理过程中应严格遵守操作规程，遵循七步洗手法与卫生手消毒方法，佩戴乳胶或其他塑料的一次性手套。

（四）真空采血管

真空采血管具有操作简单安全、采血量准确、一次性采多管血样等优点，血标本的采集通常采用真空采血管代替一次性注射器。

为保证血液样本采集质量，减少样本交叉污染，多个组合检测指标同时采血时应按照顺序使用真空采血管进行。人卫版护理教科书《基础护理学》第6版中指出同时采集不同类型血液样本时，应按照以下顺序采血：①血培养瓶；②无添加剂管；③凝血管；④枸橼酸钠管；⑤肝素管；⑥EDTA管；⑦草酸-氟化钠管。北京协和医院检验科《检验样本留取及采集指南》中推荐采集顺序如下：①血培养管；②凝血项目管（蓝帽）；③血沉管（黑帽）；④血清管（红帽或黄帽）；⑤肝素血浆管（绿帽）；⑥EDTA管（紫帽）；⑦抑制血糖酵解管（灰帽）。美国临床及实验室标准化委员会H3-A6指南中推荐采集顺序如下：①血培养管；②凝血管（蓝帽）；③血清管，有或没有促凝剂，有或没有分离胶（红帽）；④肝素管，有或没有血浆分离胶（绿帽）；⑤EDTA管，有或没有分离胶（紫帽）；⑥含糖酵解抑制剂管（灰帽）。末梢采血顺序不同于静脉采血顺序，同时采集多个末梢血液样本时应按照以下顺序：①全血标本（EDTA抗凝剂）；②使用其他添加剂的全血或血浆标本；③血清标本。利用注射器采血，血液从注射器转移至真空采血管时无须施压，使血液样本依照上述顺序自行流入真空采血管中，直至样本停止流动。顺序与上述顺序相同，保证血液自行流入。蝶翼针采集枸橼酸钠抗凝血液标本时，第一支采血管无须充满，用于预充采血组件的管路。

常用采血管类型与用途见表2-2，单个血液样本采集量与采集后操作应符合规定要求。

表2-2 真空采血管分类

类型	颜色	添加剂	适用样本	使用要求
普通血清管	红色	无	血清	无须摇动，37℃水浴30 min，离心后取上清液
快速血清管	橘红色	促凝剂	血清	颠倒混匀5~8次，37℃水浴30 min，离心后取上清液
惰性分离胶促凝管	金黄色	惰性分离胶、促凝剂	血清	颠倒混匀5~8次，直立静止20~30 min，离心，上层血清备用
枸橼酸钠血沉试验管	黑色	枸橼酸钠、抗凝剂	血浆	颠倒混匀5~8次，临用时需再摇匀
枸橼酸钠凝血试验管	浅蓝色	枸橼酸钠、抗凝剂	全血、血浆	颠倒混匀5~8次，离心后取上清液
肝素抗凝管	绿色	肝素	血浆	即颠倒混匀5~8次，取上层血浆备用
血浆分离管	浅绿色	肝素锂/肝素钠、抗凝剂	血浆	即颠倒混匀5~8次，取上层血浆备用
血糖试验管	灰色	氟化钠、抗凝剂	血浆、全血	颠倒混匀5~8次，离心后取上清液
EDTA抗凝管	紫色	乙二胺四乙酸	全血	颠倒混匀5~8次，临用时需再摇匀

（五）采血后处理

采血结束，首先松开止血带，其次拔下最后一支真空采血管，最后从静脉拔出采血针。利用注射器采血，可在松开止血带后直接拔出针头。拔出采血针后，使用无菌棉签、棉球或纱布等覆盖在穿刺部位，按压局部1~2 min，避免皮下出血或淤血。凝血功能异常人员适当增加按压时间，直至出血停止。当人员使用正确按压方法止血后仍出现血肿或出血现象，需及时联系研究人员进行凝血功能评估及处理。当人员穿刺部位形成皮下血肿或瘀青，应尽快冷敷止血，避免该侧肢体用力过度，24 h后再使用热敷以促进淤血吸收。

注意使用后血液样本容器放置位置与环境温度，及时将血液样本转移至样本检测区域，减少容器振动，避免溅出和溶血，防止污染与打翻。

按照国家相关法规对采血过程中产生的医疗废物进行分类与处理。在放置医疗废物前，应当对医疗废物处理容器进行检查，避免容器破损。废弃的非感染性医疗废物应放于带有警示标识的黄色包装袋内；感染性医疗废物应放于带有感染性标识的黄色包装袋内；采血针、一次性注射器针头等锐器物应盛放在带有警示标识的黄色利器盒中，严禁对使用后的针头进行复帽或用手直接接触使用过的针头、刀片等锐器物。当医疗废物容器达到容量的3/4时，可进行封口处理，并在容器外部标注医疗废物产生部门、时间、类别等信息。运送人员需每天将符合要求的医疗废物收集并运送至暂时存储地点，2天之内移交给无害中心运送人员。运送人员须保证运送过程医疗废物容器的完整性，避免医疗废物流失、泄漏与扩散。

二、尿液

尿液是血液流经肾小球过滤、肾小管和集合管重吸收和分泌所产生的代谢产物，是人体体液的重要组成成分。尿液中包含水、蛋白质、葡萄糖、尿素、尿酸及无机盐等成分。通过对尿液理化成分的检测可以判断机体健康情况。尿液检测项目包括尿量、尿液颜色和透明度、尿液比重、尿渗量、尿液pH、尿液蛋白含量、尿糖、酮体等参数检测，可用于泌尿生殖系统、肝胆疾病、代谢性疾病及其他系统疾病的诊断，还可用于病情监测、用药监护、健康普查等方面。

尿液标本分为常见标本（晨尿、随机尿等）、12 h或24 h尿液标本以及尿液培养标本。常见样本通常用于有形成分的检查和尿蛋白、尿糖等项目；12 h尿液标本常用于细胞、管型等有形成分计数，如爱迪计数等；24 h尿液标本常用于蛋白、糖、肌酐等体内代谢产物定量分析；尿液培养标本主要适用于病原微生物学培养、鉴定和药物敏感试验。

（一）采集前准备

根据尿液样本的预期用途，制订合理的尿液样本采集方案，该方案需通过伦理委员会审批。尿液样本采集前，采集部门应向捐赠者说明采集目的、方案、健康利弊、个人隐私保护措施等详细信息，不得存在隐瞒、欺骗等行为。在捐赠者充分了解后双方签署知情同意书。

采集部门研究人员需掌握尿液样本在采集前准备、采集、运送、储存、处理、销毁等全过程，完成留尿容器、防腐剂、无菌手套、消毒液等医疗用物准备，建立尿液样本分析申请单，核对捐赠者身份，完成捐赠者健康状况、准备状况（抗生素使用情况等）、心理状态的评估，确保捐赠者必要清洁措施。

尿液样本标识信息至少包含捐赠者姓名、唯一编号、采集时间以及是否加入防腐剂等内容，标识字迹清晰易辨认，印刷所用材料应耐低温，不易脱落、损坏。

（二）样本收集器具

尿液样本收集容器必须清洁、完整、无颗粒，容器与盖子材料不可影响或干扰尿液成分，容器直径至少大于4 cm，容积至少大于50 mL，底部平稳，适于稳定放置。盖子密封良好且易于开启。

尿常规标本通常采用一次性尿常规标本容器，特殊情况采用便盆或尿壶；12 h或24 h尿标本采用集尿瓶；尿培养标本采用无菌标本容器，必要时备导尿包或一次性注射器。

若尿液样本无法在采集2 h内进行分析，则需加入适当的化学防腐剂以维持样品稳定。为避免防腐剂对人员的伤害，可先进行尿液样本采集，再将采集的尿液样本转移至含有防腐剂的容器中。常见的防腐剂包括甲醛、硼酸、甲苯、盐酸、碳酸钠及麝香草酚，用法与用途如表2-3所示。

表2-3 尿液样本常见防腐剂

种类	用法	用途
甲醛	每100 mL尿液加入400 mg/L的甲醛0.5 mL	用于爱迪计数等，不适用于尿糖等化学成分检查
硼酸	每升尿液中加入约10 g硼酸	用于蛋白质、尿酸、5-羟吲哚乙酸、羟脯氨酸、皮质醇、雌激素、类固醇等检查；不适于pH检查
甲苯	每100 mL尿液加入0.5 mL甲苯	用于尿糖、尿蛋白的检查
盐酸	每升尿液加入10 L浓盐酸	用于钙、磷酸盐、草酸盐、尿17-酮类固醇、17-羟类固醇、肾上腺素、儿茶酚胺等项目的检查；不能用于常规筛查
碳酸钠	24 h尿中加入约4 g碳酸钠	用于卟啉、尿胆原检查；不能用于常规筛查
麝香草酚	每100 mL尿加入0.1 g麝香草酚	用于有形成分检查

（三）尿液采集

依据尿液检查目的与要求不同，尿液标本的选择和收集方式也不同。研究人员应提前向捐赠者或其家属讲解正确收集和处理尿液标本的方法。

晨尿样本采集应保证在捐赠者清晨起床、未食用早餐及以及未运动前完成，晨尿通常采用第一次尿液中的中段尿液；当夜尿在膀胱中储存时间过久，可采集第二次尿液代替。随时尿样本对于采集时间无特殊要求，仅需捐赠者采集足够的中段尿用于检测，并记录准确的采集时间。计时尿是指特定时间段内采集的尿液样本，例如3 h/12 h/24 h尿液样本、餐后尿等，采集计时尿样本时，必须提前告知捐赠者采集时段以及采集要求，捐赠者应保证在起始时间前排空尿液，完成该时间段内全部尿液样本的采集。当计时尿的采集尿液量超过单个容器的容量时，可采用多个容器进行收集，在检测前必须将同一时段多个容器内尿液样本充分地混匀。

无菌尿采集前，首先分别用肥皂水或1∶5000高锰酸钾水溶液对捐赠者尿道口和外阴部进行清洗，其次利用消毒液冲洗尿道口，最后利用无菌生理盐水冲去消毒液，确保捐赠者的外阴部及尿道口完成清洗与消毒。中段尿使用无菌容器采集中间时段的5～10 mL尿液。当捐赠者尿潴留或排尿困难时，可由研究人员采用无菌技术将导管通过尿道插入膀胱后进行样本收集。当需进行厌氧菌培养或无法获得清洁尿液样本时，可由研究人员采用无菌技术进行耻骨上穿刺，直接从膀胱抽取尿液。

（四）采集后处理

尿液样本采集后，研究人员需观察尿液量是否满足检测要求，判断样本是否含有粪便或其他污染物质。确保样本合格后，再次核对尿液样本标识，做好样本容器密封工作。为保证实验结果的准确性，尿液样本采集后应置于2～8℃环境中，尽量简化运送环节，缩短存储时间，避免样本运送过程中激烈振荡与渗漏外溅。

三、粪便

粪便是机体排出的未被吸收的食物残渣，包含3/4的水分与1/4的固体。固体物质中含有丰富的消化道分泌物、肠道脱落细胞以及死亡的细菌。粪便检查可以直观反映消化道的具体状况，间接判断胃、肠、胰腺、肝胆等相关脏器的功能状态。粪便检查分为物理检测、化学检测、显微镜检测以及隐血检测等方式。通过目测观察粪便的颜色、性状判断排便是否正常；通过显微镜观察白细胞、红细胞、寄生虫、虫卵、真菌、吞噬细菌等判断消化系统是否病变；通过化学检测判断机体内部是否潜在出血；通过隐血试验可以判断机体是否存在慢性消化道出血或消化道恶性肿瘤。粪便检验为肠道传染病、消化道疾病和寄生虫病的临床诊断和治疗提供依据。

（一）采集前准备

采集部门应依据研究目的，完成粪便样本采集方案的制订与伦理审批，方案中应详细规定此次样本采集目的、捐赠者要求、粪便样本数量与采集要求以及样本后续处理过程。采集部门与捐赠者需进行知情同意程序，使捐赠者了解相关流程与风险。粪便样本采集健康风险较小，因此可采用同一模式。

在粪便样本采集前，研究人员需与捐赠者建立充分的信息沟通，使采集人员确保手部清洁与消毒，掌握规范化采集操作，避免单次采集多个样本时粪便样本的污染或管间添加剂的交叉污染。采集部门应提供一次性无菌粪便采样管、含有特定保存液的粪便采集容器、个人防护装备、医疗废物容器等。常用保存液包括N-溴代正辛烷基吡啶、硫氰酸胍与螯合剂等。

（二）粪便样本采集

依据粪便样本的运送条件，选择合适的样本采集管，普通无菌采样盒适用于运送时间短暂或运送温度为-80℃的粪便样本，否则需将粪便样本采集至含有特定保存液的商品粪便采集容器中。隐血试验时，捐赠者应在样本采集前三天避免食用肉类、动物血、肝脏、含铁药物以及绿色蔬菜。

粪便样本采集前，捐赠者需尽量排净尿液，以免尿液混入粪便样本中。便器底部依次铺好洁净纸张、洁净保鲜膜，使粪便置于保鲜膜上。粪便样本采集时，使用检便匙选取粪便中央部分或黏液、脓血等异常部分。常规粪便样本与隐血粪便样本采集量为5 g，培养粪便样本采集量为2～5 g，寄生虫及虫卵粪便标本采样量为5～10 g。若捐赠者出现水便，应用滴管进行吸取。当捐赠者出现排便困难，可利用无菌甘油或生理盐水湿润的拭子或无菌棉签前端插入肛门4～5 cm（幼儿2～3 cm），使拭子在直肠内轻轻旋转后取出。粪便样本采样盒应保持无菌干燥或仅含有特定保存溶液，不应混入尿液、污水、消毒剂、杂物等。

（三）采集后处理

粪便样本采集后，通常采集部门应使粪便样本在30分钟内完成冷冻处理，保证样本在-80℃下转移至生物样本库或检测部门，运送时间不得超过2小时，避免粪便样本中菌群结构变化或菌群死亡。若粪便样本放置于含有特定保存液的粪便采集管中，可按照商用厂家说明书进行运输和保存。

四、其他生物样本

痰液主要由黏液与炎性渗出物质组成，是临床检验常见的呼吸道采集样本，通常用于普通细菌、分枝杆菌、真菌和军团菌的涂片或培养检查。痰液标本可分类为常规痰液标本、痰液培养标本与24 h痰液标本。患者出现咳嗽、咯血、呼吸急促或哮喘、发热伴白细胞增高、胸部影像学检查结果存在感染风险时，应进行痰液标本培养。样本采集前，研究人员应完成病人状态评估与医疗耗材准备。待捐赠者清水漱口后，可依据人员状态选择自然咳痰或一次性集痰器进行常规痰液标本采集，采集样本留存于痰盒。痰液培养标本采集可采用自然咳痰或雾化导痰，采集样本留存于无菌痰盒。24 h痰液标本采集时间为第一天晨起漱口后以及次日晨起漱口后，两次痰液需全部留存于广口痰盒中，同时加入适量苯酚等防腐剂。未能及时送检的痰液样本可在低温环境中保存24 h，若置于室温保存，时间不得超出2 h。

口咽拭子标本常用于检验咽部和扁桃体分泌物中细菌或病毒，有助于化脓性扁桃体炎、急性咽喉炎、麻疹、手足口病、新型冠状病毒感染等疾病的诊断。样本采集前，研究人员需准备口咽拭子采样管、印有生物危险标识的封口袋、压舌板等医疗耗材，检查口咽拭子采样管标签，确认并填写受检人身份信息与编号。受检人在样本采集前30 min内尽量避免吸烟、喝酒及刺激性食物。口咽拭子采样时，受检者保持头部微仰，嘴部张大，直至露出两侧扁桃体，或由研究人员使用压舌板轻压受检者舌部前2/3处使扁桃体露出。采样人员需将采样拭子越过舌根，在受检者两侧扁桃体及咽后壁分别反复擦拭至少3次后，擦拭完成后将拭子头垂直放入保存液中，折断并弃去拭子尾部，将采样管盖好后置于4℃环境中保存。当受检者咽部分泌物较少时，也可进行鼻拭子采样。鼻拭子采样时，将拭子以垂直鼻子方向插入鼻孔，成人插入长度通常约为4 cm，保证拭子在鼻腔内停留15～30 s以充分吸收鼻咽部分泌物，最后轻轻旋转3次后慢慢取出。

与血液、尿液等常规生物样本相比，唾液采集具有操作方便、安全无痛、易于接受等优点，因此唾液可作为一种非侵袭性液体，用于口腔内环境评价及疾病的筛查与研究。唾液样本可由受检者自行采集或由研究人员帮助采集。在唾液样本采集前，受检者需进行清水漱口，漱口后避免进食、饮水、吸烟等行为。在唾液样本采集过程中，受检者可弃去最初分泌的唾液，将后续分泌的唾液留于洁净采样管中，采集过程中应尽量避免出现过多的泡沫,当采样量满足检测要求后可停止采样。若唾液量不足,受检者可通过口舌运动促进唾液分泌,例如,使用舌头剐蹭口腔上下腭、牙齿或脸颊内壁,也可将一块洁净、无菌、干燥的脱脂纱布放置于舌下 10 min 用以吸收唾液,还可通过咀嚼唾液收集专用棉柱收集唾液样本。

五、总结与展望

各类生物样本的采集操作看似简单,但操作过程中需考虑大量细节。目前,血液、尿液等常规样本已经建立较为完善的样本采集操作标准,但是部分新兴生物样本采集操作流程有待完善,操作方法缺乏标准,极易影响样本的检测结果。生物样本的采集技术方法需明确采集过程中资源需求,提出相应的采集流程,建立正确的样本采集技术,遵循操作简便、方法快捷、多组分保留等原则,从而保障实验结果的可靠性与准确性。

第三节 样品的运输和保存技术

环境污染问题日益严重,对人的身体健康的危害也越发严重,保护环境也越发重要,已经成为当前亟待解决的问题。环境空气监测是衡量环境污染问题的基础,可获得反映环境污染问题的数据,在整个过程中起重要作用。因此,真实的环境监测数据不能与实际监测的现场进行脱离,以保证数据的真实可靠。在这个过程中,不仅要做到现场的监测和现场样品采集的质量控制,对后续的样品保存以及样品运输也要保证样品的整体质量。

在样品保存与运输过程中,采集的样品不仅会由于化学稳定性差导致分解或性质改变,可能还会受到化学因素、物理因素、生物因素等客观因素的影响,正是由于受到这些因素的影响,样品的成分、浓度易发生变化,从而导致检测结果不能准确反映实际情况。为了保证样品的真实性和分析检测的准确性,可以在样品采集前或者保存运输的过程中加入合适的样品稳定剂或保护剂(如:酸性固定剂、碱性固定剂、氧化还原固定剂等)来稳定待测组分、抑制微生物的生长、减缓因外界客观因素导致的样品变化。同一检测项目,采样时应按照选定参考的标准加入相应的稳定剂。

样品采集完成到被送到实验室或检测室分析,中间主要涉及保存和运输的过程。无论是在样品的长时间保存中还是在运输到实验室检测的过程中,都要保证样品的整体质量。一般采样完成后应尽快将样品检验或送往留样室,需要复检的应送往实验室。若不能立刻送去分析检测,则需要在特定的条件下保存采集的样品,确保样品的质量不受影响。本章节将从样品的保存和运输两部分介绍如何做到样品的保存和样品的运输质量控制,保证样品分析的数据准确性(图2-2)。

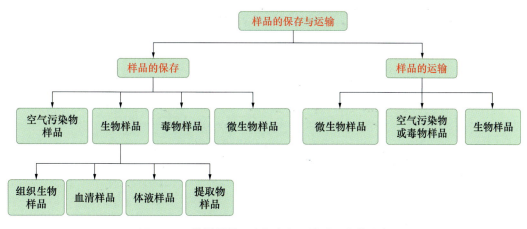

图 2-2 环境暴露样品在保存和运输过程中的分类

一、样品的保存

样品采集完成后，应尽快送到实验室或检测室分析，若不能立刻送去检测分析，则采集的样品必须按照样品的特点和要求来保存在特定的容器内，不能随意放置保存。不同的样品，保存的方法和保存的要求相差较大。在采集样品前，要根据样品的性质，查找相关标准、文献等，制订样品保存的方式和方法，以确保样品在采集完成到检测的过程中，样品不会被污染或者受影响。本章节涉及的是关于密闭环境暴露方面的内容，因此本部分将主要介绍空气气体污染物样品、微生物样品和有毒化学样品的保存方法及条件。

（一）空气污染物样品的保存

这里的空气污染物主要指微生物以外的气体污染物，这类污染物种类多，化学性质相差较大，保存方法也有很大的差别。在进行样品采集前，需要查找相关资料，根据采集的方法来选择合适的保存方法。我们根据一些相关标准，对常见的气体污染物的保存方法、保存条件以及相关依据进行汇总分析（表2-4），供大家参考。

表 2-4 空气气体污染物的保存方法及条件

序号	名称	保存方法及条件	保存时间	方法依据
1	铬酸雾	样品采集后滤筒放入具塞锥形瓶，用蒸馏水洗涤弯管和采样嘴，洗涤液并入锥形瓶中，盖紧瓶塞，密闭保存	7天	HJ/T 29-1999固定污染源排气中铬酸雾的测定
2	氨	防止吸收空气中的氨，采样后尽快检测分析；若不能立即分析，应于2~5℃密闭保存	7天	HJ 533-2009环境空气和废气

续表

序号	名称	保存方法及条件	保存时间	方法依据
3	氟化物	/	7天	HJ/T 67-2001大气固定污染源氟化物的测定
		储存在实验室干燥器内（不加干燥剂）	40天	HJ 480-2009环境空气
4	硫酸雾	样品采集后滤筒放入具塞磨口锥形瓶中，滤膜样品对折放入干净纸袋中保存	/	HJ 544-2009固定污染源废气硫酸雾的测定（暂行）
5	氯化氢	采样后尽快分析；若不能当天分析检测，应将样品密封，0～4℃冷藏保存	48小时	HJ 548-2009固定污染源废气氯化氢的测定（暂行）
		采样后用聚四氟乙烯管密封，0～4℃冷藏保存	48小时	HJ 549-2009环境空气和废气氯化氢的测定（暂行）
6	臭氧	样品在运输及存放过程中，应严格避光，防止倾斜或倒置，避免吸收液损失；当确信空气中臭氧的浓度较低，不会穿透时，可以用棕色玻璃吸收管采样，存于室温阴暗处	3天	HJ 504-2009环境空气
7	二氧化硫	避免阳光直射	/	HJ 482-2009环境空气
8	氮氧化物	3～5℃避光保存	24小时	HJ/T 43-1999固定污染源排气中氮氧化物的测定
		避光保存，样品采集后尽快分析；若不能及时分析，样品低温避光保存。样品在30℃避光条件下可稳定保存8小时；在20℃避光可稳定保存24小时；0～4℃避光冷藏可稳定保存3天	8小时～3天	HJ 479-2009环境空气氮氧化物（一氧化氮和二氧化氮）的测定
9	二氧化氮	同8氮氧化物	8小时～3天	HJ 479-2009环境空气氮氧化物（一氧化氮和二氧化氮）的测定
10	硫化氢	避光保存	当天	GB 11742-1989居住区大气中硫化氢卫生检查标准方法
11	氰化氢	2～5℃密封，避光保存	48小时	HJ/T 28-1999固定污染源排气中氰化氢的测定
12	氯气	将两吸收管中的样品溶液全部移到100 mL容量瓶中，用水洗涤吸收管，洗涤液并入容量瓶中，用水稀释至标线，混匀，待测	常温15天	HJ/T 30-1999固定污染源排气中氯气的测定
13	酚类化合物	当天分析，若室温不超过25℃，碱性样品可保存3天	/	HJ/T 32-1999固定污染源排气中酚类化合物的测定
		样品采集后，将采样管置于密闭容器中带回实验室检测。如不能及时分析，应于4℃以下避光保存	14天	HJ 638-2012环境空气酚类化合物的测定
14	苯胺类	避光保存2天内分析；如不能及时分析，应于2～5℃避光保存	7天	GB/T 15502-1995空气质量 苯胺类的测定
15	甲醛	空气2～5℃保存，防止被氧化	2天	GB 15516-1995空气质量甲醛的测定

续表

序号	名称	保存方法及条件	保存时间	方法依据
16	苯、甲苯、乙苯、二甲苯、苯乙烯	样品采集后，立即用聚四氟乙烯塞密封采样管，4℃避光密闭保存	30天	HJ 583-2010 环境空气 苯系物的测定
		样品采集后，立即用聚四氟乙烯塞密封采样管，室温下避光密闭条件下可保存8小时；-20℃条件下，避光密闭容器中可保存1天	8小时	HJ 584-2010 环境空气 苯系物的测定
		/	5天	GB 11737-1989 居住区大气中苯、甲苯和二甲苯卫生检验标准方法
17	TVOC	样品采集后，用管塞密封采样管的两端或放入可密封的金属或玻璃管中保存	14天	GB/T 18883-2022 室内空气质量标准 附录C
18	甲醇	样品采集后尽快分析，若不能及时分析，应于3~5℃保存	7天	HJ/T 33-1999 固定污染源排气中甲醇的测定
19	丙酮	4℃避光密闭保存	/	气相色谱法《空气与废气监测分析方法》
20	总烃	避光保存，当天分析	当天	HJ 604-2011 环境空气 总烃的测定
21	丙烯腈	避光保存，8℃以下保存	7天	HJ/T 37-1999 固定污染源排气中丙烯腈的测定
22	丙烯醛	无组织：4小时内分析完；有组织：避光保存，48小时内分析完	4~48小时	HJ/T 36-1999 固定污染源排气中丙烯醛的测定
23	非甲烷总烃	避光保存，尽快分析	12小时	HJ/T 38-1999 固定污染源排气中非甲烷总烃测定
24	乙醛	样品采集后尽快分析；若不能及时分析，应避光保存	6天	HJ/T 35-1999 固定污染源排气中乙醛的测定
25	氯乙烯	冷藏，避光保存	2天	HJ/T 34-1999 固定污染源排气中氯乙烯的测定
26	氯苯类	无组织：避光保存；有组织：常温，避光保存	10天	HJ/T 66-2001 大气固定污染源 氯苯类化合物的测定
27	汞	采样结束后，封闭吸收管进出气口，置于样品箱内运输，并注意避光，样品采集后应尽快分析；如不能立即分析，应置于冰箱（0~4℃）保存	5天	HJ 543-2009 固定污染源废气汞的测定（暂行）
28	其他金属类	滤筒样品采集后将封口向内折叠，竖直放入样品盒中保存；滤膜样品采集后对折放入干净纸袋中保存	15天	/
		滤膜样品采集后对折放入干净纸袋或膜盒中，放入干燥器中保存	15天	/
29	臭气	避光保存	24小时	HJ 1262-2022 环境空气和废气 臭气的测定
30	五氧化二磷	禁止用手指触摸滤膜，滤膜样品采集后放入样品盒中，0~4℃干燥保存	7天	HJ 546-2009 环境空气五氧化二磷的测定（暂行）

续表

序号	名称	保存方法及条件	保存时间	方法依据
31	总磷	0～4℃保存	7天	HJ 545-2009 固定污染源废气气态总磷的测定（暂行）
32	多环芳烃	/	7天	气相色谱-质谱法《空气和废气监测分析方法》（第四版）2003年
33	VOC、挥发性卤代烃	低于4℃保存	30天	气相色谱法、气相色谱-质谱法《空气和废气监测分析方法》（第四版）2003年

在我们知道采集的成分时，可以根据样品的性质来选择合适的保存方法。但有时采集样品时是对空气中多种污染物组分同时采集并进行分析，这时我们就要根据采集样品的容器或者样品管采取适当的保存方法和保存条件。此时，样品的保存需要符合以下要求：

采样管类样品：应在密封吸附管两端后真空保存，如置于真空袋中，可采用手泵抽真空，存放环境宜阴凉干燥，避免光照。

采样罐：应装箱后于阴凉干燥处保存，避免磕碰。

吸收液类样品：采样结束后应倒置于合适大小的样品瓶中密封保存，存放环境宜阴凉干燥，避免光照。

采样滤膜类样品：应采用采样膜盒逐一保存，避免堆叠，存放环境阴凉，避免光照；如采样为油雾样品，则应于−20℃条件下冷冻密封保存。

样品存放时间：具体可参考表A及相关引用标准。

（二）微生物样品的保存

微生物样品的保存原则是尽量保护待检微生物和注意生物安全。保存待检微生物可以从温度、湿度、营养、pH和抑制杂菌等方面考虑，可以通过温度调节、加入保护剂和去除其他影响待测微生物的因素来实现。一般情况下，低温可提高微生物的存活概率和抑制杂菌的过度生长，但某些微生物的检验样品如淋病奈瑟菌（淋球菌）等，应保存在适宜的温度条件下。有的样品在运送时还需要培养箱。分离病毒的组织块可放在50%甘油缓冲液中（pH 8.0），在5℃条件下能够保存数周；也可用含有0.5%水解蛋白，2%小牛血清，500 U/mL青霉素，500 U/mL链霉素，50 U/mL制霉菌素的溶液保存。分离鼠疫菌等革兰染色阴性菌时，在用经1/15 mol/L、pH 8.1磷酸盐缓冲液处理过的棉棒采样后，插入到卡-布半固体培养基底部，拧紧样品管盖，能够保存1周。对采集的样品含有厌氧菌或者疑似有厌氧菌时，尽量使用培养基保存，并保持厌氧条件。采集含有细菌或病毒的样本，若能够在48小时内检测，样品可保存在4℃条件下；若样品是在48小时后检测，可保存在−20℃条件下，但总的原则是尽快检测。分离病毒的组织块在冻存时，应该加入防冻剂如甘油。采集含有寄生虫的粪便样品，每份粪便样品中应加入10%福尔马林和PVA，并保存在4℃条件下。

（三）生物样品的保存

因为有的生物样本可能要在很长的时间甚至几年后才会被用于实验研究，所以对采集的生物样品做好标记与保存是十分重要的。所有生物样品应分装保存，并应尽量避免反复解冻。长期保存生物样品的最适条件为在液氮或-135℃保存。保存生物样品的容器需要在低温下能够长期储存，应为螺口型冻存管，尽量不要使用玻璃管或带弹出式盖子的冻存管。

生物样品的保存可根据样品的种类分为组织生物样品保存、血清样品保存、体液样品保存和提取物样品保存。

1. 组织生物样品保存

（1）新鲜组织样品：可用来保存新鲜样品的实验体系包括细胞培养液、缓冲液、核酸保护剂或直接干燥处理、室温保存或冰浴保存。新鲜组织样品若保存在上述的实验体系下，需要在切割后24 h内被转送到实验室中。若保存在50%乙醇中，在室温条件下新鲜组织样品可保存数日。

50%乙醇实验体系的具体操作：先用生理盐水洗涤组织1次，切成宽度<1 cm的小片后加入适量的生理盐水，然后边震荡边加入等量的无水乙醇，使得乙醇最终浓度为50%。

（2）冻存样品：盛放样品的冻存管可直接冻存于液氮或者经液氮冻存后转移到-80℃冰箱或经过OCT包埋剂包埋后储存于液氮或-80℃冰箱。定期整理液氮保存样本并移入-80℃低温冰箱内可长期保存。样品在运送过程中可置于冰或干冰中保存。

（3）石蜡固定样品：石蜡包埋样品，蜡块分类编号、保存。

2. 血清样品保存

血清样品编号后分装，低温冻存后可以保存在-20℃、-70℃冰箱或液氮罐中。研究报道，用于RNA测定的样品，最好使用EDTA抗凝全血样品（禁止使用肝素，因为肝素对PCR扩增产生抑制作用，同时在核酸提取过程中很难完全去除），在抗凝6 h内完成分离血浆；若使用血清样品，则要在2 h内分离出血清，短时间（1～2周）内可保存在-20℃条件下，长期保存则需要在-80℃条件下。

3. 体液样品保存

临床体液样品包括胸腔积液、腹腔积液、脑脊液、尿液等，这些体液样品按照处理水样样品的方式离心、沉淀后，提取所需样品。临床体液样品在-70℃条件下长时间（超过2周）保存。

4. 提取物样品保存

提取物样品主要是指DNA和RNA。按照常规实验步骤提取肿瘤组织或正常组织的基因组DNA、RNA，根据核酸的研究使用量，分装核酸，编号并保存。但是靶核酸（尤其是RNA）容易被核酸酶催化降解，因此提取物样品需要经过前处理后再保存。靶核酸为DNA样品时，可在2～8℃条件下保存3天，也可保存在pH 7.5～8.0，含有Tris（10 mmol/L）、EDTA（1 mmol/L）的缓冲液中，温度为4℃下条件下。靶核酸为RNA样品时，在实验室提取完成后需要冻存在-20℃以下。

考虑到样品中可能存在的核酸酶，可以加入促溶剂（chaotropic物质），常用的是4M异硫氰酸胍盐，同时可掺杂使用还原剂（β-巯基乙醇或二巯基乙醇）。加入4M异硫氰酸胍盐的RNA样品可在室温下保存7天。在使用异硫氰酸胍盐时，对其浓度有很大的要求，当其浓度小于4 M时则失去对核酸酶的作用，当浓度大于5 M时会导致核酸酶不可逆失活。

（四）毒物样品的保存

多数毒物样品的保存条件没有特殊要求，一般需要特殊条件保存的样品要在标签和清单中注明，并且须将特殊保存条件告知具体样品接受人员，同时注意防止样品外泄。毒物样品一般不要加防腐剂，但为防止样品腐败必须加用时，可加化学纯以上的乙醇，并且需要随附一瓶所用乙醇样品作对照。

二、样品的运输

样品的运输条件与运输时间也会对样品测定数据的真实性和可靠性产生影响，因此在样品的运输过程中需要采取一定的措施或者运输环境来维持样品的原有特性，例如，在生物转运箱中低温保存（图2-3）。

图2-3　生物转运箱

样品的运输普遍要遵循以下几个要求：（1）在最短的时间内，将保存好的样品随同采样单送到指定实验室检测分析。（2）低温保存的样品需要放入冰袋中，并在保温箱中低温保存运输，在条件允许的前提下最好由专车送达实验室。（3）运输的样品及采样单的包装，同一采样点的样品和采样单集中放在一个包装袋内，不要与其他采样点的样品和采样单混放；同一采样点的不同样品需要分开包装保存；同一采样点内的样品在分开包装后，可以再将两者连同采样单保存在一个包装袋内。

根据检验样本的性质，状态和检验目的的不同而选择不同的容器保存。一个容器装量不可过多，尤其是液态样本不可超过容量的80%，以防冻结时容器破裂。装入样本后必须加盖，然后用胶布或者封箱胶带固封。如果是液态样本，在胶布或封箱胶带外还须用融化的石蜡加封，以防液体外泄。如果选用塑料袋，则应用两层样品袋分别封口，防止液体漏出。

对于特殊的一些样品，需要按照相关标准或注意事项，使用特殊的运输条件。我们将从以下三个方面介绍环境暴露样品的运输条件或者运输注意事项。

（一）空气污染物或毒物样品的运输

空气污染物或毒物样品要使用密封性好的材料包装，运输的样品要根据对温度、湿度的不同要求分类处理。一般情况下，大多数样品经过保存后都可以在常温下运输。若运输的样品需要特殊运输条件则需要专门标明，并且在运输过程中要确保运输条件能够持续，例如，需要冷藏运输条件的样品可以根据冷藏温度和运输所需的时间选择使用冷藏箱或车载冷柜等方式。毒物样品的运输除了上述的运输保障外，必须严格按照化学品管理的有关规定及时到公安部门备案，还要严格防止在运输过程中的意外情况，防范样品泄漏而污染环境，需要制订意外应急预案，对剧毒化学品要有专车运输。

（二）微生物样品的运输

除了按照前述条件保存微生物样品外，样品运输过程也要符合生物安全要求，如遵循WHO对传染性物质和诊断性标本的安全运送指南。运输过程中的标准的包装方法和材料应能保证即使在运输中包装出现意外受损时也可以保护人员的安全及保持样品的完整。因此运输样品最安全的方式是用三个包装层对保存的样品进行三层包装。第一层包装也就是最内层包装，一般为原始的容器，要求以能防漏，容量不大于500 mL为最佳。在原始容器与第二层包装之间需要放置吸附材料辅以第二层防漏包装，要求能完全吸附可能产生的漏液。如果在第二层包装中同时放置了几个易碎的原始容器，则需要将这些原始容器隔开并辅以防撞材料或独立包装。第三层包装即最外层包装，必须符合尺寸、重量等标准，例如，空运样品，一个完整的包装重量不超过4 kg或容量不超过4 L，整个外部最小尺寸不能小于10 cm等。

运输样品的外层包装必须有明确的标签，标注寄送人和接收人的联系方式、包装和运输日期等详细信息。运输的样品需要附带一些文件或信息单，需要包含样品的详细信息（样品的种类、性质、数量、采样日期等），相应的生物危害标签及储存温度等。地面运送样品时需要将装有样品的箱子牢牢固定在交通工具上，车上还应备有吸水材料、护目镜、口罩、消毒剂、手套、密封防水的废弃物容器等应急防护用品。

（三）生物样品运输

生物样品一经采集，则应尽可能快地被送至检测实验室。运输容器应为密闭的一次性无菌装置。对于DNA样品，若是在无菌条件下采集可以在室温下运送，但为了安全建议采集后8 h内送至实验室。对于RNA样品，建议采集后4 h内送至实验室，短时间内的运输如10 min左右，则可在室温条件下运输；如为较长时间，则应在加冰条件下运输。如果样品中加入了稳定剂如4 M异硫氰酸胍盐，则可以在室温条件下运输或邮寄。所有临床标本在采集后被送至实验室之前，均应暂放在2～8℃临时保存。

第四节　样品的质量控制程序

一、样品的质量控制的重要性和重要意义

（一）样品质量是环境暴露研究的重要基础

环境暴露研究是一项复杂性及特殊性并存的工作，环境监测研究是环境暴露研究中重要的环节，为环境暴露研究提供环境数据支持。环境监测研究中，样品的质量是其中的重中之重，是环境数据的来源，是环境暴露研究工作的基础和保障。样品的质量是环境监测研究环节的基础保证，是后续的样品检测分析、环境暴露研究的重要保证。环境监测研究中的许多过程环节虽然在操作上具有独立性，但是各个环节之间并非是孤立的，而是互相联系、相互影响的。

样品的采集是后续样品分析及能为暴露研究提供环境数据基础，其重要性是不言而喻的。如果样品在采集过程中被环境污染或受到损伤破坏，那么采集的样品就不能准确反映采样点环境的真实情况，样品分析的结果失真且不可靠。依靠失真的环境数据做的环境暴露研究也是没有价值和意义的，因此样品采集的重要性不容忽视，同时样品采集过程的质量保证及质量控制也必须得到重视。

（二）样品质量控制的重要意义

环境监测采样可细分为多个阶段，环境监测单位应针对每个阶段的工作流程及质量标准进行详细的方案研究，提高采样人员的质量保证及控制意识，并规范采样行为，从而保证采样结果的精确性及有效性。为提高环境监测采样的质量保证和质量控制水平，应在不断学习专业知识的基础上，通过知识的吸收来提高专业技能，从而提高输出数据的可靠性，为健全并完善环境监测采样过程质量保证及质量控制机制提供内在支撑。质量保证及质量控制工作决定着样本的质量水平，提高采样工作质量，一定程度上就是在提高样本的有效性及数据的准确性。因此在环境监测采样工作的所有环节中都应为质量管控制订详细的应对策略，同时将环境监测采样过程质量保证及质量控制意识贯穿于所有行动之中。

二、影响样品质量的因素

（一）监测人员能力和管理制度不足

1. 人员能力不强

在实地环境监测过程中，具体承担环境监测和样品采集的工作人员中，许多人员

没有相应的专业化知识，没有掌握环境空气监测的相关技术，现场操作水平较低，标准化不足，使环境监测和样品采集缺乏稳定性和可靠性。更严重的是，环境监测或者样品采集前，没有给承担采样的工作人员规范培训，导致工作人员没有掌握相应的工作技能，在实际操作中不能完成标准化流程。除此之外，部分采样工作人员缺少工作热忱和责任心，工作态度不够端正，为了早点完成采样工作，在实际操作中，采样的标准流程被简化，甚至部分流程被省去，影响了实际监测数据和样品的质量。

2. 质量管理制度的实施不完善

相关部门对环境监测采样工作建立了规章制度，各单位应积极对环境监测采样进行规范化管理，保证环境监测采集样品的质量。然而在实际环境监测和采样工作中，环境监测和采样问题多发，归根结底是监测采样质量的管理制度实施得不完善。现有的管理制度在监测方案、采样器材及设备、采样人员、采样流程及运输保存等方面都建立了相对完善的实施办法，具体顺序和具体要求。这些管理制度虽然不能保证一定是最完善和正确的，但却是现有条件下保证样品质量的最好实施和管理制度。环境监测和样品采集的过程中，若没有按照这些管理制度具体实施，可导致环境监测和采样工作程序混乱且质量较低，使采样数据缺失及环境监测采样工作失败。

3. 缺乏必要的方案和监督

环境监测采样工作的有效开展需要制订和实施完善的工作方案。相关环境监测单位应根据监测目标和监测目，制订详细科学的监测和采样方案，但一些监测单位在开展具体工作前却没有对工作流程、进度、注意事项等制订具体的实施方案，使环境监测采样工作效率低下，不能有效快速处理临时遇到的问题，不能有效保证样品的质量。科学完善的工作方案不仅能对整个采样工作起到监督把控作用，还能对工作人员提供工作指导，有效提高采样工作效率和样品的质量控制。环境监测采样质量保证和控制需要以健全的监督机制为准绳。目前大部分环境监测采样项目缺乏必要的监督，导致工作质量和效果得不到保证和评估。部分环境监测单位虽然设立了一个监督员的岗位，用于监督监测采样工作的规范性，以保证采样工作的顺利开展。但有时因监督员的能力问题及制度问题等并不能很好地发挥监督作用，因此须不断完善质量管理监督机制，为监测采样质量控制工作确立明确程序，并将监督人员的能力及素养纳入框架内进行评估，从根本上提高监督水平，保障环境监测采样的质量保证和质量控制。

（二）样品采集前的准备工作不充分

为保证环境空气监测采样工作能够顺利进行，采样实施以前要依据环境实际情况把相关工作准备好。准备工作主要有以下两个方面：

1. 环境空气监测采样方案的制订不规范

在制订环境空气监测采样方案以前，负责采样的工作人员或者制订方案的人员应当详细勘察现场或者详细了解采样现场的资料。根据采样的标准方法结合实际环境，制订相应的监测采样方案。同时在监测采样方案当中，要确定采样的种类和指标、采样的点位、采样的方法和样品保存方法等几个方面。最后制定完成环境空气监测采样方案后交由相关负责人或专家进行审核，合格后方可实施。

2. 采样设备及辅助材料的准备不充分

依据采集样品的具体指标以及选择的采样方法，准备适合的采样设备和相应的辅助材料。①准备好采样涉及或使用的采样设备，相应的环境监测仪器，如气温气压计、测风仪、采样架等。②准备好相应的辅助材料，主要有吸收管、滤膜、手套、样品标签、电池等。在相关采样设备和辅助材料准备的同时，需要详细检查采样设备是否能够正常使用，是否处于使用的有效期限中，是否需要校准校正；辅助材料是否清洗干净或者是否有破损等。

（三）现场采样工作不规范

在进行环境空气监测采样的具体过程中，工作人员的采样程序是否规范直接影响样品的质量。例如，操作过程中，工作人员没有根据空气监测技术的规范进行样品采集；为了尽快完成采样工作，采样的时间没有达到要求；没有及时填写采样的记录；在使用滤膜采集样品时，有的工作人员直接用手接触滤膜等。

1. 现场环境监测记录不完全

样品的采集工作直接受到环境因素的影响，因此在环境样品采集时，可通过现场环境因素对样品采集的量进行校正。如果对现场环境监测得不完全，会影响后期样品的校正，直接影响样品检测的准确性。一般采样时监测的环境因素有：大气压、温度、湿度、风向等，应根据采集样品的种类，对相关环境因素进行监测记录。

2. 采样点的选择不科学

影响环境监测样品质量的因素具有多样性，其中环境监测采样点的选择与样品检测结果反映环境实际情况的真实性有着密不可分的关系。不同的采样点在反映环境特性方面具有差异性，因此采集的样品数据也不尽相同。采样点的选择在前期准备时就应该确定，相关负责单位或者负责人应对采样点的科学性和合理性做出评估，并根据采集样品的特点确定实际的监测采样点。环境监测采样过程中质量保证及控制工作的有序推进必须以采样点的科学性为基准，在采样的前期准备中必须将其纳入环境监测规划之中，并进行详细充分的评估。在实际样品的采集过程中，必须严格遵照前期规划，科学选择好采样点，从而保证环境监测的精确性和样品的质量控制。

3. 采样设备的使用不标准

环境监测采样工作离不开相关专业仪器的支撑。要保障环境监测和样品质量，不仅需要专业的设备，更需要在采样过程中严格遵守设备的操作步骤以及使用标准。有的设备在使用前需要预热、调零和校准，切不可图快完成采样工作，简化设备的操作使用，从而影响样品的质量以及后续数据的准确性。

（四）样品的保存及运输不完备

在样品采集完成后，必须按照样品的特性选择合适的条件保存，运输到检测单位，整个过程须确保样品不会变性或者受到污染。因为环境监测采集的样品容易被温度、光照强度所影响，可能会导致样品变性或分解，但是如果采样的工作人员不重视这些细节问题，将会导致样品在保存时出错，如没有避光，没有在低温环境下保存，密封不完全等。同时，在实际运输时，样品若没有正确放置固定，则易倾倒，样品之间易相互污染和影响，会对样品的质量控制产生影响。

（五）样品的检测过程不规范

样品的检测是否合乎检测标准直接影响样品数据的可靠性和准确性。样品在检测过程中，从样品的接收、前处理、仪器检测、数据记录和出具检测报告都有相应的标准流程，决不能为图省事，简化检测过程，从而影响数据的可靠性。例如，在样品接收、前处理和检测过程中是否被污染或变性；是否需要做对照使用和重复实验；实验记录是否规范；数据的有效数字是否按照修约规则保留等。

三、样品的质量控制程序

样品的质量是环境暴露和环境监测研究的基础，具有重要意义。我们将针对影响样品质量的因素，从人员，制度，环境，设备，样品采集、保存等几个方面严格控制样品的质量，保证样品的真实性、准确性和可靠性。

（一）工作人员能力的提高

环境监测采样人员的业务水平、道德水平、心理水平等主观条件也都会对采样的质量结果产生不小的影响，因此要提高环境监测采样过程的质量保证及质量控制水平绝对不能忽视采样人员能力的培养。目前负责环境采样的工作人员的基本状态是整体素质不高，缺乏责任心，因此在进行环境监测采样的过程中，必须要不断提高采样人员的工作能力。

1. 相关单位应定期评估采样人员的心理，对采样人员的责任感和积极性进行调查管理，并对不符合要求的人员进行思想培训，提高其对环境监测采样质量保证和控制工作的认识。

2. 针对采样人员，提前开展相关培训，在采样工作的理论知识与实践操作方面，进一步强化采样的基本规范以及技术标准的掌握，全面提高采样人员的实践操作技能。除此之外，还要针对环境空气监测的现场质量控制进行培训，以此更好地让现场的实践操作得以规范化。

3. 强化采样人员的职业道德素质，促使其工作的态度更加端正。设置有效的考核制度，以全面调动负责采样人员的工作热情。

另外，单位人事部门还应对所有的采样人员进行质量管理水平考察，确保所有人员都能掌握必要的采样技能。只有确保采样人员的工作能力达到相应的标准，环境监测采样过程中的质量保证和质量管理目标才能真正实现。

（二）采样质量管理体系和质量监督机制的不断完善

完善环境监测采样质量管理体系为质量保证和质量控制工作带来制度保障。建立环境监测采样质量管理体系需要各方面的协作，组建以监测采样质量管理制度为基础的质量管理小组，将质量管理的重要性体现在实际的操作过程中，确保制度体系发挥成效。环境监测单位应做好宏观规划，严格落实计划并做好人员管控，力图使环境监测采样过程中的质量保证及质量控制观念成为每一个部门和个人的行动准绳。质量管理部门可引入数字化手段作为体系建设的辅助工具，利用网络技术的高效性及同步性为质量保证和控制工作提供数字化支持，提高工作效率并降低工作成本。环境监测采样质量管理体系是提高采样工作水平的必经之路，对推动我国环境监测产业的发展与创新具有重要作用。

环境监测采样人员的工作质量需要接受严格的监督。相关单位应建立质量监督管理小组对采样人员工作的规范性及采样结果的有效性进行严格监控，确保及时发现问题并合理解决。监督人员应提高自身的专业能力，不断完善监督工作程序，为监督效果的提升发挥必要的作用。环境监测单位应制订详细的质量监督管理规范化文件，为采样工作的效率、方式、结果等内容制订严格的标准，保证质量监督机制的建立和健全。

（三）环境的质量控制

样品的采集工作直接受到环境因素的影响，在环境样品采集时，须通过现场环境因素对样品采集的量进行校正。如果对现场环境监测得不完全，会影响后期样品的校正，直接影响样品检测的准确性，因此采样时需要对环境因素的数据如实记录。而样品检测的环境也同样对样品的质量产生影响，因此样品检测的环境要严格按照相关标准和规定来布置和达到要求，避免检测环境影响样品检测数据的准确性。

1. 一般采样时需要记录的环境因素有：大气压、温度、湿度、风向等，要根据采集样品的种类，对影响样品质量的环境因素进行监测记录。

2. 检测实验室的环境条件应满足检测工作的需要，确保实验室的整洁，不对检测的样品造成污染。对影响分析检测质量的区域加以隔离控制，限制进入或使用上述区域，将不相容活动的相邻区域进行有效隔离，防止污染源的带入，并根据其特定的情况确定控制的程度，必要时制订专门的工作程序。

3. 在完成化学分析、试样制备及前处理等实验的检测室或实验室，应具有良好采光、有效通风和适宜的室内温度，样品、标准品、试剂存放区应满足其所需的保存条件，在冷藏和冷冻区域保存时，应定期对温度进行监控并做好记录。当需要在实验室外部场所进行取样或检测时，应采取相应的措施防止溅出物或挥发物的交叉污染，并且要特别注意工作环境条件，做好现场记录相关的规范、方法和程序。对环境条件有要求或者环境条件对检测结果质量有影响时，应监测、控制和记录环境条件。

4. 痕量分析与常量检测分析时必须分别在独立的检测室完成，使用完全独立的实验室设施，避免常量分析对痕量分析的污染，造成假阳性、假阴性结果或检测灵敏度降低。对于实验室内部或附近的有害生物进行控制时，必须使用那些被认为不会对检测产生影响的药品。

（四）设备和辅助材料的质量控制

环境监测采样的科学性及准确性为后续的实验室分析奠定了基础，但准确的数据离不开设备的支撑。采样过程的质量水平、质量保证和质量控制的能力的提高必须依靠专业设备仪器，设备的选择是环境监测采样质量的重要影响因素之一。所以，在设备以及辅助材料方面，要做到以下几个方面，提高对样品质量的控制。

1. 在设备的选择上，应考虑到监测采样环境、样品种类特性、测量范围、精确度等多方面的因素。同时，采样工作人员应熟练掌握设备的操作，熟悉掌握影响设备准确性的因素，确保在设备使用过程中避免这些因素的影响。

2. 对于样品质量的准确性或者有效性有显著影响的所有设备，包括辅助测量设备、器具和辅助采样材料，在投入使用之前应进行校定（校准）。仪器设备在两次检定（校准）期间，必要时制订检定（校准）仪器设备期间核查程序，日常使用时应按照检定（校准）仪器设备期间核查程序对其技术指标进行期间核查并做好记录，保持仪器处于良好状态。设备管理人员或采样人员应根据仪器设备的特性和使用频率，制订仪器设备的核查周期。

3. 定容器具在重复使用时必须彻底清洗，避免样品被污染。如果条件允许，标准品配置和样品处理的玻璃容器应分开使用，避免交叉污染。避免使用过度刮擦或者蚀刻的玻璃容器，所有的玻璃器具、试剂、溶剂和水在使用前都应清洗干净或者在有效时间内，甚至通过空白实验检查是否被污染。

4. 定期维护采样设备。在采样工作中应严格遵守采样步骤和流程，避免不规范操作对设备造成损伤。同时，环境监测单位应对采样设备定期进行维护检查，发现问题要及时解决。环境监测单位应对设备的类型、数量、养护方法等进行详细备注并记录在案，确保设备使用的科学性及设备保存的条理性。如果条件允许，相关单位可成立设备维护小组，甚至配备专业的养护人员对设备进行定期维护，以保证设备的正常使用。在采样设备达到使用年限后，相关负责人应提前提出设备更新的申请，以便能及时更换新的设备。

（五）样品的质量控制

样品的质量控制主要从样品的采集、保存、运输和检测四个方面加以保证。对于样品的质量控制程序，样品的采集、保存和运输可以参考前面两节的内容，这里主要强调：采样时，工作人员要做好记录，保证样品不被混淆。每采集完一个样品，要贴上标签，并详细做采样的记录和采样的时间。如果条件允许，针对采样的条件、采样的方法都要做整体的记录；样品保存时，把性质不稳定的样品或者害怕光线或温度刺激的样品及时保存在避光低温处，并要及时送到实验室，便于及时检测分析。样品运输时，要注意预防样品的破损，避免样品渗漏，做好保护工作，不要让样品之间相互被污染。本部分将着重叙述样品在实验室中的样品的质量控制方面的措施。

1. 样品采集前应根据检测项目的情况确定采集的样品量，但一般情况下应不少于检测用量的3倍。特殊情况时，若采集的样品量不足应在委托合同或送样单上注明。

2. 实验室接收的样品包装应坚实、牢固和洁净。采集的样品在采用适当的运输工具和运输条件被送到实验室时，样品的状态应最大限度地与样品可接收的状态一致，否则应被视为不适合进行样品检测。实验室的样品收样人应认真检查样品的包装和状态，若发现异常，应与送样人协商达成处理决定。实验室在样品接收时要充分考虑到检测方法对样品的技术要求。必要时，实验室对样品的数量、重量、形态以及检测方法对样品的适用性、局限性做出相应的规定。

3. 实验室应对接收的样品进行编号登记，分别加贴标识，标识的设计和使用应确保不会在样品或涉及的记录上混淆。实验室样品要有清晰的标识，保证不同检测程序和传递过程中样品不被混淆，并注意包装材料和标识不会对样品造成潜在污染。

4. 实验室对接收到的样品在检测前应进行预处理，若浓度较大或较小可以采用适当的方法进行浓缩或稀释后获取分析样品。分析样品的制备应使用洁净的制样工具和容器，并在独立区域内完成，避免容器渗漏或带入污染物。分析药品盛装在洁净的塑料袋或惰性容器内密封，加贴样品标识，置于规定的温度环境保存。分析样品的量一般应多于检测项目、复查、留样所需要的量。如果需要对不确定度评价的样品进行测量，则应增加分析样品的量。

5. 在样品制备、检测过程中，应避免混入外来杂质。样品的制备和检测应保持原有特性，防止样品在制备和检测过程中被污染或者目标检测物被改变，防止因污染、挥发等因素改变样品所具有的原始特性，确保目标检测物以最大可能性被检测出。

6. 从制备的分析样品中分取出检测物并送至实验室检测。检测过程中的检测物应妥善放置，不用时应使检测物处于密闭状态，并置于规定的温度环境，注意对检测不稳定项目的检测物的保护。

7. 样品在实验室内部转移或贮存过程中应互相隔离。在取样、样品转移和贮存以及检测过程中，样品应与其他潜在的污染源隔离，避免外界污染源对样品的污染。如果被检测物在实验室中自然存在，那么低含量的残留检测物就难以与自然含量相区别，出具检测报告时，需要考虑这类检测物的自然含量。

（六）样品保存与运输的质量控制

样品的保存和运输已经在上述4.2章节中详细阐述，因为空气样品易受到温度、外界光照等方面的影响，所以样品的保存有比较严格的标准要求，样品必须是在避光低温的条件下进行有效的保存。同时，在样品采集时，还需要依据实际采集样品的种类，适当添加固定剂。除此之外，样品保存时，还应避免样品与样品、样品与采样瓶之间出现交叉感染的风险。所以，为了样品的质量控制，一定要指派细心的人员来负责管理样品的保存与运输，并且能尽快把样品送到实验室，避免样品过期或者变性分解，影响检测数据的有效性。

（七）检测过程的质量控制

样品的检测是否合乎检测标准直接影响样品数据的可靠性和准确性，因此样品在被送到实验室后，从样品的接收、前处理、仪器检测、数据记录和出具检测报告都要严格遵守相应的标准流程，决不能图省事，简化检测过程，从而影响数据的可靠性。

1. 确保样品在接收、制备和检测过程中的原始特性，未受污染或变质。
2. 样品检测前应做好以下准备工作：

（1）核对样品标签、检测项目和相应的检测方法，确保样品、检测项目和检测方法与制订的方案或合同一致。

（2）检测环境的确定。检测环境如温度，湿度等可能影响检测结果，因此事先一定要检测环境，使其清洁，确保检测环境符合检测标准。

（3）制定规范的原始记录表。

（4）按照检测方法的需求准备相应的仪器设备、器材等，准备和配置所需的试剂、标准溶液等。

3. 检测过程需按预制的合同或方案中的检测方法和作业指导书来操作。当测试过程出现异常现象应详细记录时，并及时采取措施处置。

4. 必要时，随同样品检测做空白试验、标准物质测试和控制样品的回收率试验。

5. 常规样品的检测至少应做双试验。为了检测结果的可靠性和准确性，样品的一些检测项目，如有效成分测定、常量分析、新开验项目、复测或疑难项目等，应做双试验或多试验。如果做单试验的样品和检测项目，则应经过评估允许后进行。

6. 检测人员在原始记录表上应如实记录检测情况及结果，划改规范，字迹清楚，以保证检测记录的原始性、真实性、准确性和完整性。

7. 检测人员应对检测方法和计算公式充分理解，保证检测数据的运算和转换不出差错，计算结果需经过自校和复核。检测结果如果用回收率进行校准，需要在最终结果中明确说明并附上校准公式。检测结果的有效位数应与检测方法中的规定相符，计算所得数据的有效位数多保留一位，并按照GB 8170-2008进行修约。

四、结语

环境监测采样过程中所涉及的主客观因素比较复杂,要保证和控制其质量水平需要从多方面考虑。质量保证对环境监测采样工作的顺利进行具有重要意义,而质量控制程序是监测采样的具体措施,是保证样品质量的基础。本章节从多个方面探讨了环境监测采样过程中存在一些问题以及样品质量的控制程序,希望能加深环境监测采样工作人员对样品的质量保证及质量控制的认识,并以此为鉴做出改进与创新,提高环境监测样品的质量控制。

参 考 文 献

[1] 环境保护部科技标准司. 环境空气挥发性有机物的测定罐采样/气相色谱-质谱法: HJ759-2015 [S]. 北京: 中国环境科学出版社, 2015.

[2] 生态环境部法规与标准司. 环境监测分析方法标准制订技术导则: HJ168-2020 [S]. 北京: 中国环境出版社, 2021.

[3] 王强, 郝军, 罗伶燕, 等. 环境监测中大气采样技术要点分析 [J]. 皮革制作与环保科技, 2023, 4 (6): 67-69.

[4] 段继亮, 蒋风. 环境监测现场采样影响因素及注意事项 [J]. 化纤与纺织技术, 2021, 50 (3): 64-65.

[5] 张洪彬, 原霞, 杨庆平. 潜艇大气污染物采样和样品处理技术 [J]. 舰船防化, 2007, 33 (6): 11-14.

[6] 崔连喜, 王艳丽. "吸附管采样—热脱附-气相色谱-质谱法" 测定环境空气中5种有机硫化物 [J]. 化工环保, 2021, 41 (4): 518-523.

[7] 李娟, 章勇, 丁曦宁. 热脱附/气相色谱法测定空气中含硫化合物 [J]. 环境监测管理与技术, 2009, 21 (6): 44-46.

[8] 何庆亚, 蔡喆俊, 杨榆. 吸附管采样—热脱附/气相色谱质谱法快速测定环境空气中甲硫醚和二甲基二硫醚 [J]. 广州化工, 2019, 46 (1): 130-132.

[9] 国家环境保护局科技标准司. 空气质量硫化氢、甲硫醇、甲硫醚和二甲二硫的测定气相色谱法: GB/T14678-1993 [S]. 北京: 中国标准出版社, 1994.

[10] 刘玥. 环境监测现场采样的影响因素及细节问题 [J]. 建材与装饰, 2020, 598 (1): 180-181.

[11] 全国生物样本标准化技术委员会. 人类血液样本采集与处理: GB/T38576-2020 [S]. 北京: 国家市场监督管理, 总局国家标准化管理委员会, 2020.

[12] 卫生部医政司. 临床化学检验血液标本的收集与处理: WS/T225-2002 [S]. 北京: 中华人民共和国卫生部, 2002.

[13] 静脉血液标本采集指南: WS/T 661-2020 [S]. 北京: 中华人民共和国国家卫生健康委员会, 2020.

[14] 丁永杰, 罗文婷, 李庆云, 等. 呼吸系统疾病生物样本采集保藏管理技术标准和规范 [J]. 中国医药导报, 2021, 18 (12): 4-10.

[15] 中国医师协会检验医师分会儿科疾病检验医学专家委员会, 世界华人检验与病理医师协会. 中国末梢采血操作共识 [J]. 中华医学杂志, 2018, 98 (22): 1752-1760.

[16] 医务人员手卫生规范: WST313-2019 [S]. 北京: 中华人民共和国国家卫生健康委员会, 2019.

[17] 北京协和医院. 检验样本留取及采集指南 [S]. 北京: 北京协和医院, 2008.

[18] 国家卫生健康委员会. 医疗卫生机构医疗废物管理办法 [S]. 北京: 国家卫生健康委员会, 2003.

[19] 全国生物样本标准化技术委员会. 人类尿液样本采集与处理: GB/T38735-2020 [S]. 北京: 国家市场监督管理, 总局国家标准化管理委员会, 2020.

[20] 卫生部临床检验标准专业委员会. 尿液标本的收集及处理指南: WS/T348-2011 [S]. 北京: 中华人民共和国卫生部, 2011.

[21] 赵红月. 临床检验工作中的粪便常规检查及隐血试验情况分析 [J]. 质量安全与检验检测, 2021, 31 (1): 135-137.

[22] 全国生物样本标准化技术委员会. 人类粪便样本采集与处理: GB/T41908-2022 [S]. 北京: 国家市场监督管理, 总局国家标准化管理委员会, 2022.

[23] 辽宁省检验检测认证中心标准化研究院. 新型冠状病毒咽拭子采集技术管理规范: DB21/Z 3636-2022 [S]. 辽宁: 辽宁省市场管理局, 2022.

[24] 刘焱斌, 刘涛, 崔跃, 等. 鼻拭子与咽拭子两种取样方法在新型冠状病毒肺炎核酸筛检中的比较研究 [J]. 中国呼吸与危重监护杂志, 2020, 19 (2): 141-143.

[25] 李小寒, 尚少梅. 基础护理学 [M]. 北京: 人民卫生出版社, 2020: 449-465.

[26] CLINICAL AND LABORATORY STANDARDS INSTITUTE. Procedures for the Collection of Diagnostic Blood Specimens by Venipuncture; Approved Standard-Sixth [EB/OL]. 2007: 3-5 [2023-5-10]. https://webstore. ansi. org/preview-pages/CLSI/preview_CLSI+H3A6. pdf#:~: text=Clinical%20and%20Laboratory%20Standards%20Institute%20document%20H3A6%E2%80%94Procedures%20for, the%20collection%20of%20diagnostic%20blood%20specimens%20by%20venipuncture.

[27] 李洋. 环境空气监测现场采样质量控制的措施分析 [J]. 低碳世界, 2017, 7 (32): 19-20.

[28] 陈琪锋, 李刚, 乔维栋. 浅谈环境大气监测全程序质量控制 [J]. 中国化工贸易, 2019, 11 (15): 233.

[29] 胡威, 于淑芬, 赵杰. 浅议环境空气样品采集的标准流程 [J]. 工程技术, 2017, 9 (1): 10.

[30] 姚慕平. 浅谈环境空气监测中的样品采集、保存及运输的质量控制 [J]. 清洗世界, 2020, 36 (12): 61-62, 64.

[31] Nederhand R J, Droog S, Kluft C, et al. Logistics and quality control for DNA sampling in large multicenter studies [J]. J Thromb Haemost, 2003, 1 (5): 987-991.

[32] Gould G W. Methods for preservation and extension of shelf life [J]. Int J Food Microbiol, 1996, 33 (1): 51-64.

[33] Kozlova V A, Pokrovskaya M S, Meshkov A N, et al. Actual approaches to the transportation of biological samples at low temperatures [J]. Klin Lab Diagn, 2020, 65 (10): 619-625.

[34] Wong D, Moturi S, Angkachatchai V, et al. Optimizing blood collection, transport and storage conditions for cell free DNA increases access to prenatal testing [J]. Clin Biochem, 2013, 46 (12): 1099-1104.

[35] 张远龙. 影响环境监测质量的主要因素及相应对策浅析 [J]. 山西青年, 2020, 45 (4): 296-299.

[36] 陈玉琴. 影响环境监测质量的主要因素及对策探讨 [J]. 资源节约与环保 [J]. 2018, 38 (12): 53-54.

[37] 周伟斌. 深入研究对环境监测质量造成影响的主要因素和对策 [J]. 绿色环保建材, 2018, 23 (4): 41.

[38] 胡文娟. 关于影响环境监测质量的主要因素分析及相应对策探讨 [J]. 科技创新与应用, 2017, 7 (23): 80, 82.

[39] 刘齐阳. 面向绿色制造的皮革企业循环经济模式研究 [J]. 中国皮革, 2020, 49 (9): 15-18.

[40] 国家认证认可监督管理委员会. 实验室资质认定工作指南 [M]. 北京: 中国计量出版社, 2007.

第三章　环境暴露组学的分析方法

第一节　环境暴露组学的气相质谱分析方法

气相色谱-质谱联用仪（gas chromatography-mass spectrometry，GC-MS），作为一种灵敏、可靠的分析工具，被广泛用于环境暴露组学研究中，可对有机化合物进行精准的定性和定量分析，有助于深入了解环境暴露物与疾病的紧密联系，以及生物、化学和物理暴露组之间的相互作用。

一、环境暴露组学的气相分析方法

（一）色谱发展历程

色谱技术的发展与该方法的先驱者M.S.Tswett、A.J.P.Martin、R.L.M.Synge和A.T.James密切相关（图3-1）。Tswett使用了一根装满碳酸钙的窄玻璃管，正确解释了色谱过程，并奠定了一种新的实验室方法。1941年，Martin和Synge发表了具有重要意义的研究成果，报道了通过在柱中使用两种液体溶剂的分配来分离混合化学物，引入了分配色谱的概念。这些原理的引入证明了可以通过使用气体作为流动相实现分离，从而催生了气相色谱（gas-solid chromatography，GSC）的发展。12年后，Martin和James介绍了使用GLC（gas–liquid chromatography，GLC）分离脂肪酸的方法。1959年，Marcel J. E. Golay发表了关于色谱柱的重要论文，其中介绍了他对色谱柱的改进和创新。Desty

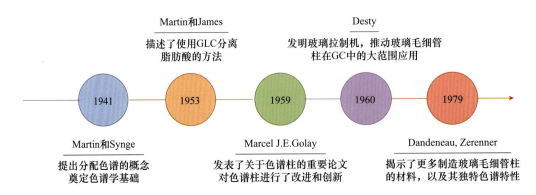

图3-1　对GC色谱柱早期发展作出贡献的重要里程碑

研制出第一台玻璃毛细管柱拉制机，该装置有助于加强玻璃毛细管柱在GC分析中的地位。1979年Dandeneau，Zerenner对用于玻璃毛细管气相色谱法的各种玻璃进行了研究，揭示了使用钾碱铅和熔融石英玻璃作为制造玻璃毛细管柱的材料的一些独特色谱特性。

（二）气相色谱原理

如图3-2所示，GC由几个部分组成：载气流量控制器、进样口、分离柱、柱炉、检测器和积分器图记录。气相色谱是以气体作为流动相（载气），通常使用惰性气体（如氢气、氮气或氦气）作为运载气体。当液态样品通过进样器进入充满载气的进样口时，受热汽化，随后被载气携带进入色谱柱中。混合物的组分由于其与固定相的相互作用差异而被分离。经过色谱柱的洗脱后，分离出的化合物通过检测器进行检测，检测器会产生与化合物浓度相对应的信号。

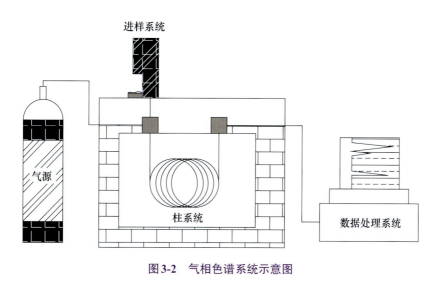

图3-2　气相色谱系统示意图

（三）气相色谱模式

GC是唯一不使用流动相与分析物相互作用的色谱形式。当固定相是固体吸附剂时，该过程称为气固色谱（gas-solid chromatography，GSC），当它是惰性载体上的液体时，该过程称为气液色谱（gas-liquid chromatography，GLC）。

GSC方法的基本原理是固体材料（吸附剂）表面吸附的差异。吸附的发生是由于非特异性（定向、诱导和分散）和特异性相互作用（络合、氢键等），并基于吸附剂和山梨酸盐的性质。具有足够的化学、物理和热稳定性的多孔材料被用作吸附剂。GLC分离原理是由于气态目标物与固定相相互作用而发生的物理化学分离。这种固定相是一种非挥发性液体，具有与目标分析物相似的极性，并沉积在固体载体上。被分析物质的蒸气与载气混合在柱中移动，由于溶解和蒸发过程的多次重复，流动气相和液体固定相的平衡多次建立。在固定相中溶解度较高的物质被固定相保留的时间较长。因此，被分析的混合物被分离成单独的组分，这些组分依次离开色谱柱并被检测器识别。

（四）气相色谱柱

GC系统中关键的组件是色谱柱，它是一个长而细的管状结构，内壁被涂覆上固定相，固定相可以是多种不同类型的材料，如聚硅氧烷、聚酸甲酯等。这些固定相具有不同的极性和选择性，可根据需要选择不同的色谱柱进行分析。样品中的组分在固定相上的亲和力不同导致它们以不同的速率被吸附和解吸，从而分离开来，亲和力较大的组分会停留更长时间，而亲和力较小的组分则通过色谱柱快速移动，分离后的组分进入检测部分。

（五）气相色谱检测器

有几种检测器与气相色谱耦合，如热传导检测器（thermal conductivity detector，TCD）、火焰电离检测器（flame ionization detector，FID）、电子捕获检测器（electron capture detector，ECD）和质谱仪（mass spectrometer，MS）。

TCD检测器是最早为GC开发的探测器之一（图3-3）。TCD的基本原理是通过监测灯丝电导率的变化来检测载气和样品之间的导热性。TCD是一种通用检测器，可以对所有与载气具有不同热导率和热容的分析物做出响应。TCD对导热系数有响应，因此对流量非常敏感。TCD通常采用两个检测器，其中一个用作载气的参考，另一个用于监测载气和样品混合物的热导率。氦气和氢气等载气具有非常高的导热性，因此即使添加少量样品也很容易被检测到。TCD的优点是使用方便简单，设备广泛应用于无机和有机化合物，以及分离和检测后收集分析物。TCD的最大缺点是除了流速和浓度依赖性外，仪器相对于其他检测方法其灵敏度较低。

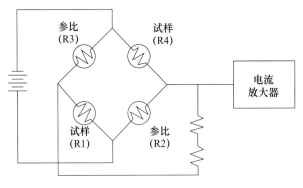

图3-3 热导检测器示意图

FID是一种通用检测器（图3-4），是检测有机化合物（即碳氢化合物）最常用的气相色谱检测器，它对含碳化合物具有很高的灵敏度。FID对所有在氢氧火焰中燃烧的有机化合物都有反应。FID对无机化合物的交叉敏感性也很低。虽然FID易于使用且不受流量影响，但FID需要三个单独的气体供应并会破坏样品（破坏性）。FID需要氢气作为燃料，氦气或氮气作为载气，氧气或空气作为燃烧。FID的原理是有机化合物在氢气空气火焰中燃烧而电离。随后将气体样品置于氢气火焰中，样品中的碳氢化合物被火焰电离，然后用电场提取。这个过程的结果是产生的电流，等于样品的总碳含量。

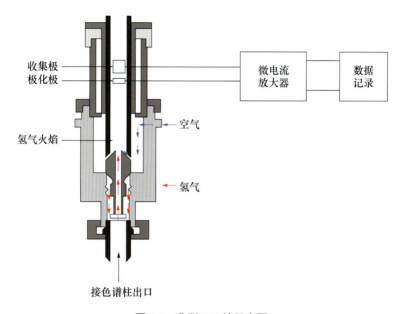

图3-4　典型FID的示意图

ECD又称电子亲和检测器或电子吸收检测器，是一种浓度高、灵敏度高、特异的检测器（图3-5）。ECD用于检测电子仿射化合物。ECD对电负性化合物（即卤素）的灵敏度很高，但检测限也很低。为了产生电子和离子，须使用低能β射线源。使用不同的载气会影响电子的各种性质，如热化速率；载气也可能影响分子的电离，使ECD信号复杂化。ECD通常使用甲烷和氩气的混合物。ECD是由一个含有放射源和两个极化电极的电离室组，可利用放射性发射器电离粒子。ECD根据吸附的电子来检测分析物

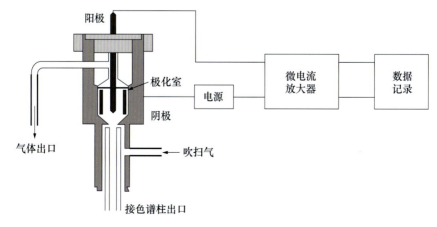

图3-5　ECD示意图

的浓度。

二、环境暴露组学的质谱分析方法

质谱仪以离子源、质量分析器和离子检测器为核心（图3-6）。在质谱仪中，分子被电离，通过电场加速进入质量分析器中。在质量分析器中，会根据它们不同的质荷比（m/z）被分离。分离后的离子依次进入离子检测器，离子检测器采集放大离子信号，经计算机处理，绘制成质谱图，每个化合物都有其独特的质谱图谱，利用计算机软件对质谱图进行处理和分析，可以对化合物进行定性和定量。

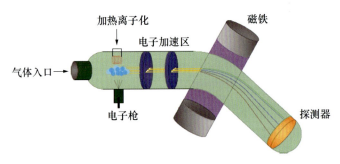

图3-6 质谱仪原理图

GC-MS一般会配备电子轰击离子源（electron impact ion source, EI），EI源的谱图是在70 eV条件下获得的，可以匹配NIST谱库进行未知化合物检索，是GC-MS的通用型离子源。除了EI源，还有化学电离源（chemical ionization, CI）、场致电离源（field ionization, FI）及场解吸电离源（field desorption, FD），可以根据检测化合物的不同，选择适合的离子源。

质谱仪的种类非常多，根据质量分析器的不同，可将质谱分为离子阱质谱、四级杆质谱、轨道阱质谱、飞行时间质谱等。目前，环境暴露组学领域常见的质谱多为它们的串联形式，如四极杆串联飞行时间（Q-TOF）、四极杆串联轨道阱（QE）、三重四极杆（QQQ）、三重四极杆复合线性离子阱（Q-TRAP）。Q-TOF和QE属于高分辨质谱，其中Q-TOF类型质谱是目前使用最多的高分辨质谱，该类仪器将四极杆-飞行时间两种分析器联用，通常以四极杆为质量过滤器，以TOF作为质量分析器，能够提供高分辨的二级谱图，定性能力优于QQQ。而三重四极杆是最灵敏和重现性最好的定量仪器，具有多种扫描模式：子离子扫描、母离子扫描、中性丢失扫描、单离子反应监测、多反应监测（MRM），其中MRM模式应用最为广泛，特别是需要精确定量时。MRM模式中通过两级离子的选择，排除大量干扰离子，目标检测物的信噪比显著提高，同时可进行连续的离子扫描分析，得到串联质谱碎片数据，与全扫描和中性丢失质谱扫描模式相比，降低了分析过程中定性结果的假阳性率，保证了分析的准确度。

三、气相色谱的质谱分析方法在环境暴露组学中的分析流程

(一) 样品预处理

进行环境暴露组学气相色谱分析前,要对样品进行预处理,首先需要收集感兴趣的样品比如土壤、水样、生物组织或其他类型的样品,采集过程中遵循适当的采样方法,以避免样品受到污染或损坏。采集到的样品要进行标识并记录相关信息,比如采样日期、位置、样品描述等,这将有助于跟踪和识别样品,并确保数据的可靠性和可追溯性。在某些情况下,可能需要将混合样品进行分离,以获取所需的组分或减少干扰物的影响。常见的分离方法包括离心、过滤、萃取等。对于植物组织或者土壤这样的植物样品,通常需要粉碎或研磨成粉状,再根据实验需求,对样品进行化学处理,比如pH调整、加入缓冲液、添加试剂等,以改变样品的性质或提取所需的组分。对于水或溶液这样的液态样品,需要通过滤器去除杂质、颗粒或微生物,净化样品。

(二) 样品衍生化

对于挥发性有机物(volatile organic compounds,VOCs)以及非极性化合物如烷烃、醚类、酯类等,这些化合物通常具有较好的挥发性,无须衍生化处理即可进行分析。对于一些难挥发的样品,需要进行衍生化处理,将代谢物转化为挥发性衍生物便于GCMS分析。衍生化可以降低极性及提高热稳定性,同时可改善峰形、分辨率和强度。衍生化方法有很多,甲氧肟化和硅烷化是最常用的方法之一(图3-7),甲氧肟化反应可以将游离羰基功能部分转化为肟衍生物,并防止形成环状结构,特别是碳水化合物和类固醇,这样就减少了每种化合物可能的立体异构体的数量,提高了检测灵敏度。硅烷化反应通过硅烷基取代羟基、羧基、巯基、氨基及亚氨基的活泼氢,代谢物被衍生为硅醚或硅酯。目前最多的硅烷化试剂是N-甲基-N-三甲硅基三氟乙酰胺(N-methyl-n-trimethylsilyltrifluoroacetamide,MSTFA)和N-O-双(三甲硅基)三氟乙酰胺。对提取物进行衍生化时,要使提取物干燥且没有残留的水分,水分会消耗硅烷化试剂导致反应不完全。针对水相样品可以用氯甲酸酯进行衍生,比如氯甲酸甲酯

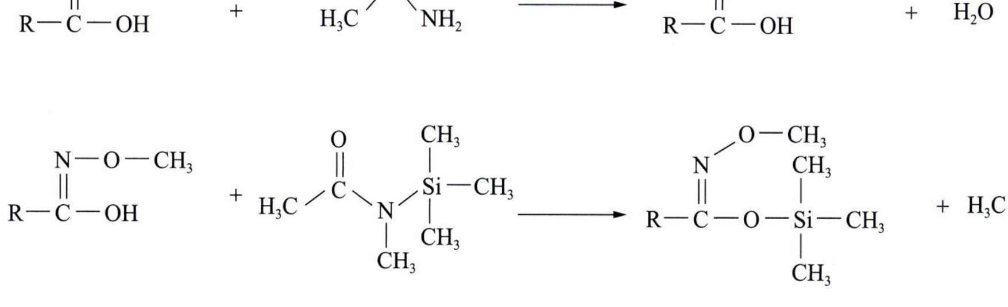

图3-7 MOX和MSTFA两步衍生的形成

（methyl chloroformate，MCF）、氯甲酸乙酯（2-chloroethyl chloroformate，ECF）和氯甲酸丙酯（Propyl chlorocarbonate，PCF），氯甲酸酯能够在室温下对氨基酸和非氨基酸的有机酸、磷酸化有机酸和脂肪酸中间体进行衍生化，不易发生基质效应，从而被广泛使用。

（三）方法优化

环境暴露组学研究中优化GC-MS方法非常重要，优化方法如选择适当的柱和固定相、优化进样条件、调整温度程序等。首先根据样品特性和目标分析物的化学性质，选择合适的色谱柱，如非极性柱、极性柱或选择柱，同时也要选择恰当的柱长度、内径和填料内径，保证组分可以顺利分开。调整柱温可以改变分离速度和选择性，升高温度可以增加挥发性化合物的扩散速率，从而提高分离速度，然而过高的温度可能会导致某些化合物的降解或裂解，因此优化色谱条件时应选择适当的温度。调整流速可以改变峰形，流速过快会导致峰形状变宽或重叠，从而降低分辨率。相反，如果流速过慢，分离时间会延长。因此，需要在保持分离效果的同时，找到适当的流速。

分流/不分流进样口是GC最常用的进样口，分流进样可以减少载气中样品的含量，使其符合毛细管色谱进样量的要求。分流进样适合于大部分可挥发样品，包括液体和气体样品，因此如果对样品的组成不很清楚，应该首先采用分流进样口，对于一些相对"脏"的样品，更应采用分流进样，因为分流进样时大部分样品被放空，只有一小部分样品进入色谱柱，这在很大程度上防止了柱污染；如果分流进样不能满足分析要求时（灵敏度太低），才考虑其他进样方式。在使用分流进样口时，应根据样品情况调整合适的分流比，因为可能会存在分流歧视的问题，一定分流比条件下，不同样品组分的实际分流比是不同的，这就会造成进入色谱柱的样品组成不同于原来的样品组成，从而影响定时分析的准确度。不分流进样具有明显高于分流进样的灵敏度，也常常用于环境分析，当样品比较脏时，对样品的预处理是保护色谱柱所必须注意的问题。

在环境暴露组学研究中，准确的定量分析是至关重要的。为了进行准确的定量测量，应使用合适的标准物质进行校准和质量控制。优化GC-MS方法涉及建立标准曲线、确定检测限和线性范围，及监控仪器响应和响应因子的稳定性。

GC-MS联用技术中的质谱参数也需要进行优化，这包括优化离子源温度、碰撞能量和离子化方式等参数，以获得良好的信号强度和质谱图的清晰度。同时，考虑到环境样品中有机污染物的复杂性，可能需要使用多级质谱（MS/MS）或选择离子监测（SIM）模式，以提高分析的特异性和灵敏度。

（四）数据处理和分析

首先，需要对从GC-MS仪器中获取的原始数据进行预处理。这包括峰识别、峰面积计算和峰对齐等步骤。峰识别可以通过设置阈值和峰宽来自动或手动地确定峰的位置和形状，计算每个峰的面积作为化合物的含量指标，并进行峰对齐以消除不同样品之间的保留时间漂移。

在大规模环境暴露组学研究中，可能会生成大量的特征峰（即代表化合物的峰）。为了降低数据维度并筛选出与目标分析相关的特征，可以使用特征选择方法，例如在运行过程中校正基线并解卷积任何彼此紧密共洗脱的峰，分离出独特的峰后，在数据处理期间进行峰对，以校正这种保留时间漂移，从而在所有样品中对齐相同的峰。最后，使用真实标准品或通过质谱库如NIST库等查询化合物质谱图鉴定分离的峰。此外，还可以对数据进行归一化处理，以消除批次效应和样品间的变异。一旦进行了特征选择和数据归一化，就可以应用多种统计学方法来分析GC-MS数据。例如，主成分分析（PCA）和偏最小二乘回归（PLS-DA）可以用于数据降维和样品聚类。另外，可以使用单变量或多变量的统计检验方法，如方差分析（ANOVA）或t检验，来比较不同组别之间的化合物含量差异。在GC-MS数据分析中，通常需要标识和注释特征以确定化合物的身份，这可以通过与已知数据库进行比对、质谱库搜索、保留指数计算和碎片图解等方法来实现。现代的GC-MS数据处理软件通常提供了许多工具和库来帮助进行标识和注释。一旦确定了化合物的身份，可以进一步进行生物学解释和功能分析，这包括寻找潜在的生物标志物、通路分析、生物标记物的疾病相关性评估等。此外，还可以结合其他组学数据（如基因表达数据或脂质组学数据）进行综合分析，以揭示环境暴露与生物响应之间的关系。

四、基于气相色谱的质谱分析方法在环境暴露组学中的应用

早在20世纪20年代，人们就逐渐开始关注大气中的环境暴露组学，Greenburg为了探究在矿山和工厂等多尘环境中的粉尘对工人身体产生的有害影响，设计了一种灰尘过滤检测器，并探究了粉尘吸入与疾病之间的定量关系。但由于当时的技术水平有限，这种宏观的检测方法只能粗略定量一些空气中的粉尘颗粒。随着色谱法检测技术的进步，GC-MS被广泛应用于环境暴露组学的研究工作与实际检测中。

外部化学环境通常指由空气、水体、土壤等组成的，具有直接或间接影响生物生存条件的环境。在空气中，挥发性有机化合物（VOCs）的浓度会直接影响城市的空气质量。过量的VOCs会对人体健康造成损害。利用GC-MS技术，可以准确检测大气样品中的短链烃类、多环芳烃、氯代有机物和其他有机污染物。然而，大气中有1/3或更多的细颗粒为二次有机气溶胶（secondary organic aerosol，SOA），SOA的前体为中等挥发性有机化合物（individual volatile organic compound，IVOCs），具体成分为$C_{11}\sim C_{22}$的烃类化合物。这些IVOCs往往很难被定量分析，因为随着碳数的增加，组成异构体的数量也呈指数增加。Zhao等人首先提出了一种GC-MS半定量方法，来估算环境空气中的IVOCs，并评价了不同时段下美国加利福尼亚州的空气中IVOCs的含量变化，发现在下午时段时，空气中的IVOCs含量增加约30%，但是该工作尚无法确定这部分IVOCs的来源。

对于水体和土壤，评估其中的污染物种类、污染程度以及采取适当的修复措施同样至关重要。Benfenati等在1990年的工作中，使用GC-MS对水中50余种农药残留物进行了检测，由于农药的毒理学活性大多是由其降解产物引起，他提取了样品水体中的活性物质和代谢物，并使用GC-MS进行检测，来验证水体中有无农药残留。近年来，由于工业废水、燃烧余烬等的过度排放，更复杂的有毒化合物进入了水体和土壤，造成污染。构建合适的GC-MS方法，同样可以对这些有机污染物进行定量分析。Mikolajczyk等利用高分辨GC-MS，同时检测了水库的底部沉淀物以及鱼类肌肉中的二苯并对二噁英（dibenzo-p-dioxin，PCDDs）、二苯并呋喃（dibenzofuran，PCDFs）和多氯联苯（polychlorinated biphenyls，PCBs）的含量。结果表明，部分样本中的污染物水平明显偏高，鱼类体内的污染物的水平与分布直接反映了其环境的污染情况，若长期食用同种鱼类会导致人体内的毒素迅速累积，增加患病概率。

内部化学环境指的是个体本身的生活习惯、饮食习惯、生存环境等带来的影响。通过设计合适的GC-MS程序，可以对体内的代谢物或者毒素进行靶向检测。Lara-Guzmán等使用GC-MS，检测了饮用咖啡前后人体内的咖啡酸（caffeicacid，CA）和阿魏酸（ferulic acid，FA）的含量变化。CA和FA是绿原酸（chlorogenic acid，CGA）的前体，而CGA具有抗氧化活性，可降低患心血管疾病的概率。结果表明，摄入咖啡后1小时，血浆中检测到CA和FA，而对照组中未检测到。Li等使用气相色谱（GC）与串联质谱仪（MS/MS），定量分析了人体血液和血清样品中的咔唑和卤代咔唑的含量，咔唑和卤代咔唑的来源广泛，最终会通过饮用水、饮食摄入和皮肤接触造成健康损害。结果表明，部分样本检测出了少量咔唑，全部样品未检测到卤代咔唑。

目前，大多数工作都在有针对性地使用GC-MS进行一种或多种化合物的靶向检测，而人的一生中可能会积累接触百万种不同种类的化学品，它们共同作用，相互影响，最终影响人体的内部化学环境。因此，需要更全面的分析工作流程来实现非针对性的检测，以获得更丰富的暴露组学信息。Hu等开发了一种快速液体萃取（express liquid extraction，XLE）的单步样品制备方法，并与GC-HRMS（gas chromatography–high resolution mass spectrometry）结合使用，通过对人体血浆、肺、甲状腺和粪便样本的测试表明，该方法具有普适性，所获得的结果也反映了人体组织器官间在化学物质摄取、分布和清除方面的相互作用。

第二节　环境暴露组学的液相质谱分析方法

环境暴露组学旨在评价整个生命过程的全部环境因素对机体疾病和健康状态的影响，因此如何系统和全面考察复杂暴露组样本中所有环境暴露相关的标志物是暴露组学的关键点。基于液相色谱的质谱技术（liquid chromatography-mass spectrometry，LC-MS）分析复杂样品具有高效、高通量、高分辨率和高灵敏度等特点，可以为暴露标志物的全面鉴定提供可行性技术。因此本节接下来将介绍LC-MS技术的基本原理、特点及在环境暴露组学中的应用。

一、环境暴露组学的液相分析方法

（一）液相色谱基本原理

在色谱分析中，以液体为流动相的分析方法通称为液相色谱法。液相色谱分析过程中，溶解在流动相中的不同组分与固定相的相互作用程度不同，导致被洗脱速率不同，最终各种组分先后流出色谱柱到达检测器，达到分离的效果。

按照流动相中的溶质和固定相的相互作用机制区分，液相色谱可分为分配色谱（partition chromatography）、吸附色谱（absorption chromatography）、离子交换色谱（ion exchange chromatography）和分子排阻色谱（molecular exclusion chromatography）四种主要类型。分配色谱是指利用不同组分在流动相和固定相中的分配系数（或溶解能力）不同从而实现分离。吸附色谱是指利用流动相中的不同组分和固定相吸附剂的吸附能力差异实现分离。离子交换色谱是流动相中的溶质离子与固定相表面带相反电荷官能团的静电作用力不同而得以分离。分子排阻色谱中的固定相材料与溶质分子不存在相互作用，但其表面具有较多不同尺寸的孔隙，这使得分子量较小的溶质通过孔隙被洗脱，滞留时间较长，而尺寸较大的分子不能进入孔隙只能沿着固定相材料分子间隙被洗脱，滞留时间较短，因此可以分离不同分子量的溶质。

按照操作形式区分，液相色谱法可以分为柱色谱法和平面色谱法。其中柱色谱法是最常见的分析方法，也是目前在环境暴露组分析中应用最广泛的一种分离模式，因此本小节接下来会重点介绍柱色谱法的分类及特点。

（二）液相柱色谱法的种类及特点

1906年，俄国植物学家Michael Tswett将碳酸钙粉末装入直立的玻璃管中，用石油醚当流动相成功分离了植物叶子石油醚提取物中的不同色素，开创了柱色谱法的先河。柱色谱（column chromatography）是一种将固定相装填于柱状金属或玻璃管内，且整个色谱分离过程都在柱内进行的色谱分析方法。柱层析法是一种经典的柱色谱法，其原理是利用样品中各组分的分子形状大小、溶解度和极性等性质的差异，使各组分逐步被洗脱。柱层析法具有操作简单、进样量大等优势，既可以用于少量组分的分析，也可用于大规模的纯化和制备。但在柱层析中，流动相在重力作用下向下流动，因此柱压较低，流速较小，分离速度较慢，且固定相填料粒径均较大，使提高柱效和分离度具有很大的局限性。

相较于柱层析法，高效液相色谱法（high performance liquid chromatography，HPLC）是一种改进的自动化程度较高的柱色谱法，其主要特点是高压、高速、高效和高灵敏度等。在高效液相色谱系统中,首先高压输液泵输送流动相通过色谱柱,其最大耐受压力一般为 6000 psi 左右,能够支持流动相的高流速洗脱。其次色谱柱的固定相通常是由粒径 5~20 μm 的固体颗粒(如二氧化硅等)制成的材料,因此柱效和分离度远远高于经典的柱色谱法。相较于气相色谱,高效液相色谱不需要待测组分满足一定的挥发性和热稳定性,样品前处理简单且没有烦琐的衍生化,分离温度低,分离物质快速、高效。最重要的是,高效液相色谱可以结合质谱技术等其他高灵敏度、高选择性的检测器,可以纯化和制备单一组分,是目前环境暴露组学研究中最常用的分析技术。

高效液相色谱系统由流动相储液瓶、高压输液泵、进样器、色谱柱、检测器、和记录仪等组成,其中色谱柱是决定分离模式的核心部件。高效液相色谱中常用的色谱柱有正相(normal phase,NP)、反相(reverse phase,RP)、亲水性相互作用(hydrophilic interaction chromatography,HILIC)和离子交换(ion exchange chromatography,IEC)等其他类型。根据化合物的性质,选择相应的分离模式,可以提高对样品的分析灵敏度和选择性。

1. 反相液相色谱法

反相液相色谱法在所有的液相色谱分离模式中占到 90%,是目前发展最成熟和使用最普遍的分离模式,已经被广泛应用于环境暴露组中非极性和中等极性化合物的分离和鉴定。如图 3-8 所示,反相液相色谱柱通常采用非极性固定相材料,如在硅胶颗粒上通过化学反应键合 C_8 或者 C_{18},流动相多采用极性洗脱液(如水、甲醇、乙腈和异丙醇等),通过调整水相和有机相的比例来控制分析物的洗脱顺序。不同物质的洗脱保留时间随着分析物的疏水性、固定相的疏水性以及流动相极性的增加而增加。

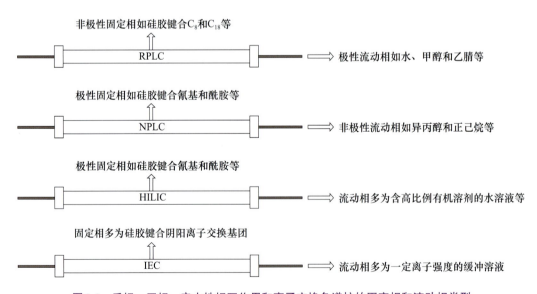

图 3-8　反相、正相、亲水性相互作用和离子交换色谱柱的固定相和流动相类型

2. 正相液相色谱法

正相液相色谱法广泛应用于暴露组中极性化合物的分离。如图 3-8 所示,正相液相

色谱柱通常采用极性较大的固定相材料，如在硅胶颗粒上修饰氰基、醇羟基和酰胺等极性基团，流动相通常为极性较低的异丙醇、三氯甲烷和正己烷等溶剂。溶质分子的保留依赖于分析物与固定相极性基团的相互作用，因此非极性或极性较小的物质先被洗脱出来。

3. 亲水性相互作用色谱法

在反相色谱法中，通常极性、弱酸或弱碱性的分析物不能被很好地保留，而使用亲水性的正相色谱法可以很好地解决这个问题，也即亲水性相互作用色谱法。如图3-8所示，亲水性相互作用色谱法采用和正相色谱类似的极性固定相（如在硅胶表面修饰氰基和酰胺等极性基团），同时流动相是与反相色谱类似的水相和有机相体系，但洗脱体系中有机相的比例一般超过50%。亲水性相互作用色谱法广泛应用于复杂暴露组样品中极性物质的分析。

4. 离子交换色谱法

亲水性相互作用色谱法可以用来分析强极性化合物及非挥发性的有机离子等，但是在分析离子型和可电离的分析物方面存在分离度低和峰形差等局限性。离子交换色谱法是利用分析物离子与固定相之间的静电作用力不同而实现分离，因此该方法在分离离子型和可电离分析物方面具有很大优势。如图3-8所示，该方法采用硅胶键合离子交换基团的离子交换柱，通常选择具有一定pH和离子强度的缓冲溶液当流动相进行洗脱。分析物的保留取决于总静电荷数目、电荷密度以及表面电荷分布等带电性质。离子交换色谱法目前已经被广泛应用于暴露组样品中有机和无机离子化合物的分析。

5. 其他液相色谱法

除了以上四种主流的液相色谱法外，手性色谱法和亲和色谱法等也在环境暴露组学分析中有一定的应用。手性色谱法可以用于复杂组分中对映异构体的分析，常用的方法包括：

（1）使用手性固定相进行对映异构体的拆分，如环糊精（cyclodextrins，CDs）、多糖、大环内酯类抗生素和冠醚等固定相材料；图3-9A是经典手性固定相材料β-环糊精的结构，其中包含7个葡萄糖单元。其整个外形呈水桶状，桶的小口是由葡萄糖单元的伯羟基组成，大口由葡萄糖单元的仲羟基组成，内腔具有明显的疏水性，这种独特的空间结构决定其能够选择性地包结不同结构的分子，因此被广泛用做手性固定相材料。

（2）构建手性流动相环境进行对映异构体的拆分，如把环糊精和手性离子对试剂等添加至流动相中。

（3）手性衍生化：使用衍生化试剂把一对对映异构体转换成非对映异构体，再使用主流的液相色谱法进行分离检测。图3-9B为亲和色谱法的基本原理示意图，其是利用生物大分子间的专一和可逆的结合来实现组分的分离和纯化，是一种选择性最强的液相色谱方法。

近年来，超高效液相色谱（ultra-high performance liquid chromatography，UPLC）是在高效液相色谱基础上发展起来的一种液相技术。该技术采用了更小粒径（小于2 μm）

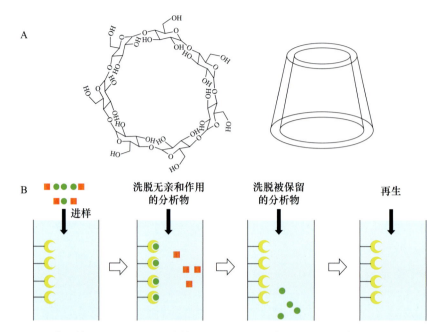

图3-9 经典手性固定相材料β-环糊精的结构（A）和亲和色谱法的基本原理示意图（B）

的固定相填料，以及压力更高的输液系统（6000～19 000 psi），使得该技术具有以下更优越的性能：更高的柱效；更短的分析时间；更高的峰容量；更少的溶剂消耗量；更低的基质效应和更高的离子化效率等，因此超高效液相色谱法在暴露组学分析中的应用更加广泛。

（三）多维液相色谱法

近年来，随着色谱柱的固定相类型、填料粒径和高压输液系统的技术创新，液相色谱法的发展已逐步趋于完善。但总体来讲，一维色谱的峰容量有限，在快速分离复杂样品方面仍具有一定的局限性，因此色谱的分离模式也逐渐由一维模式向多维模式发展。

多维液相色谱法是指将两种以上不同分离机制的色谱柱进行联合使用，与一维液相色谱相比具有更高的分辨率和峰容量，尤其适用于复杂环境暴露组样本的分析，其中最常见的是二维液相色谱。二维色谱的峰容量取决于各自分离机制的正交性，正交性越大，峰容量和分离能力也越强。二维液相色谱根据操作模式分为离线和在线两种类型。如图3-10所示，离线模式是指先将一维液相不同保留时间的洗脱物收集保存，经浓缩复溶后再分别进入第二维液相进行分析，该模式操作相对复杂，但对仪器的要求较低。在线模式是指一维液相的洗脱物直接进入二维液相进行分析，这种模式自动化程度较高，可降低人为误差，但对仪器技术要求较高。目前常见的二维液相色谱法有RPLC和NPLC二维液相色谱，RPLC和HILIC二维液相色谱等。Tiantian Zuo等研究者使用HILIC和RPLC二维液相色谱法结合离子迁移技术从人参粉末样品中共鉴定出

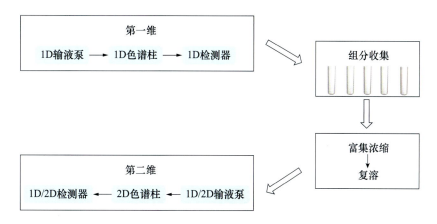

图3-10　经典离线二维液相色谱法的基本原理示意图

323个人参皂苷类植物代谢物，为植物代谢物暴露组的精确轮廓分析提供参考。

二、环境暴露组学的质谱分析方法

（一）质谱分析基本原理

质谱（mass spectrometry，MS）是根据化合物的质荷比（mass-to-charge ratio，m/z）进行鉴定的分析技术，包括离子源、质量分析器和检测器三部分。

样品分子首先在离子源被离子化成带电离子，然后被加速和聚焦进入质量分析器，在质量分析器中离子依据m/z大小不同而进行分离，先后到达检测器被检测，经电脑记录并转换成质谱图。

MS在多种研究领域得到广泛应用，包括化学、生物学、医学、环境科学等，用于化合物定性、定量、结构解析、代谢组学、蛋白组学、药物研发以及其他研究领域。

（二）离子化技术

离子化技术是质谱仪器的首要核心功能，因为化合物只有先被离子化后才能进入质量分析器，最后达到检测器被检测。小分子代谢物组学分析常用的离子化技术主要包括电子轰击（electron impact，EI）、电喷雾电离（electrospray ionization，ESI）、基质辅助激光解吸离子化法（matrix-assisted laser desorption ionization，MALDI）、大气压化学电离（atmospheric pressure chemical ionization，APCI）、大气压光致电离（atmospheric pressure photoionization，APPI）等。

1. 电子轰击（Electron impact，EI）

如图3-11所示，EI是最经典的离子化技术，其原理是通过高能电子束轰击气态样品分子，引起样品分子中的电子溅射出来，形成带有正电荷的分子离子（M^+）（或M^{z+}，$z=1,2,\cdots$）。当这些离子内能过高时，可以进一步碎裂形成碎片离子，从而可以提供前体离子的结构信息。电离电压（能量）通常为70 eV。此外，具有一定热能量（0.1～0.01 eV）的轰击电子，由于在分子中电子亲和力作用下被捕获，形成富有电子的分子离子[M]⁻，但是由于灵敏度很低，一般不会应用于实际检测中。

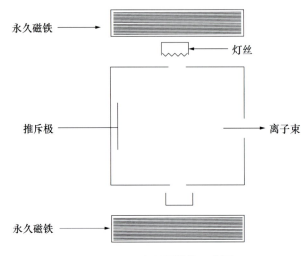

图3-11　EI离子源结构示意图

EI的优点是技术成熟、结构简单、峰重现性好、离子化效率高、碎片离子多。EI-MS技术适合分析易挥发、热稳定的化合物，常用于有机化学、分析化学、环境分析、法医学等领域。但不适合分析大分子、难挥发或热不稳定的分子，所分析的成分质量局限在小于1000道尔顿，因为这类成分在高能电子束的作用下可能会被分解和蒸发。EI-MS经常与气象色谱（Gas chromatography，GC）联用。

2. 电喷雾电离（Electrospray ionization，ESI）

ESI是一种"软"电离技术，电喷雾原理的最早发现可以追溯到1917年，而应用在质谱上是在1984年以后，20世纪80年代末开始逐渐被广泛重视。

首先，样品分子溶解于易挥发的溶剂中，被引入ESI离子源施加高压电的毛细管中，产生气溶胶喷雾，在同轴雾化气的共同作用下，形成带有密集电荷的雾状液滴，样品中的分子也被包裹在带电液滴中（图3-12）。向喷雾区引入逆向的氮气流可以加快雾状液滴的脱溶剂速度。由于带电液滴中溶剂的不断蒸发，液滴表面电荷的密度持续增加，产生库伦爆炸，带电液滴分解成更小的液滴，这一过程持续反复进行，直至形成气态单电荷或多电荷离子，并进入质量分析器被分离和检测。

当用正电场时，在ESI温和条件下样品分子通常带上质子、碱金属离子等生成正电荷的加合离子。当用负电场时，通过除去质子或其他阳离子而生成负离子。所带电荷的多少取决于分子中酸性或碱性基团的体积和数量。

ESI可以使大分子形成多电荷离子，减小了m/z数值，这有助于质谱检测到其精确质量数。由于质谱仪测量的是质量电荷比（m/z），其扫描范围只有几千质量数，利用ESI法却能够检测质量数达十万的生物大分子。质谱的质量分析器根据m/z数值来分离

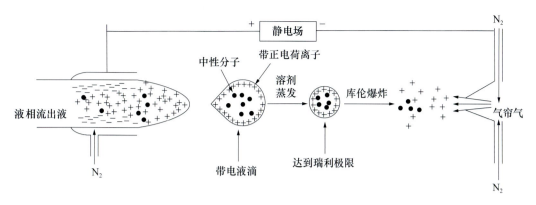

图3-12　ESI离子化机制示意图

不同离子，形成含有样品分子相对丰度和m/z信息的质谱图。

ESI在质谱分析中是较为常用的离子化技术，适合电离化合物的种类非常广泛，包括小分子有机化合物、多肽、蛋白质、核酸和碳水化合物，ESI尤为适合分析极性和热不稳定化合物。ESI经常与LC联用来分离鉴定复杂体系中的有机分子，广泛应用于蛋白组学、代谢组学、制药分析、环境分析等领域。

3. 基质辅助激光解吸离子化（matrix-assisted laser desorption ionization，MALDI）

虽然，激光解吸（laser desorption，LD）质谱法（1963年）早已用于难挥发、热不稳定化合物的分析，但是，LD法直到采用基质辅助之后，才开始被广泛重视。MALDI质谱法是1987年以后被正式确立的一种新型软电离技术。

MALDI技术，需要基质化合物的参与，吸收激光能量并与目标分析物形成晶体结构。首先将样品溶解或悬浮于基质中，脉冲激光束照射到基质和样品上。基质吸收激光束能量后被气化并将样品分子解吸到气相中，在此过程中激光的大部分能量被基质所吸收，大量的基质使样品有效分散，减少被分析样品分子间相互作用，从而减少了样品分子被激光能量破坏及过度电离成碎片离子。

基质（小分子有机物）必须是强烈吸收入射激光辐射的分子，基质分子吸收辐射后，吸收的能量在基质中诱发冲击波，从而释放出完整大分子的气相分子离子。MALDI中离子的形成，通常被认为包括质子化、碱金属离子的加合和光离子化等。电离的分子离子被加速进入电场，依据质荷比在质量分析器分离，到达检测器被检测，最后输出包括离子丰度和质荷比信息的质谱图（图3-13）。MALDI主要与飞行时间（time of flight，TOF）质谱仪联用，目前，MALDI-TOFMS已经被广泛地应用于蛋白组学、新药研发、临床诊断、多肽等大分子的分析。

MALDI尤其适合其他离子化技术难于电离的化合物，包括不挥发和热不稳定的成分。因此，它特别适合于生物样品的分析，避免了质谱分析前样品的复杂纯化过程。分析化合物的分子量可达数十万至百万质量数，并可分析混合物。MALDI法的另外一个特点是对样品的要求很低，可以允许样品中含有相对高浓度（几百毫摩尔）的缓冲剂、盐及变性剂等非挥发性成分。然而，含有破坏样品结晶过程的成分（杂质）则不

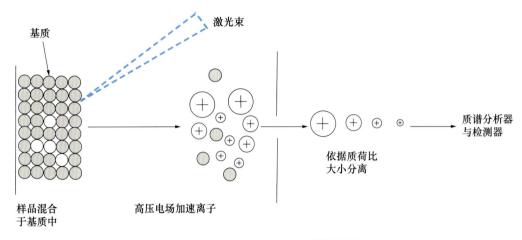

图3-13　MALDI-TOFMS工作示意图

利于样品的离子化。与ESI相比，MALDI只能产生单电荷离子，限制了其检测生物大分子的能力，如蛋白、核酸等。

4. 大气压化学电离（atmospheric pressure chemical ionization，APCI）

APCI的离子化过程是在气相中实现的，这与ESI液态中完成离子化过程相反。首先，样品以气态或气溶胶的状态与雾化气混合并被引入质谱离子源中。雾化气有助于样品形成微滴或薄雾，这些微滴被送入电晕放电针区域（图3-14）。电晕针放电产生高能等离子体，使气相中的分子或微滴表面分子发生电离。电离过程是质子转移反应，正离子模式下，产生质子化离子或者反应气加合阳离子；负离子模式，产生去质子化离子或反应气加合阴离子。质子转移反应可以直接由来自电晕针放电产生的电荷转移引起，或由分子离子反应引发。样品分子离子化后，被立刻送入质谱仪的质量分析器分析。通常与APCI联用的质量分析器包括四极杆、飞行时间和离子肼分析器。

APCI适合分析热稳定性好的样品，电离中等极性、弱极性、非极性化合物，并与

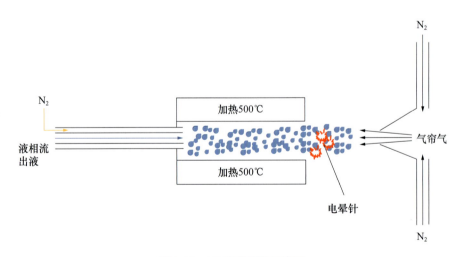

图3-14　APCI离子化示意图

不同溶剂和流动相具有广泛的兼容性。由于其在大气压条件下工作,免除了对真空电离环境的要求。APCI只产生带单电荷的产物,由于不能产生一系列的多电荷离子,因此不适合分析生物大分子。

5. 大气压光致电离(atmospheric pressure photoionization)

大气压电离源的工作原理是利用电场和化学反应来产生离子。在电场的作用下,气体分子会发生电离,产生正离子和负离子。同时,化学反应也会产生离子。如图3-15所示,样品和流动相进入离子源时,首先在雾化气和高温作用下被气化,进而吸收紫外灯发射的光子后丢失电子并形成自由基离子($M^{+\cdot}$)。溶剂分子的电离能(ionization energy,IE)低于10.6 eV时也会被电离。当第一步的光致电离反应发生后,具有较高的质子亲和势能(proton affinities,PA)的化合物比较容易与自身或溶剂分子反应生成质子化的分子离子$(M+H)^+$。

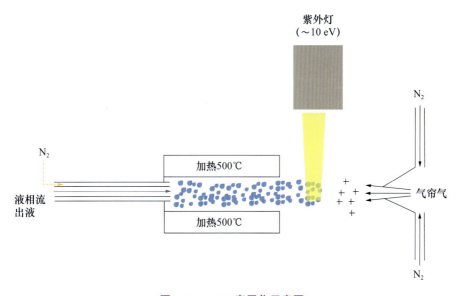

图3-15 APPI离子化示意图

大气压条件下,单凭光致电离的效率是远远不够的,因为光子比较容易被中性分子吸收,经过无辐射衰变过程而失去能量。为了增加离子化效率,经常往APPI离子源中引入掺杂剂(dopant,D),要求其IE小于10 eV,该掺杂剂可以高效地被光子电离。在光致电离过程中,掺杂剂形成的分子离子($D^{+\cdot}$;$D+h\nu \rightarrow D^{+\cdot}+e^-$)可以进一步与样品分子或离子源中的其他成分反应。当样品分子(M)的电离能低于掺杂剂的IE时,可能会发生电荷交换反应($D^{+\cdot}+M \rightarrow M^{+\cdot}+D$)。发生光致电离后,$D^{+\cdot}$可以被水或溶剂(Solvent,S)簇溶剂化($D^{+\cdot}+nS \rightarrow [D^+ \cdot S_n]$),这一过程非常迅速,可以导致最初的溶剂簇分解,并形成带电溶剂簇和中性掺杂剂自由基($[D^+ \cdot S_n] \rightarrow S_n+D$ 或 $[D^+ \cdot S_n] \rightarrow [S_n+H]^+ + [D-H]$)。带电的溶剂簇可以与样品分子发生缔合反应($[S_n+H]^+ + M \rightarrow [M+S_{n-1}+H]^+ + S$ 或 $[S_n+H]^+ + M \rightarrow [M+S_n+H]^+$)。在进入质谱的质量分析器入口时，上述缔合体经电场驱动的碰撞分解反应后，质子会留在具有高PA的化合物上形成分子离子（M+H）⁺、溶剂分子离子（S+H）⁺或掺杂剂分子离子（D+H）⁺。

APPI适合分析的化合物类型非常广泛，可以使极性和非极性小分子同时离子化，可以分析ESI难于电离的化合物。对于紫外波长有强烈吸收的化合物，APPI的离子化效率和灵敏度非常高，有利于检测复杂样品中低丰度和微量的成分。与ESI和APCI相比，APPI显著降低了基质效应和离子化的抑制，对于缓冲盐有更好的耐受特性。APPI不适合分析热不稳定和难以挥发的成分，不适合分析在紫外波长呈现较弱或无吸收的化合物。APPI引入的掺杂剂经常导致谱图更为复杂和较高的背景噪声。

APPI广泛用于制药、天然产物、人体中的有害物质、食品安全、环境污染物、石油化工等领域的分析。

（三）质量分析器

质量分析器是质谱仪的重要核心部分，其作用是依据m/z分离和分析离子。目前常用的主流质量分析器包括四极杆（quadrupole，Q）、飞行时间（time-of-flight mass analyzer，TOF）、傅里叶变换离子回旋共振（fourier transform ion cyclotron resonance，FT-ICR）。

1. 四极杆质量分析器（Quadrupole，Q）

如图3-16所示，四极杆质量分析器是由四根平行的金属棒组成方形或矩形结构，相对的极杆被对角地连接起来，构成两组电极。在两电极间施加射频电场和直流电场。通过对直流电压和射频电压进行扫描，只有选定m/z的离子可以稳定地在四极场震荡并顺利通过后到达检测器，其余m/z离子则被电极中和，而无法通过四极杆过滤器。因此，四极杆质量分析器的功能是起到质量过滤的作用。

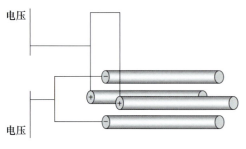

图3-16 四极杆质量分析器结构示意图

四极杆分析器可以和自身串联（图3-17），Q1和Q3是两组四极杆，q2是只带有射频电压的碰撞室，共同组成经典的三重四级杆质量分析器（QqQ）。具有多重扫描功能（图3-18），包括子离子扫描（product ion scan）、母离子扫描（precursor ion scan）、中性丢失扫描（neutral loss scan）、选择反应监测（selected reaction monitoring，SRM）。

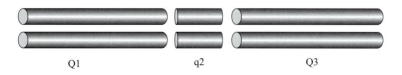

图3-17 串联四极杆结构示意图

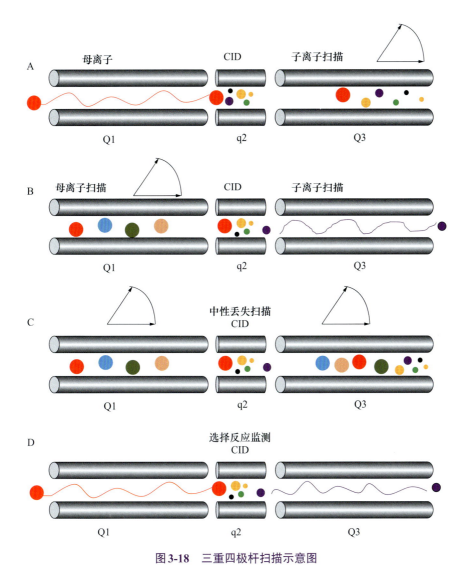

图3-18 三重四极杆扫描示意图

子离子扫描原理是通过Q1选择特定的母离子，允许其进入q2碰撞室并与气体发生碰撞导致母离子碎裂，碎裂后的离子进入Q3被筛选分析。母离子扫描与子离子扫描顺序相反，先用Q3选择来自q2碎裂后特定的子离子，然后再用Q1扫描分析可能的母离子。该功能可用于筛查具有相同结构片段或官能团的化合物。中性丢失扫描的工作原理是同时设定Q1与Q3一个固定的扫描范围，要求Q1与Q3始终有一个恒定的m/z差。当扫描Q1与Q3满足这个质量差时，到检测器的离子信号会被检测到。该功能可从复杂基质中鉴定出具有部分相同结构的成分。比如带有葡萄糖苷结构的化合物，经过裂解会发生中性丢失质量数为162（葡萄糖苷脱水）道尔顿的反应，因此可以借助中性丢失扫描来筛查并汇总带有葡萄糖苷片段的化合物。SRM功能是设定Q1扫描固定的母离子，Q3扫描特定的子离子。这一扫描模式可能同时监测多个母离子-子离子对，称作多反应监测（multiple reaction monitoring，MRM）。MRM具有很高的特异性和灵敏度，被称作定量的金标准。

2. 飞行时间质量分析器（time-of-flight mass analyzer，TOF）

高分辨质谱仪（high-resolution mass mpectrometry，HRMS）在一次分析中可以精准定性、定量分析样品中成百上千个成分，已成为现代研究领域不可或缺的分析工具。如图3-19所示，飞行时间质谱原理是通过检测离子从进入离子源（ion source）开始到达检测器的时间和飞行距离，来计算离子的m/z。在TOF分析器中，离子被高压电场加速进入漂移区，进而穿过没有电场的飞行管（flight tube），最终到达检测器（detector）。

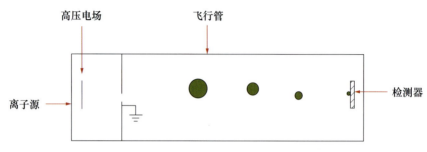

图3-19 TOF分析器工作示意图

与另外两种高分辨质量分析器FT-ICR和Orbitrap相比，TOF扫描速度快2～3个数量级，有更宽的质量范围，结构简单，造价低廉。其主要的不足之处是分辨率低于FT-ICR和Orbitrap。

3. 傅里叶变换离子回旋共振质量分析器（fourier transform ion cyclotron resonance mass analyzer，FT-ICR）

1974年出现了第一台傅里叶变换离子回旋共振质谱仪（FT-ICR），其分辨率高于所有其他类型的质谱。对于质荷比小于1000道尔顿的分子，FT-ICR检测的分辨率可以超过10^7。

其基本原理是依据离子在均匀磁场中的回旋频率来计算质荷比。如图3-20所示，FT-ICR质量分析器置于超导磁场中。离子沿着平行于磁场方向进入处于高真空的立方空腔（分析室），分析室形状也有圆柱形的潘宁阱。与磁场方向相垂直的捕获电极（Trap）被施加一低直流电压，形成一个静电场，离子被拘禁在里面。离子由于受到磁场的作用，在垂直于磁场的平面做回旋运动，此回旋频率正比于离子的质荷比。在平行于磁场方向上的发射电极施加一个射频电场，来诱发相干震荡。当离子回旋频率刚好与射频电压的频率相同时，将共振吸收能量，其回旋轨道半径与速度会逐渐增加，频率保持不变。当一组离子发生同步回旋时，在检测电极上会产生镜像电流。在FT-ICR立方体中，两个检测电极通过电阻接地。在电阻两端形成随时间变化的交变电流，其频率和离子回旋频率相同。将这一变化的时间和频率经傅里叶变化后，就可以计算出离子的质荷比。

FT-ICR具有超高分辨率的优势，能够区分m/z数值极为接近的离子，质量准确度

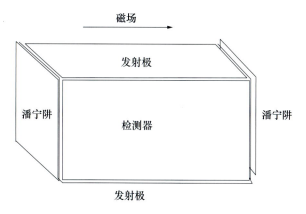

图 3-20 FT-ICR 质量分析器结构示意图

小于 1 ppm，被广泛用于蛋白组学、代谢组学、石油组学和其他领域的小分子研究。但是其价格昂贵，要求复杂的电场、高真空条件和精密的磁场环境，大大限制了其应用。

4. 静电场轨道阱质量分析器（orbitrap mass analyzer）

Orbitrap 质量分析器由外筒装电极和中心纺锤状电极构成（图 3-21），离子被拘禁于内外电极中间的空间电场中，并沿着中心纺锤状电极轨道震荡。根据离子的振荡频率来计算其质荷比。

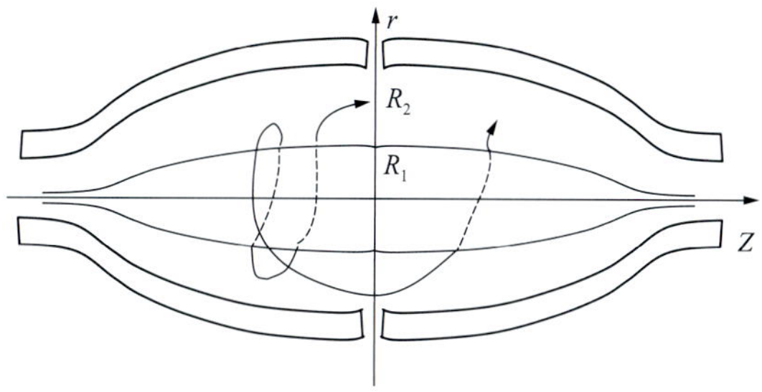

图 3-21 Orbitrap 质量分析器结构示意图

与 FT-ICR 相比，Orbitrap 工作时不需要液氮制冷的超导磁场条件和附加的激发组件，成本相对较低，维护简单，且同时具备超高的分辨率和质量准确度。Orbitrap 分辨率最高可达 10^6，其不足之处是当进入分析时的离子过多时会产生空间电荷效应，导致分辨率和质量准确度下降。

三、基于液相色谱的质谱分析方法在环境暴露组学中的应用

近年来，基于各种类型的超高效液相色谱质谱联用技术已经广泛应用于内外暴露组的轮廓分析。例如，Xie 等研究者使用超高效液相色谱串联四极杆飞行时间质谱从吸烟者和非吸烟者的尿液样本中检测到 116 个硫醇尿酸类代谢物，其中 46 个代谢物的含量在吸烟人群的尿液中显著上升，该研究为烟草烟雾中有毒物质的环境暴露标志物鉴定提供参考。Krausová 等研究者使用超高效液相色谱串联三重四极杆质谱技术在婴儿粪便中检测到并半定量了 32 种霉菌毒素，该研究在婴儿霉菌毒素暴露下肠道菌群的发育和外源毒素的风险评估方面具有重要意义。

暴露组学分析样本覆盖水、空气、土壤、灰尘、植物、食品、人类样本等，其分析的目标成分包括全氟和多氟烷基物质，水中残留的药物，土壤中残留的杀虫剂和多环芳香族化合物，空气中挥发性和半挥发性有机物，灰尘中的阻燃剂，食品包装中的

塑化剂，人体内的塑化剂、杀虫剂和卤代化合物。暴露组学研究所采用的分析工具中，LC-HRMS使用的比例为51%，GC-HRMS占比为32%。由此可见，虽然LC-HRMS是暴露组学分析的主流技术，仍需要预先评估分析样本中目标成分的理化性质，以便采取更有针对性的分析方法。未来的液质联用技术仍应朝着多维度方向发展，结合多种互补的分析技术，进一步提高对痕量物质的分析灵敏度，同时实现内外暴露组的高精准结构鉴定以及高通量轮廓分析。

第三节　环境暴露组学的离子迁移谱分析方法

一、离子迁移谱的基本原理

离子迁移谱（ion mobility spectrometry，IMS）是依据气相离子在电场作用下的迁移率不同而进行分离和分析的技术，常用于分析化学成分、环境监测和安全筛查等[59]。

离子迁移谱中，来自样品的离子被注入充满缓冲气体的漂移管中，沿着漂移管方向施加一个电场，推动离子向漂移管另一端的检测器移动。其迁移速率取决于离子的大小、形状、所带电荷以及与缓冲气体分子间的相互作用。

当离子穿过漂移管时，会与缓冲气体分子发生碰撞，导致动能损失和速率下降。不同离子速率下降的数值都是固定的且各不相同，因此可以根据这一特征即迁移率将它们彼此分离。

离子经过分离后先后达到检测器被检测和分析，通常用质谱（Mass Spectrometry，MS）作为检测器来定性、定量分析来自样品中的离子。运用离子迁移与质谱联用技术（IMS-MS），可以增强检测与鉴定各种化合物的特异性和灵敏度，包括化学品、爆炸物、药物与环境污染物。

二、离子迁移谱的基本分类

IMS基本可以分为5大类，包括漂移时间离子迁移谱（drift-time ion mobility spectrometry，DTIMS）、高场不对称波形离子迁移谱（high-field asymmetric ion mobility spectrometry，FAIMS）、吸入离子迁移谱（aspiration ion mobility spectrometry，AIMS）、行波离子迁移谱（travelling wave ion mobility spectrometry，TWIMS）、捕集离子淌度质谱（trapped ion mobility spectrometry，TIMS）。

（一）漂移时间离子迁移谱（drift-time ionmobility spectrometry，DTIMS）

DTIMS的研究与应用非常广泛，它是唯一可以直接根据离子迁移率提供碰撞截面积（collision cross sections，CCS）的离子迁移技术。图3-22A展示了一个简单的漂移管装置，里面充满了缓冲气体，压力方向与电场相反。一系列电阻器与施加的直流电压在漂移管中形成弱电场，这里是一个负压环境（1～15 mBar），电压通常是2.5～20 V/cm。施加的电压需要随着漂移管的压力升高而增加，但是电压的提升不可导致缓冲气体的分散。通常缓冲气体为氦气、氮气、氩气或混合气体。

DTIMS工作时，离子并不是连续不断地被引入漂移管，而是由离子门间歇式地放入一定量的离子进去。这些定量离子注入漂移管的持续时间在100～200 μs。由于对注入离子量的限定，降低了分析方法的灵敏度，仅有0.1%～1%的离子能到达IMS。当离子被引入漂移管后，在穿过缓冲气体的过程中，迁移率不同的离子会被逐渐分开。例如，带有两个电荷的离子，受到电场的驱动力是单电荷离子的2倍，因此当离子的外形相同时，二价离子的迁移率要高于一价离子，会以更快的速度和更短的时间穿过漂移管。同样，大体积的离子会比小体积离子与缓冲气体分子发生更多的碰撞，需要用更长的时间通过漂移管。

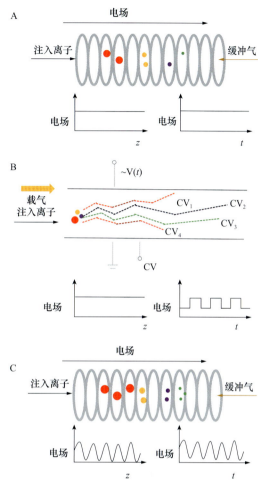

图3-22　漂移管工作示意图
A. DTIMS分离原理；B. FAIMS分离原理；
C. TWIMS分离原理

离子穿过漂移管的时间一般是毫秒级，因此可以很快地分离不同离子。离子迁移公式表明，漂移管的长度可以影响离子在里面的穿过时间和迁移率。漂移分辨率（$t/\Delta t$）公式表述如下：$t/\Delta t \approx (LEze/16k_BT \ln2)^{1/2}$；$t$，离子通过漂移管的时间；$\Delta t$，相邻离子通过漂移管的时间差；$L$，漂移管长度；$E$，电场力；$ze$，离子电荷数；$k_B$，玻尔兹曼常数；$T$，温度。增加漂移管的长度、电场力，或降低缓冲气体的温度可以增加漂移分辨率。通常漂移管的长度是1 m。有研究表明，将漂移管的长度增加到2 m，可以提升漂移管分辨率。具有低温环境的漂移管，与更高分辨率的IMS联用可以分离高度复杂的混合物或异构体。

（二）高场不对称波形离子迁移谱（high-field asymmetric ion mobility spectrometry，FAIMS）

在高电场作用下（>10^4 V/cm），离子迁移速率并不遵循DTIMS的原理。此时，离子的迁移率由电场的强度决定，而这一电场强度在离子的整个运动过程中都是在变化的。如图3-22B所示，在距离只有约2 mm的两个平板中间施加一个不对称电场。当离子向其中任何一个平板运动时，受到不断变化的场强影响，而在两个平板间做有规律的震荡。例如，在一个平板上的电场强度可以是另一个平板的2倍。与DTIMS缓冲气体运动的方向相反，HFAIMS的缓冲气体的流动方向与平板平行，并与离子的运动方向一致，使得离子的行进路线垂直于电场方向。通过在平板上施加一个补偿电压，可以使离子在向电极方向运动的同时，不触碰到电极壁，特定的补偿电压，只允许特定的离子通过漂移管。因此，进行补偿电压扫描可以测到一系列不同迁移率的离子，这一原理类似于质谱的四极杆质量分析器。FAIMS允许离子束连续不断地被注入到漂移管，而DTIMS则是脉冲式地让一定量离子进入漂移管。

FAIMS的优势是具有高选择性，可以高效分离复杂的混合物，且样品损失少。与传统的单一质谱仪相比，FAIMS减低了化学基质干扰，并改善了检测限，已应用于各个领域，包括蛋白组学、代谢组学、环境分析和制药分析等。如图3-22C所示，施加的直流电压是脉冲式的，这样离子可以沿着电势墙前行。

（三）行波离子迁移谱（travelling wave ion mobility spectrometry，TWIMS）

TWIMS来自于沃特世公司商业化的离子淌度技术。如图3-22C所示，漂移管由一系列堆叠的环形离子导向器组成，在里面施加的射频电压穿过连续的电极用于阻止离子的径向扩散。直流电压叠加在射频场顶部以使离子沿着漂移管轴方向移动。具有最高迁移率的离子在行波中翻转的次数最少，并以更快的速度穿过环形离子导向器。可以通过改变波幅、速率与缓冲气压力来优化环形离子导向器中的离子传输。在特定的应用中，环形离子导向器可以作为传输和储存装置，或用作碰撞室。TWIMS可以提供离子的构象信息。

TWIMS的优势包括：它可以分离结构异构、构象异构与混合物；在质谱获得离子质荷比的同时，TWIMS可同时补充结构与形状信息。TWIMS的应用领域包括代谢组学、蛋白组学、脂质组学和小分子分析。

（四）吸入离子迁移谱（aspiration ion mobility spectrometry，AIMS）

如图3-23所示，空气持续吹入AIMS。分子离子化后，离子簇在电场作用下穿过离子迁移室（ion mobility cell，IMCell）。IMCell包括8对电极。电场驱动离子簇按照离子迁移率的大小顺序去先后撞击电极。具有高迁移率的离子与第一检测板发生碰撞。具有低迁移率的离子则以较慢的速度摆脱气流飞向检测板，因此这些离子将撞向第二、第三或更靠后的检测板。电场的正、负极会在一个周期内发生转换，从而使得正、负离子都可以被检测到。一系列离子簇通过与电极发生碰撞，并转换成电流（毫安）的形式，被8个正、负电极检测到。背景气流和离子前方气流的差值可以被监测到，正、负离子与总离子流也可以被检测到。AIMS可以提供半定量的结果，气流的振幅正比于

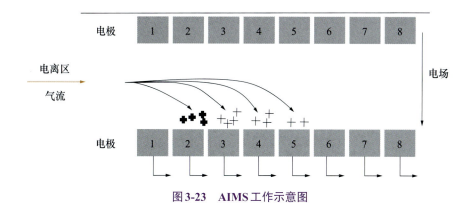

图 3-23　AIMS 工作示意图

离子的数量。

AIMS 具有技术原理和结构简单、仪器体积小的特点。AIMS 仅使用几个福特的直流电压来产生横向电场，以使离子发生偏转和分离。这些优点使得 AIMS 可以实现医疗保健中的快速检查。比如，AIMS 可以提供化学指纹图谱，来实现不同菌株的快速筛查。

（五）捕集离子淌度质谱（trapped ion mobility spectrometry，TIMS）

如图 3-24 所示，TIMS 由堆叠的环形电极组成，被称作分析器。每一个圆环被分成四个象限。在气流方向施加一个纵向直流电场横穿圆环，圆环的每一个象限给予一个射频电压。稳定的气流推动离子从离子源进入环形质量分析器，并被反向电势限定在圆环中。随着纵向直流电压的减弱，离子依据迁移率的不同先后离开圆环。TIMS 的特点是，允许设定离子肼并根据迁移率数值选择离子或不加选择完全通过

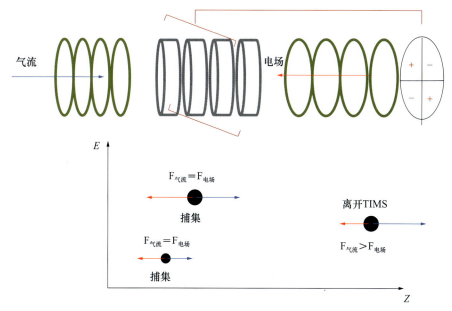

图 3-24　TIMS 工作示意图。气体驱动离子穿越离子淌度室途中，遇到逆向电场阻力。当气体驱动力与电场力阻力相等时，离子被拘禁于离子淌度室内；当气体驱动力大于电场力阻力时，离子离开 TIMS。

模式。

三、离子迁移谱-质谱联用技术在暴露组学中的应用

离子迁移谱通常与质谱联用（IMS-MS）常用于分析小分子异构体。代谢组学分析目标包括外源性（环境中）和内源性小分子代谢物、代谢中间体和代谢产物。代谢组学可以研究进入体内的化工产品、食物、药物、护肤品等外源性成分，称作暴露组学。来自环境中的成分非常复杂，需要有能够在一次分析中从成千上万个分子中筛查与鉴定出目标成分的分析手段。LC-IMS-MS 联用技术具有速度快、多维度分析的优势，是非靶向检测生物与环境样本中的小分子化合物的强有力工具。IMS-MS 和 LC-IMS-MS 与单一的 MS 或 LC-MS 方法相比，可以额外提供反映分子结构信息的碰撞横截面积（collision cross sections，CCS），从而提升了非靶向代谢组检测的选择性与覆盖度。由于不同分子均有其特定的 CCS 值与 m/z，IMS 拥有强大的分析不同类型小分子化合物的功能。

人们越来越关注环境污染对人体健康的影响。研究已证实，不完全燃烧的有机物产生的多环芳烃（polycyclic aromatic hydrocarbons，PAHs）、多氯联苯（polychlorinated biphenyls，PCBs）、多溴联苯醚（polybrominated diphenyl ethers，PBDEs）释放到环境中对人体健康有明确的危害作用，因此对这类成分的快速定性、定量检测尤为重要。通常的分析手段是采用气质或液质联用技术，这两个方法的缺点是比较耗时。与之相比，IMS-MS 可以从复杂的环境与生物样本中更为快速地检测到 PAH、PCB、PBDE 的前体与代谢产物及其同分异构体。

由于水循环过程中会带有不同来源的人造污染物，包括药物、杀虫剂和护肤品等，因此，非靶向检测技术是分析废水中污染物成分的强有力工具。LC-IMS-MS 比 LC-MS 单独使用，在定性方面具有更加快速和提供更多分析维度的优势。二维液相色谱（two-dimensional LC，2DLC）与 IMS-MS 联用具有四维分离的功能，进一步增加了峰容量。在一项城市污水成分的研究中，应用 LC-IMS-MS 技术，结合精确质量数和 CCS 值与数据库比对，检测到 22 种污染成分。当采用 2DLC-IMS-MS 联用技术分析相同的废水样品，则鉴定出 53 个污染成分。

IMS 技术显著提升了传统非靶向检测生物样本中外源性成分和环境污染物的定性能力。随着 CCS 数据库的不断扩大，IMS 的定性能力也会随之不断增强。

第四节 环境暴露组学的其他分析方法

现如今，基于气液相的质谱技术和离子迁移谱技术已经为暴露组的定性和定量分析提供了解决方案，且都具有高精度、高灵敏度和高通量的特点，但多种分析技

术联用进行组学分析已成为当今的研究趋势。目前除以上主流的分析技术外，还有核磁共振波谱技术（nuclear magnetic resonance，NMR）、毛细管电泳技术（capillary electrophoresis，CE）和原子光谱技术（atomic spectroscopy，AS）等其他分析方法，这些方法能够在一定程度上与上述主流分析技术互补，从而为暴露组的系统研究提供更全面且深入的见解。本节将详细介绍以上三种分析技术的原理、特点以及在暴露组学研究中的应用。

一、核磁共振波谱技术

（一）基本原理

核磁共振现象是指具有核磁性质的原子核（或称为自旋核），在外加强磁场的作用下，吸收频率为兆赫（MHz）数量级的电磁辐射，引起核自旋能级的跃迁。其中能级跃迁所产生的吸收谱称为核磁共振谱。核磁共振波谱法的基本原理可以概括如下（图3-25）：

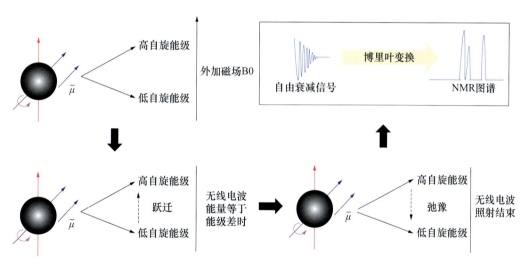

图3-25 核磁共振基本原理示意图

（1）原子核的自旋和磁矩：自旋量子数I不等于0的原子核，都有微观的自旋运动。由于原子核都带正电荷，这些电荷绕着自旋轴旋转时会产生电流，进而产生自旋磁场和自旋磁矩。

（2）原子核在外加磁场中的进动：当向原子核施加强外磁场时，核自旋磁场和外磁场会相互作用，使得原子核在自旋的基础上产生回旋，这种微观粒子的自旋和回旋运动称为进动（precession）。这种自旋运动下原子核的磁矩会有取向于外加磁场方向的趋势。

（3）原子核自旋能级分裂：无外加磁场时，原子核的自旋方向是随机分布的。当施加外磁场时，其自旋方向会产生不同的取向，取向数目等于磁量子数（magnetic quantum number）。不同的自旋取向所具有的能量不同，因此会形成自旋核磁能级分裂。

（4）核磁共振的产生：如果使用无线电波来照射样品，当施加的无线电波能量等于某种化学环境下的原子核的两个相邻能级能量差时，原子核就会吸收该无线电波能量，由低自旋能级跃迁至高自旋能级，此过程即为核磁共振现象。

（5）无线电波的释放和信号检测：当无线电波照射结束后，原子核自旋能级会逐渐由高能态恢复至低能态。在这个过程中原子核会释放出能量，检测器会接收到一个呈螺旋状递减的自由感应衰减信号（free induction decay，FID）。此信号经过脉冲傅里叶变换（pulse Fourier transform，PFT）后，即可得到一张NMR谱图。

（6）NMR谱图解析：从傅里叶变换后的谱图中，我们可以得到不同原子核的激发磁场强度、弛豫时间等参数。通常在核磁共振测定中我们会在样品中添加标准物质，如四甲基硅烷（tetramethylsilane，TMS）和4,4-二甲基-4-硅代戊磺酸钠（sodium 4,4-dimethyl-4-silapentanesulfonate，DSS）等。样品中处于不同化学环境的原子核与标准物质原子核的共振频率之差即为化学位移（chemical shift）。通过对共振信号谱图的解析，我们可以获得样品中不同核自旋的信息，如化学位移、偶合常数等，进而可以实现化合物的结构测定、生物活性的测定以及目标物质的精准定量分析等。

（二）核磁共振波谱技术的特点和优势

目前使用核磁共振波谱仪研究的原子核有 ^1H 核、^{13}C 核、^{15}N 核、^{19}F 核和 ^{31}P 核等，其中研究最多的两种原子核分别为 ^1H 核和 ^{13}C 核，所获得的谱图分别为氢核磁共振谱（^1H-NMR spectrum）和碳-13核磁共振谱（^{13}C-NMR spectrum）。氢核磁共振谱的特点是可以获得样品中氢核的类型、氢核分布以及氢核间的相互关系等信息，而碳-13核磁共振谱的特点是可以获得样品中化合物的碳骨架信息，两者的结果相互补充，可以帮助我们快速地鉴定目标化合物的结构。

前述一维核磁共振波谱法（one-dimensional NMR，1D NMR）虽然具有操作简单、测试时间短等优势，但是其图谱中不同化学环境原子核的共振谱线容易重叠，导致解谱难度增加。相比之下，二维核磁共振波谱法（two-dimensional NMR，2D NMR）具有一定的解谱优势，其是在两个维度上采用不同的脉冲序列采集核磁共振图谱，图谱中一个坐标表示化学位移，另一个坐标表示偶合常数，或另一个坐标表示同核或异核化学位移。常见的二维核磁共振谱有2D J分解谱（2D J-resolved spectroscopy）、二维相关谱（correlation spectroscopy，COSY）、杂核单量子相关谱（heteronuclear single quantum correlation spectroscopy，HSQC）、杂核多量子相关谱（heteronuclear multiple quantum correlation spectroscopy，HMQC）、二维NOE效应谱（2D nuclear overhauser effect spectroscopy，2D NOESY）和扩散序谱（diffusion ordered spectroscopy，DOSY）等，其中2D J分解谱可以同时获得一维氢谱中各峰的化学位移和偶合常数等信息；图3-26是经

典的 ^{1}H-^{1}H 二维相关谱，我们可以根据谱图中的交叉峰获得结构中有偶合关系的 H-H 峰对信息；杂核单量子和多量子相关谱可以获得样品中 C-H、N-H 或其他异核峰对的相连关系，其中 HSQC 比 HMQC 在 f1 一维上具有相对更高的分辨率，但测试结果受仪器设置和实验条件的影响较大；二维 NOE 效应谱可以获得不同氢核在空间上的相对距离和位置信息，从而有助于进一步确定分子空间结构；扩散序谱技术是利用脉冲梯度场核磁共振对样品溶液中具有不同扩散系数（diffusion coefficients，D）的成分进行分离，可以用于研究液体的分子扩散行为。总的来说，二维核磁共振波谱法可以实现对一维的补充，特点是能够优化一维核磁共振谱图中共振峰的谱线干扰和重叠等问题，并可以通过相关峰分析提高复杂化合物结构注释的准确度和可信度。

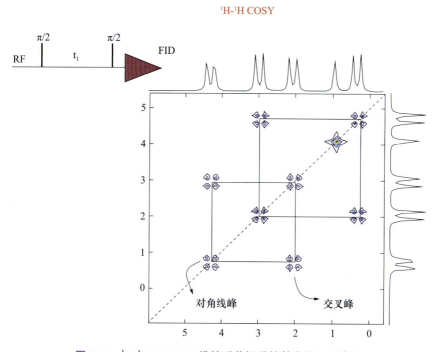

图 3-26 ^{1}H-^{1}H COSY 二维核磁共振谱的基本原理示意图

核磁共振波谱法是环境暴露组学和代谢组学等其他组学分析最早使用的技术之一。相较于气液相质谱分析技术，核磁共振波谱法具有如下优势：样品前处理简单，且可以做到无创检测；测试重复性好，且检测成本较低；可以获得丰富的结构和动态信息，尤其是样品分子的氢核和碳骨架信息，且对复杂样品中所有化合物的检测灵敏度都一样。但是核磁共振波谱法在小分子化合物检测方面仍具有以下局限性：检测灵敏度相对较低，低丰度的物质可能难以检测到；测量的动态范围较窄；化合物的化学位移容易受样品溶液条件的影响；复杂生物样品的谱峰重叠较严重，虽然目前已经有研究人员开发出各种去卷积算法，但仍需进行系统的评价和验证；缺乏系统完整的物质鉴定数据库等。

(三)核磁共振波谱技术在环境暴露组学的应用

核磁共振技术在系统生物学的研究中有广泛的应用,在环境暴露组学的研究方面也有更广阔的应用前景。在一定的暴露条件下,机体的体液、组织或其他生物标本中会出现特定的外源性代谢产物,它们可作为环境毒素或化学物质的暴露标志物。通过核磁共振技术对生物体内暴露标志物进行轮廓分析,我们能够确定体内所有的暴露因素,并从"自上而下"的角度揭示与人类疾病相关的未知暴露源,筛选出体内致病的有害外源因子,从而帮助评估环境暴露效果以及环境暴露下生物体生理状态的改变等。同时核磁共振技术也可以通过对空气和饮食等环境介质中的化合物进行定量和定性分析,从"自下而上"的角度研究这些环境因素与疾病和健康结局的相关性,确定与疾病相关的外源性暴露来源。例如,图3-27分别是有毒中药闹羊花暴露小鼠(图3-27A)和正常小鼠(图3-27B)的血清核磁共振氢谱图,其中不同的峰对应不同的代谢物,通过多变量统计分析能够得到该有毒中药暴露下小鼠血清成分的变化,从而可以筛选出潜在的内暴露标志物,为临床上有毒中药的毒性评估提供参考。

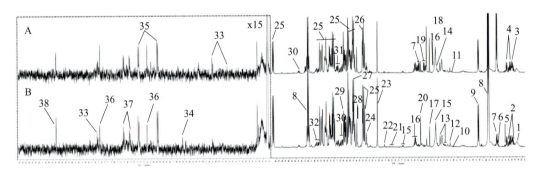

图3-27 有毒中药闹羊花处理的小鼠(A)和正常小鼠(B)血清的600 MHz核磁共振氢谱图

1. 2-羟基丁酸;2. 异亮氨酸;3. 亮氨酸;4. 缬氨酸;5. 异丁酸;6. 乙醇;7. 3-羟基丁酸;8. 乳酸;9. 丙氨酸;10. 精氨酸;11. 赖氨酸;12. 醋酸;13. 脯氨酸;14. 谷氨酸;15. 甲硫氨酸;16. 谷氨酰胺;17. 丙酮;18. 乙酰乙酸;19. 尿囊素;20. 丙酮酸;21. 天冬氨酸;22. 二甲基甘氨酸;23. 肌酸酐;24. 胆碱;25. 葡萄糖;26. 甜菜碱;27. 牛磺酸;28. 甲醇;29. 甘氨酸;30. 苏氨酸;31. 甘油;32. 丝氨酸;33. 胞苷;34. 富马酸;35. 酪氨酸;36. 组氨酸;37. 苯丙氨酸;38. 甲酸盐

除此之外,Maitre和Lea等研究者使用^{1}H-NMR对孕妇的尿液进行暴露组轮廓分析,发现在外源性砷暴露与孕妇体内的氧化三甲胺、二甲胺和肠道菌群的甲胺代谢紊乱有关;烟草烟雾暴露与体内的咖啡代谢相关,该研究将对进一步了解母胎健康和婴儿生命发育早期的健康提供参考意义。Denis A Sarigiannis等研究采用液相色谱-高分辨率质谱和核磁共振相结合的高通量非靶向分析方法,对暴露于重金属和邻苯二甲酸盐的孕妇尿液样本进行分析,结果发现外源性暴露导致的代谢紊乱大多与三羧酸循环和氧化磷酸化有关,这表明线粒体呼吸可能受到破坏。活性氧(reactive oxygen species,ROS)的过量产生,妊娠期间谷胱甘肽过氧化物酶3(glutathione peroxidase 3,GPx3)

和脐带中谷胱甘肽过氧化物酶1（glutathione peroxidase 1，GPx1）的存在与婴儿的语言发育问题相关。

二、毛细管电泳技术

（一）基本原理

毛细管电泳是一种以内径为10～200 μm的毛细管柱为分离通道、以高压直流电为驱动力对样品分子进行分离和检测的高效分离技术。和传统的平板凝胶电泳相比，毛细管的散热效率极高，因此可以在0～30 kV的高电压下快速完成样品中不同组分离子的分离。毛细管电泳的基本原理可以概括如下（图3-28）：

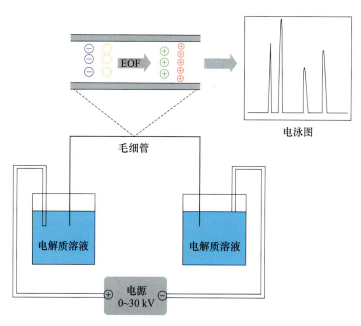

图3-28 毛细管电泳基本原理

（1）电泳现象：在电解质溶液中，处于电场中的带电离子在电场作用下，向所带电荷相反的电极迁移的现象称为电泳。带电离子的迁移速率取决于离子的尺寸、所带的电荷数以及电解质的性质（如pH，黏度等）。

（2）电渗现象：当毛细管与电解质溶液接触时，石英毛细管内壁的硅羟基（Si-OH）会解离成硅氧基阴离子（Si-O$^-$），同时会吸附电解质溶液中的阳离子（以水合离子的形式存在），最终在靠近毛细管内壁位置形成双电层。在电场力的驱动下，双电层中的水合阳离子也会朝所带电荷相反的电极，即阴极迁移。由于这些阳离子是溶剂化的，因此毛细管中的电解质溶液会整体朝向阴极移动，这种现象称为电渗，电渗现象中流动着的液体称为电渗流。电渗流的迁移速率与双电层的电位、电解质的性质（如离子强度，pH，黏度等）有关。

（3）带电质点的整体迁移：在毛细管两端施加电压的情况下，电泳和电渗流现象共存，此时带电离子在毛细管中的迁移速率由电泳和电渗流的速率共同决定。样品离子经正极端上样口进入毛细管，阳离子由于其电泳方向和电渗流方向一致，因此迁移速率最高；阴离子的电泳方向和电渗流方向相反，因此迁移速率最低；中性粒子无电泳现象，因此其迁移速率和电渗速率一致。

（4）检测器接收信号：样品中不同组分离子的迁移速率不同，到达检测器的时间也不同，故可以实现对不同离子的分离、定性及定量分析。

（二）毛细管电泳的分离模式和特点

与基于色谱保留行为的高效液相色谱法不同，毛细管电泳是基于电场作用下带电离子的形态尺寸和带电荷数等差异，导致迁移速率不同而进行分离的，因此对于极性或本身带电的代谢物（如胆碱等）具有优越的分析能力。由于毛细管电泳技术所使用的毛细管多为空心石英管，且内壁未装填固定相填料，因此流体扩散过程中的涡流扩散、传质阻力和二次平衡等因素可以忽略，从而其分离度和柱效要远高于基于色谱保留行为的高效液相色谱法。施加的高电压使得毛细管电泳的分离效率更高，分析速度更快。除此之外，毛细管电泳的溶剂消耗少，测试成本低，且进样量在nL级别，而高效液相色谱法的进样量在μL级别，这使得毛细管电泳技术在高通量组学方法开发方面具有广阔的应用前景。

毛细管电泳技术的分离模式较多，且可以在一台仪器上选择不同的分离模式进行操作，其中主要包括毛细管区带电泳（capillary zone electrophoresis，CZE）、毛细管凝胶电泳（capillary gel electrophoresis，CGE）、胶束电动毛细管色谱法（micellar electrokinetic chromatography，MEKC）和毛细管电色谱法（capillary electro-chromatography，CEC）等。毛细管区带电泳是毛细管电泳技术中操作最简单快捷、使用最广泛的一种分离模式。该模式依赖不同组分的电荷与尺寸的比值不同进行分离，可以同时检测样品中的阴阳离子和中性粒子。毛细管凝胶电泳是将经典的毛细管区带电泳和聚丙烯酰胺凝胶电泳（sodium dodecyl sulfate - polyacrylamide gel electrophoresis，SDS-PAGE）相结合，主要用于分离蛋白质等大分子。此方法把背景电解质溶液更换为聚丙烯酰胺凝胶，同时蛋白样品用SDS处理，最终可以仅根据分子量大小完成对不同蛋白的分离和纯化。胶束电动毛细管色谱法同时利用了经典毛细管电泳和高效液相色谱的分离原理，在背景电解质溶液中添加胶束溶液和离子型表面活性剂，随后在待分离粒子周围形成胶团，胶团充当准固定相（pseudostationary phase，PSP），而电渗流充当流动相，并完成对不同粒子（包括中性粒子）的分离。毛细管电色谱法是将HPLC的固定相填充到毛细管中或在毛细管内壁涂布固定相，以电渗流为流动相驱动力的色谱过程。此分离模式结合了电泳的分离效率和液相色谱的分离选择性，因此分离范围较广，分辨率也较高。

毛细管电泳的使用比较灵活，可以串联多种不同类型的检测器，其中典型的有紫外检测器（ultraviolet，UV）、激发诱导荧光检测器（laser-induced fluorescence，LIF）、质谱检测器（mass spectrometry，MS）和核磁共振检测器（nuclear magnetic resonance，NMR）等。其中紫外检测器使用得最多，但由于流体通过毛细管的光径较短导致对紫外吸收偏弱的物质灵敏度较低；激光诱导荧光检测器对基于毛细管电泳的大分子互作研究具有优越的灵敏度，如免疫反应和适配体亲和分析，但前提是互作体系的一方必须带有荧光标记；不同类型的质谱检测器检测具有更高的灵敏度、选择性和专一性，且能够提供丰富的结构信息以帮助样品的定性分析；核磁共振检测器可以辅助质谱检测器进一步阐释化合物的精确结构。毛细管电泳串联质谱法（capillary electrophoresis-mass spectrometry，CE-MS）具有相对较高的分辨率和选择性，目前已逐渐发展成一种常规的组学分析技术。毛细管电泳可以串联不同类型的质谱检测器，需要结合样品性质和实验目的选择最适的检测器类型，以达到最佳的检测灵敏度和选择性。尽管和GC-MS和LC-MS相比，CE-MS在检测灵敏度、重现性和稳健性方面有一定的局限性，但是在分析带电或强极性化合物及其同分异构体方面仍具有优势。

（三）毛细管电泳技术在环境暴露组学的应用

近年来毛细管电泳技术，尤其是毛细管电泳串联质谱法在系统生物学（环境暴露组学、代谢组学等）、环境检测和药物研发中有着越来越广泛的应用。Biban Gill等研究者开发了一种新型的多段进样毛细管电泳法（Multisegment injection-capillary electrophoresis，MSI-CE），同时与三重四极杆质谱仪进行串联使用，能够实时监测人体尿液中的烟雾暴露标志物羟基芘（hydroxypyrene，HP），且具有前处理简单、分析效率高、分析时间短等优势，同时重现性和回收率均符合要求。该方法为临床上大规模监测空气污染物的暴露标志物提供了新的思路。除此之外，Lue Sun等研究者使用毛细管电泳串联飞行时间质谱仪的方法对X-射线暴露下的小鼠血细胞进行轮廓分析，最终筛选出2-氨基丁酸、2'-脱氧胞苷和胆碱作为电离辐射的潜在标志物，并且建立的预测模型对这种电离辐射具有良好的预测性能；Javier Domínguez-Álvarez使用毛细管电泳串联质谱法的方法靶向检测饮用水中的四种有毒砷类化合物：二甲基胂酸盐，一甲基胂酸盐，亚砷酸盐和砷酸盐，并达到了0.02~0.04 μg（As）/L的检测限。该工作证实了毛细管电泳串联质谱法可以作为一种高灵敏度的替代分析方法应用于环境饮用水的检测。

三、原子光谱技术

（一）基本原理及特点

原子光谱技术是由一种以原子为研究对象的分析方法，其根据分析原理不同可以分为原子吸收光谱法（atomic absorption spectrometry，AAS）和原子发射光谱法（atomic emission spectrometry，AES）。原子光谱法的基本原理和分析流程可以概括如下：

1. 原子能级分布：原子由原子核和核外电子组成，其中每一个核外电子都排布在核外电子轨道中，且不同的电子轨道具有不同的能量。正常情况下电子以能级最低的基态形式存在。

2. 原子化：将待测样品溶解后，通过原子化器将样品由液态转移至气态，随后将其转化为基态原子。常见的原子化方法有火焰法和管式石墨炉法等。

3. 激发：当原子吸收共振辐射后，核外电子会从基态跃迁至更高的能级上，此时原子的状态称为激发态。在原子光谱中提供共振辐射的元件称为光源。原子吸收光谱常见的光源为空心阴极灯（hollow cathode lamp，HCL），其中包含待测元素的阴极材料、能够辐射出其特征吸收波长的光线。原子发射光谱常用的光源有直流电弧、交流电弧、高压电火花、电感耦合等离子体（inductively coupled plasma，ICP）和激光光源等。

4. 吸收或发射：从光源处发出的光线通过样品池时，样品中的待测金属原子会吸收特定波长的光线，形成的含有暗带的光谱称为原子吸收光谱；由于处于激发态的原子极不稳定，会迅速跃迁至低能级或基态。在此过程中会释放出能量并以一定波长的电磁波的形式辐射出去，所形成的光谱称为原子发射光谱。

5. 检测信号：计算机控制光电倍增管或光电二极管等检测器来检测不同波长的光被吸收或发射的辐射强度变化，并形成原子吸收或发射光谱图。

原子光谱中共振辐射吸收或发射强度与样品中该金属元素的浓度成正比，因此可以通过比较样品溶液的吸收或发射光谱与标准溶液的强度差异来测量样品中目标金属元素的浓度，常用的方法包括标准曲线法和标准添加法等。

原子光谱法可以测定70多种金属元素和部分非金属元素，具有灵敏度高、精准度高、测试耗时短等优点，但在同时测定多个金属元素时灵敏度会降低。电感耦合等离子体原子发射光谱法（inductively coupled plasma-atomic emission spectrometry，ICP-AES））可同时分析多个金属元素，且拥有相对更高的分析效率和准确度。

（二）原子光谱技术在环境暴露组学的应用

原子吸收光谱在环境暴露组学中有广泛的应用，可用于评估重金属（如汞、铅等）等其他环境污染物暴露下对人类健康的潜在风险。Marta Szukalska等研究者使用电感耦合等离子体原子发射光谱法和原子吸收光谱法测试了人乳脂中的有毒重金属含量，发现长期吸入香烟或二手烟会提高产妇母乳中重金属的水平，而且母乳中的烟草暴露标志物可铁宁水平和锶镉等金属元素浓度具有显著相关性，从而会对婴儿的生长发育造成不利的影响。Leslie A. Hoo Fung等研究者使用原子吸收光谱法和电感耦合等离子体原子发射光谱法对引入北美地区的新物种狮子鱼的肉质进行了分析，从微量元素的角度系统评估了该新物种饮食暴露下的营养安全性。总体而言，原子光谱法可以对金属元素和部分金属元素进行准确定量，但在环境暴露组学研究中，通常需要结合其他技术和方法进行系统的分析以获得更准确和全面的结果。

本节总结了用于环境暴露组学分析的核磁共振波谱技术，毛细管电泳技术和原子光谱技术原理、特点以及具体应用。除此之外还有分子光谱法（如紫外可见分光光度法、分子荧光和磷光分析法、红外光谱法和化学发光法等）和电化学法（如伏安法和电位分析法）等，这些分析技术在环境暴露组分析方面也具有一定的应用价值。以上各种分析技术都有各自的特点，我们须根据实际情况选用合适的方法，以达到最终的检测目的。总体来说，无论是采用"自下而上"还是"自上而下"的研究策略，环境暴露组分析方法应该在各种主流检测技术的基础上，不断尝试结合多种互补分析手段来改善分析效率和通量，提高对内外暴露组标志物检测的灵敏度和准确度，为实现系统深入的内外暴露评估提供技术可行性，并最终推动环境暴露组学发展迈入新阶段。

参 考 文 献

［1］ Mametov R, Ratiu I A, Monedeiro F, et al. Evolution and Evaluation of GC Columns [J]. *Critical Reviews in Analytical Chemistry*, 2021, 51: 150-173.

［2］ James A T, Martin A J P. Gas-liquid partition chromatography; the separation and micro-estimation of volatile fatty acids from formic acid to dodecanoic acid [J]. *Biochem J*, 1952, 50 (5): 679-690.

［3］ Desty D H, Haresnape J N, Whyman B H F. CONSTRUCTION OF LONG LENGTHS OF COILED GLASS CAPILLARY [J]. *Analytical Chemistry*, 1960, 32: 302-304.

［4］ Dandeneau R D, Zerenner E H. An investigation of glasses for capillary chromatography [J]. *Journal of High Resolution Chromatography*, 1979, 2: 351-356.

［5］ Rahman M M, Abd El-Aty A M, Choi J-H, et al. Basic Overview on Gas Chromatography Columns [M]. Weinheim: Wiley-VCH Verlag GmbH & Co. KGaA, 2015.

［6］ Ettre L S. Development of gas-chromatography [J]. *Journal of Chromatography, 1975,* 112: 1-26.

［7］ Budiman H, Nuryatini, Zuas O. Comparison between GC-TCD and GC-FID for the determination of propane in gas mixture [J]. *Procedia Chemistry*, 2015, 16: 465-472 .

［8］ Sevcik, Jiri. Detectors in gas chromatography.

［9］ Yin M K, Lim J S, Moon D M, et al. Analysis of trace impurities in neon by a customized gas chromatography [J]. J Chromatogr A, 2016, 1463: 144-152.

［10］ Frink L A, Armstrong D W. The utilisation of two detectors for the determination of water in honey using headspace gas chromatography [J]. *Food Chemistry*, 2016, 205: 23-27.

［11］ Lenz C, *Neubert H, Ziesche S, et al*. Development and Characterization of a Miniaturized Flame Ionization Detector in Ceramic Multilayer Technology for Field Applications [J]. *Procedia Engineering*, 2016, 168: 1378-1381.

［12］ Bai J, Baker S M, Goodrich-Schneider R M, et al. Aroma Profile Characterization of Mahi-Mahi and Tuna for Determining Spoilage Using Purge and Trap Gas Chromatography-Mass Spectrometry [J]. J Food Sci, 2019, 84 (3): 481-489.

［13］ Ponphaiboon J, Limmatvapirat S, Chaidedgumjorn A, et al. Optimization and comparison of GC-FID and HPLC-ELSD methods for determination of lauric acid, mono-, di-, and trilaurins in modified coconut oil [J]. J Chromatogr B Analyt Technol Biomed Life Sci, 2018, 1099: 110-116.

［14］ Buse J, *Robinson J L, Shyne R, et al*. Rising above helium: A hydrogen carrier gas chromatography

[15] Bornhop D J. Microvolume index of refraction determinations by interferometric backscatter [J]. *Appl Opt*, 1995, 34 (8): 3234-3239.

[16] Lovelock J E, Lipsky S R. ELECTRON AFFINITY SPECTROSCOPY-A NEW METHOD FOR THE IDENTIFICATION OF FUNCTIONAL GROUPS IN CHEMICAL COMPOUNDS SEPARATED BY GAS CHROMATOGRAPHY [J]. *Journal of the American Chemical Society*, 1960, 82: 431-433.

[17] Schedl A, Zweclunair T, Kikul F, et al. Pushing the limits: Quantification of chromophores in real-world paper samples by GC-ECD and EI-GC-MS [J]. *Talanta*, 2018, 179: 693-699.

[18] Scott R P W. Chromatographic Detectors. (1996).

[19] Dressler M. Selective gas chromatographic detectors. *Elsevier*, (1986).

[20] Sparkman O D. Mass Spectrometry Desk Reference [M]. Global View Publishing: Pittsburgh, PA, 2000: 106.

[21] 熊喜悦, 盛小奇, 王华, 等. 代谢组学气相色谱-质谱分析方法中样品衍生化技术的新进展 [J]. 化学通报, 2015, 82 (7): 602-607.

[22] Greenburg L. Studies on the Industrial Dust Problem: II. A Review of the Methods Used for Sampling Aerial Dust [J]. *Public Health Reports (1896-1970)*, 1925, 40: 765-786.

[23] Zhao Y, *Hennigan C J, May A A, et al*. Intermediate-volatility organic compounds: a large source of secondary organic aerosol [J]. *Environ Sci Technol*, 2014, 48 (23): 13743-13750.

[24] Benfenati E, *Tremolada P, Chiappetta L, et al*. Simultaneous analysis of 50 pesticides in water samples by solid phase extraction and GC-MS. *Chemosphere*, 1990, 21 (12): 1411-1421.

[25] Mikolajczyk S, Warenik-Bany M, Maszewski S, et al. Dioxins and PCBs-Environment impact on freshwater fish contamination and risk to consumers [J]. *Environmental Pollution*, 2020, 263 (Part B): 114611.

[26] Lara-Guzmán O J, Álvarez-Quintero R, Osorio E, et al. GC/MS method to quantify bioavailable phenolic compounds and antioxidant capacity determination of plasma after acute coffee consumption in human volunteers [J]. *Food Research International*, 2016, 89 (Part 1): 219-226.

[27] Fang L, *Qiu F M, Li Y, et al*. Determination of carbazole and halogenated carbazoles in human serum samples using GC-MS/MS [J]. Ecotoxicol Environ Saf, 2019, 184: 109609.

[28] Hu X, *Walker D L, LiangY L, et al*. A scalable workflow to characterize the human exposome. *Nat Commun*, 2021, 12, 5575.

[29] Sarkanj B, *Ezekiel C N, Turner P C, et al*. Ultra-sensitive, stable isotope assisted quantification of multiple urinary mycotoxin exposure biomarkers [J]. *Anal Chim Acta*, 2018, 1019: 84-92.

[30] Zhang M Z, Yu Q, Guo J Q, et al. Review of Thin-Layer Chromatography Tandem with Surface-Enhanced Raman Spectroscopy for Detection of Analytes in Mixture Samples [J]. *Biosens-Basel*, 2022: 12: 13 .

[31] Van Berkel G J, Tomkins B A, Kertesz V. Thin-layer chromatography/desorption electrospray ionization mass spectrometry: Investigation of goldenseal alkaloids [J]. *Anal Chem*, 2007, 79: 2778-2789.

[32] Zuvela P, *Skoczylas M, Liu J J, et al*. Column Characterization and Selection Systems in Reversed-Phase High-Performance Liquid Chromatography [J]. *Chem Rev*, 2019, 119 (6): 3674-3729. .

[33] Grun C H, Besseau S. Normal-phase liquid chromatography-atmospheric-pressure photoionization-mass spectrometry analysis of cholesterol and phytosterol oxidation products [J]. *J Chromatogr A*, 2016, 1439: 74-81.

[34] Jandera P, Janas P. Recent advances in stationary phases and understanding of retention in hydrophilic interaction chromatography. A review [J]. *Anal Chim Acta*, 2017, 967: 12-32.

[35] Marrubini G, Appelblad P, Maietta M, et al. Hydrophilic interaction chromatography in food matrices analysis: An updated review [J]. *Food Chem*, 2018, 257: 53-66.

[36] Saurat D, *Raffy G, Bonvallot N, et al*. Determination of glyphosate and AMPA in indoor settled dust by hydrophilic interaction liquid chromatography with tandem mass spectrometry and implications for human exposure [J]. *J Hazard Mater*, 2023, 446: 130654.

[37] Flasch M, Fitz V, Rampler E, et al. Integrated exposomics/metabolomics for rapid exposure and effect analyses [J]. *JACS Au, 2022*, 2: 2548-2560.

[38] Ngere J B, Ebrahimi K H, Williams R, et al. Ion-Exchange Chromatography Coupled to Mass Spectrometry in Life Science, Environmental, and Medical Research [J]. *Anal Chem, 2023*, 95: 152-166.

[39] Fekete S, Beck A, Veuthey J L, et al. Ion-exchange chromatography for the characterization of biopharmaceuticals [J]. *J Pharm Biomed Anal, 2015*, 113: 43-55.

[40] Zhou J, *Chen X H, Pan S D, et al*. Contamination status of bisphenol A and its analogues (bisphenol S, F and B) in foodstuffs and the implications for dietary exposure on adult residents in Zhejiang Province [J]. *Food Chem*, 2019, 294: 160-170.

[41] Michalski R, Pecyna-Utylska P, Kernert J. Ion Chromatography and Related Techniques in Carboxylic Acids Analysis [J]. *Crit Rev Anal Chem, 2021*, 51: 549-564.

[42] Zhang J H, Xie S M, Yuan L M. Recent progress in the development of chiral stationary phases for high-performance liquid chromatography [J]. *J Sep Sci*, 2022, 45: 51-77.

[43] Stalcup A M. Chiral Separations. In: *Annual Review of Analytical Chemistry, Vol 3* (eds Yeung ES, Zare RN). Annual Reviews (2010).

[44] Arora S, Saxena V, Ayyar B V. Affinity chromatography: A versatile technique for antibody purification [J]. *Methods*, 2017, 116: 84-94.

[45] Chen M J, *Guan Y S, Huang R, et al.* Associations between the Maternal Exposome and Metabolome during Pregnancy [J]. *Environ Health Perspect* , 2022, 130 (3): 12.

[46] Gilar M, Olivova P, Daly A E, et al. Orthogonality of separation in two-dimensional liquid chromatography [J]. *Anal Chem*, 2005, 77: 6426-6434.

[47] Zuo T T, *Zhang C X, Li W W, et al*. Offline two-dimensional liquid chromatography coupled with ion mobility-quadrupole time-of-flight mass spectrometry enabling four-dimensional separation and characterization of the multicomponents from white ginseng and red ginseng [J]. *J Pharm Anal*, 2020, 10 (6): 597-609.

[48] Covey T R, Thomson B A, Schneider B B. Atmospheric pressure ion sources [J]. *Mass Spectrom Rev, 2009*, 28: 870-897.

[49] Singhal N, Kumar M, Kanaujia P K, et al. MALDI-TOF mass spectrometry: an emerging technology for microbial identification and diagnosis [J]. *Front Microbiol, 2015*, 6: 791.

[50] Hanold K A, Fischer S M, Cormia P H, et al. Atmospheric pressure photoionization. 1. General properties for LC/MS [J]. *Analytical chemistry*, 2004, 76: 2842-2851.

[51] Raffaelli A, Saba A. Ion scanning or ion trapping: Why not both? [J]. *Mass Spectrom Rev*, 2023, 42: 1152-1173.

[52] Lai Y H, Wang Y S. Advances in high-resolution mass spectrometry techniques for analysis of high mass-to-charge ions [J]. *Mass Spectrom Rev*, 2023, 42 (6): 2426-2445.

[53] Marshall A G, Hendrickson C L, Jackson G S. Fourier transform ion cyclotron resonance mass

spectrometry: a primer [J]. *Mass Spectrom Rev*, 1998, 17 (1): 1-35.

[54] Deschamps E, Calabrese V, Schmitz I, et al. Advances in Ultra-High-Resolution Mass Spectrometry for Pharmaceutical Analysis [J]. *Molecules*, 2023, 28 (5): 2061.

[55] Makarov A. Electrostatic axially harmonic orbital trapping: a high-performance technique of mass analysis [J]. *Analytical chemistry*, 2000, 72: 1156-1162.

[56] Xie Z Z, *Chen J Y, Gao H, et al.* Global Profiling of Urinary Mercapturic Acids Using Integrated Library-Guided Analysis [J]. *Environ Sci Technol*, 2023, 57 (29): 10563-10573.

[57] Krausova M, Ayeni K I, Wisgrill L, et al. Trace analysis of emerging and regulated mycotoxins in infant stool by LC-MS/MS [J]. *Anal Bioanal Chem*, 2022, 414: 7503-7516.

[58] Manz K E, *Feerick A, Braun J M, et al.* Non-targeted analysis (NTA) and suspect screening analysis (SSA): a review of examining the chemical exposome [J]. *J Expo Sci Env Epid*, 2023, 33 (4): 524-536.

[59] Delvaux A, Rathahao-Paris E, Alves S. Different ion mobility-mass spectrometry coupling techniques to promote metabolomics [J]. *Mass Spectrom Rev*, 2022, 41: 695-721.

[60] Koeniger S L, *Merenbloom S I, Valentine S J, et al.* An IMS-IMS analogue of MS-MS. *Analytical chemistry*, 2006, 78 (12): 4161-4174.

[61] Kanu A B, Dwivedi P, Tam M, et al. Ion mobility-mass spectrometry [J]. *J Mass Spectrom*, 2008, 43 (1): 1-22.

[62] Purves R W, Guevremont R. Electrospray ionization high-field asymmetric waveform ion mobility spectrometry-mass spectrometry [J]. *Analytical chemistry*, 1999, 71 (13): 2346-2357.

[63] Baird M A, *Shliaha P V, Anderson G A, et al.* High-Resolution Differential Ion Mobility Separations/Orbitrap Mass Spectrometry without Buffer Gas Limitations [J]. *Analytical chemistry*, 2019, 91 (10): 6918-6925.

[64] Shvartsburg A A, Smith R D. Fundamentals of traveling wave ion mobility spectrometry [J]. *Analytical chemistry*, 2008, 80 (24): 9689-9699.

[65] Smith D P, *Knapman T W, Campuzano I*, et al. Deciphering drift time measurements from travelling wave ion mobility spectrometry-mass spectrometry studies [J]. *Eur J Mass Spectrom (Chichester)*, 2009, 15 (2): 113-130.

[66] Rasanen R M, Hakansson M, Viljanen M. Differentiation of air samples with and without microbial volatile organic compounds by aspiration ion mobility spectrometry and semiconductor sensors [J]. *Build Environ*, 2010, 45 (10): 2184-2191.

[67] Ratiu I A, Bocos-Bintintan V, Patrut A, et al. Discrimination of bacteria by rapid sensing their metabolic volatiles using an aspiration-type ion mobility spectrometer (a-IMS) and gas chromatography-mass spectrometry GC-MS [J]. *Analytica chimica acta*, 2017, 982: 209-217.

[68] May J C, McLean J A. Ion mobility-mass spectrometry: time-dispersive instrumentation [J]. *Analytical chemistry*, 2015, 87 (3): 1422-1436.

[69] Zheng X, *et al.* Utilizing ion mobility spectrometry and mass spectrometry for the analysis of polycyclic aromatic hydrocarbons, polychlorinated biphenyls, polybrominated diphenyl ethers and their metabolites [J]. *Analytica chimica acta*, 2018, 1037: 265-273.

[70] Burnum-Johnson K E, *Zheng X Y, Dodds J N, et al.* Ion Mobility Spectrometry and the Omics: Distinguishing Isomers, Molecular Classes and Contaminant Ions in Complex Samples [J]. *Trends Analyt Chem*, 2019, 116: 292-299.

[71] Stephan S, Jakob C, Hippler J, et al. A novel four-dimensional analytical approach for analysis of complex samples [J]. *Anal Bioanal Chem*, 2016, 408 (14): 3751-3759.

[72] Stephan S, Hippler J, Kohler T, et al. Contaminant screening of wastewater with HPLC-IM-qTOF-MS

and LC+LC-IM-qTOF-MS using a CCS database [J]. *Anal Bioanal Chem*, 2016, 408 (24): 6545-6555.

[73] Schulze-Sunninghausen D, Becker J, Luy B. Rapid Heteronuclear Single Quantum Correlation NMR Spectra at Natural Abundance [J]. *J Am Chem Soc*, 2014, 136 (4): 1242-1245.

[74] Vogeli B. The nuclear Overhauser effect from a quantitative perspective [J]. *Prog Nucl Magn Reson Spectrosc*, 2014, 78: 1-46.

[75] Evans R. The interpretation of small molecule diffusion coefficients: Quantitative use of diffusion-ordered NMR spectroscopy [J]. *Prog Nucl Magn Reson Spectrosc*, 2020, 117: 33-69.

[76] Vignoli A, *Ghini V, Meoni G, et al*. High-Throughput Metabolomics by 1D NMR [J]. *Angew Chem-Int Edit*, 2019, 58 (4): 968-994.

[77] Takis P G, Schafer H, Spraul M, et al. Deconvoluting interrelationships between concentrations and chemical shifts in urine provides a powerful analysis tool [J]. *Nat Commun, 2017*, 8 (1): 1662.

[78] Wieske L H E, Peintner S, Erdelyi M. Ensemble determination by NMR data deconvolution [J]. *Nat Rev Chem*, 2023, 7 (7): 511-524.

[79] Vermeulen R, Schymanski E L, Barabasi A L, et al. The exposome and health: Where chemistry meets biology [J]. *Science*, 2020, 367 (6476): 392-396.

[80] Maitre L, *Robinson O, Martinez D, et al*. Urine Metabolic Signatures of Multiple Environmental Pollutants in Pregnant Women: An Exposome Approach [J]. *Environ Sci Technol*, 2018, 52 (22): 13469-13480.

[81] Sarigiannis D A, *Papaioannou N, Handakas E, et al*. Neurodevelopmental exposome: The effect of in utero co-exposure to heavy metals and phthalates on child neurodevelopment [J]. *Environ Res*, 2021, 197: 110949.

[82] Ramautar R. Capillary Electrophoresis-Mass Spectrometry for Clinical Metabolomics. Adv Clin Chem, 2016, 74: 1-34.

[83] Bertoletti L, *Schappler J, Colombo R, et al*. Evaluation of capillary electrophoresis-mass spectrometry for the analysis of the conformational heterogeneity of intact proteins using beta (2)-microglobulin as model compound [J]. *Anal Chim Acta*, 2016, 945: 102-109.

[84] Zhang A H, Sun H, Wang P, et al. Modern analytical techniques in metabolomics analysis [J]. *Analyst*, 2012, 137 (2): 293-300.

[85] Bhimwal R, Rustandi R R, Payne A, et al. Recent advances in capillary gel electrophoresis for the analysis of proteins [J]. *J Chromatogr A*, 2022, 1682: 463453.

[86] Terabe S. Capillary Separation: Micellar Electrokinetic Chromatography [J]. *Annu Rev Anal Chem*, 2009, 2: 99-120.

[87] Ouimet C M, D'Amico CI, Kennedy RT. Advances in capillary electrophoresis and the implications for drug discovery [J]. *Expert Opin Drug Discovery*, 2017, 12 (2): 213-224.

[88] Ramautar R, Somsen G W, de Jong GJ. CE-MS in metabolomics. *Electrophoresis* 30, 276-291 (2009).

[89] Yu F Z, Zhao Q, Zhang D P, et al. Affinity Interactions by Capillary Electrophoresis: Binding, Separation, and Detection [J]. *Anal Chem*, 2019, 91 (1): 372-387.

[90] Gill B, Jobst K, Britz-McKibbin P. Rapid Screening of Urinary 1-Hydroxypyrene Glucuronide by Multisegment Injection-Capillary Electrophoresis-Tandem Mass Spectrometry: A High-Throughput Method for Biomonitoring of Recent Smoke Exposures [J]. *Anal Chem*, 2020, 92 (19): 13558-13564.

[91] Sun L, Inaba Y, Kanzaki N, et al. Identification of Potential Biomarkers of Radiation Exposure in Blood Cells by Capillary Electrophoresis Time-of-Flight Mass Spectrometry [J]. *2020, 21 (3): 812*.

[92] Dominguez-Alvarez J. Capillary electrophoresis coupled to electrospray mass spectrometry for the determination of organic and inorganic arsenic compounds in water samples [J]. *Talanta*, 2020, 212:

120803.

[93] Bings N H, Bogaerts A, Broekaert J A C. Atomic Spectroscopy [J]. *Anal Chem, 2013,* 85 (2): 670-704.

[94] Singh P, Singh M K, Beg Y R, et al. A review on spectroscopic methods for determination of nitrite and nitrate in environmental samples [J]. *Talanta*, 2019, 191: 364-381.

[95] Szukalska M, *Merritt T A, Lorenc W, et al.* Toxic metals in human milk in relation to tobacco smoke exposure [J]. *Environ Res*, 2021, 197: 111090.

[96] Fung L A H, Antoine J M R, Grant C N, et al. Evaluation of dietary exposure to minerals, trace elements and heavy metals from the muscle tissue of the lionfish Pterois volitans (Linnaeus 1758) [J]. *Food Chem Toxicol*, 2013, 60: 205-212.

第四章 环境暴露组学的分子实验技术及统计方法

第一节 环境暴露组学的基因分析方法

一、前言

环境污染物的暴露对人体健康有着重要的影响,其危害包括遗传毒性、代谢紊乱和各种疾病风险的增加。研究环境污染物暴露的毒性作用机制和影响过程,是评估其健康风险、制订相应管控策略的基础。随着高通量检测技术的发展,组学手段在环境暴露领域得到广泛应用。环境暴露组学利用基因组学、转录组学、蛋白质组学、代谢组学等手段在整个基因组和代谢网络范围内可检测环境暴露导致的生物学指标变化,并能揭示复杂的生物学相互作用和信号转导过程。

基因表达分析是环境暴露组学研究中最为常用的手段之一。利用微阵列技术、RNA 定量 PCR 以及 RNA 测序可以检测环境暴露物引起的基因表达谱和转录本的变化,筛选出差异表达的 mRNA、miRNA 和长链非编码 RNA,预测其潜在的生物学功能和毒理学作用。DNA 甲基化分析和染色质免疫沉淀等技术可用于检测环境化学物质导致的表观遗传学变化,探究其表观遗传调控作用机制。

此外,蛋白质组学和代谢组学分析环境暴露后样品中的蛋白质和代谢物变化,揭示功能和代谢的重塑过程。系统生物学方法则试图整合多组学数据,构建环境暴露的网络模型,深入理解复杂的生物学机制。环境暴露领域多组学和系统生物学研究可以为研究环境健康影响和相关疾病机制提供全新的视角。

综上,环境暴露组学运用基因检测的手段探究复杂的生物学进程,是理解环境暴露毒性作用机制的有力工具。本节将重点总结环境暴露研究中常用的基因表达分析方法,包括微阵列基因表达谱分析、RNA 测序、定量 PCR、ChIP-seq 以及甲基化分析等,介绍这些方法在分析环境暴露过程中的应用和意义,为相关研究提供参考和借鉴。

二、环境暴露组学中常用的基因分析方法

(一) DNA 微阵列

DNA 微阵列技术(DNA Microarrays),也称为基因芯片技术(Genechip),是一种

高通量的基因分析方法。DNA微阵列技术可以同时检测大量基因的表达变化,成本较高但信息量大。由于需要预先知道基因序列设计探针,不适合无参照基因组的物种。随着RNA测序技术的发展,DNA微阵列的应用有所下降,但其定量性和验证性依然有优势,两种技术常结合使用。

1. 原理

DNA微阵列的原理是将大量的核酸片段固定在芯片载体上作为固相探针(probe),待测的核酸片段人工标记上不同的荧光,或同位素等作为靶片段(target),一定条件下两者杂交,根据杂交后不同的信号即可获得靶片段的信息,通过计算机分析,比较不同样品之间的差异,得出基因表达谱。

2. 方法

具体流程如下:

(1)探针设计:根据要研究的基因或转录本设计特异性的DNA探针,合成并固定在玻片上,形成微阵列芯片。

(2)样品采集与提取:收集不同处理组或疾病组的生物样品,提取总RNA或mRNA。

(3)荧光标记:使用荧光染料标记样品RNA或cDNA,常用的有Cy3和Cy5。不同处理组可用不同荧光染料进行双色标记。

(4)杂交:将标记的RNA与芯片杂交,杂交条件通常为42~65℃,12~16小时。

(5)清洗与扫描:清洗去除未杂交的RNA,然后使用荧光扫描仪扫描芯片,检测每个探针区的荧光信号。

(6)数据分析:比较不同样品在每个探针上的荧光强度,见表达上调或下调超过一定倍数的基因为差异表达基因。使用生物信息学方法对差异表达基因进行分类和功能分析。

(7)验证:采用定量PCR或其他方法对部分差异表达基因进行验证。

3. 在环境暴露组学的应用

DNA微阵列技术在环境暴露组学研究中有以下应用:

(1)检测环境化学物暴露所致的基因表达谱变化。例如,McHale等使用DNA微阵列技术研究分析了8名染料工人和8名对照者外周血单个核细胞的mRNA表达谱。结果显示,180个基因在鞋厂工人中表达上调,涉及多种生物过程;而65个基因表达下调,大多涉及免疫与炎症反应。有研究分析了小鼠模型接触苯或二甲苯并联蒽后24小时内外周血单个核细胞的基因表达谱变化。结果显示,接触这两种苯系化合物后,小鼠外周血细胞出现大规模基因表达调控,最显著的改变发生在免疫相关基因中,这说明苯系化合物可以在短时间内导致免疫反应的重新编程。

(2)研究环境污染物致癌机制。例如,有研究者使用DNA微阵列分析多溴联苯(PBB153)暴露小鼠肝脏不同时期的mRNA表达谱变化。结果显示:①短期PBB153暴露导致脂质代谢及炎症反应相关基因表达变化;②中期暴露影响细胞周期控制、

DNA损伤修复和肿瘤抑制基因；③长期暴露导致多个肝细胞癌相关通路改变，如Wnt/β-catenin信号通路。这说明PBB153可以通过多种机制诱发小鼠肝细胞癌。Jiang等研究比对了三氯乙烯（TCE）长期低剂量暴露和未暴露的人类肝上皮细胞的基因表达谱。发现在TCE暴露细胞中，肿瘤抑制基因表达下调，而癌基因、细胞周期相关基因表达上调，这表明TCE能够通过多种机制诱发人类肝细胞癌。Dutta等研究分析了TCE长期暴露诱发小鼠肾癌细胞和正常肾细胞的mRNA表达谱差异。通过基因组定点复制误配修复缺陷的分析，发现TCE主要通过刺激H-ras及其下游MAPK/ERK信号通路促进肾细胞癌发生发展。这为TCE致癌机制提供了分子证据。

（3）研究环境化学物质与疾病的关系。例如，Duan等研究观察了小鼠在不同时间阿米巴霉素-LR暴露后的免疫应答和肠道损伤变化。结果显示：短期暴露导致Th1和Th2细胞因子上调，IgG和IgE水平增加；中期出现肠炎症和进一步的免疫失衡；长期暴露导致更严重的肠上皮细胞坏死和炎症，体重减轻、重要脏器损伤。这表明阿米巴霉素-LR暴露会损伤肠道和诱发免疫应答紊乱，与炎症性肠病和过敏性疾病有关。有研究分析了孟加拉国阿米巴霉素中毒性角化病（Bowen病）患者和阿米巴霉素中毒者外周血单个核细胞的基因表达谱差异。发现与阿米巴霉素中毒者相比，Bowen病患者血液中和细胞增殖和免疫调控相关的基因表达显著变化，这可能与Bowen病的发生发展密切相关。

（4）研究长期低剂量环境污染物暴露对健康的影响。Rager等研究分析了人支气管上皮细胞在长期低剂量甲醛暴露后的miRNA表达变化。结果发现21个miRNA表达上调，靶基因涉及炎症反应、细胞增殖；而25个miRNA下调，靶基因主要涉及细胞凋亡和肿瘤抑制。这表明甲醛长期低剂量暴露可通过miRNA调控机制诱发细胞增殖和抑制细胞凋亡。有研究观察了人角质形成细胞在极低浓度呋喃丹暴露后的miRNA表达变化。结果发现在暴露组9个miRNA显著上调，靶基因涉及细胞增殖和干细胞维持；5个miRNA下调，靶基因涉及细胞凋亡和损伤修复。这表明呋喃丹纳摩尔级别的暴露也可导致miRNA表达谱的改变，影响细胞生长和损伤修复，提醒应对人体潜在危害加以关注。

（二）RNA测序

RNA测序（RNA-seq）即转录组测序技术，其利用高通量测序技术进行测序分析，反映出mRNA，smallRNA，noncodingRNA等或者其中一些的表达水平。RNA测序的优点是不需要预先知道基因序列信息，发现新基因和可变剪切形式，灵敏度高，分辨率高。但是成本较高，数据量较大时分析更为复杂。RNA测序与微阵列技术相比，前者信息量更大，无须预设探针，更适用于无参考基因组的物种，后者更定量和成本更低。两者常结合使用，互为验证。

1. 原理

RNA测序的基本原理是将样品中的RNA或mRNA转换为互补DNA（cDNA），进行高通量测序，通过序列比对和定量分析基因表达量的改变。

2. 方法

RNA测序流程如下：

（1）RNA提取：从样品中提取总RNA或mRNA。

（2）cDNA文库构建：将RNA断裂为短片段，并连接Illumina测序引物，构建成文库。

（3）测序：使用Illumina HiSeq等高通量测序仪进行双端测序，得到大量短序列读取。

（4）质控与Mapping：对读取进行质控过滤后，比对到参考基因组或转录组，得到每个基因或转录本的读取覆盖度。

（5）差异表达分析：基于读取覆盖度，使用DESeq2、edgeR等软件工具比较不同样品之间基因表达的差异，筛选差异表达基因。

（6）GO与KEGG分析：对差异表达基因进行GO功能和KEGG信号通路富集分析，了解其生物学特征和作用机制。

（7）验证：选取部分差异表达基因使用qPCR进行验证。

3. 在环境暴露组学中的应用

（1）研究环境污染物暴露所致的转录组变化。例如：Harris等分析了15名三氯乙烯工人和15名对照者外周血单个核细胞的mRNA表达谱。结果显示，在三氯乙烯工人中，191个基因表达上调，主要涉及细胞增殖和DNA损伤修复；142个基因表达下调，主要涉及免疫调控和细胞凋亡。对二氯二苯三氯乙烷（DDT）暴露和非暴露人类肝细胞的mRNA表达谱差异研究发现，在DDT暴露组，原癌基因表达上调，肿瘤抑制基因表达下调；细胞周期和凋亡相关基因也出现变化。这表明DDT可以通过转录组调控机制诱发肝细胞癌。有研究分析了小鼠在28天离子液体［C2C1im］Br和［C2C1im］Br暴露后的肝脏转录组变化。结果显示离子液体暴露导致肝脏中349个基因表达变化，主要涉及脂质代谢、氧化应激和细胞毒性等过程，这提示离子液体可能对肝功能有潜在不利影响。

（2）研究非编码RNA在环境暴露风险评估中的作用。He等研究分析了氯氨醛暴露小鼠脾脏的环状RNA表达谱变化。发现13个环状RNA显著上调，涉及T细胞活化和细胞因子级联反应；8个环状RNA下调，涉及脾细胞凋亡和增殖。这提示环状RNA可能参与了氯氨醛引起的免疫毒性作用。Rager等研究分析了甲醛长期低剂量暴露人支气管上皮细胞中的长非编码RNA表达谱变化。发现389个长非编码RNA在暴露组中显著变化，靶基因涉及细胞增殖、DNA损伤修复和细胞周期调控等，提示长非编码RNA可能参与甲醛引起的毒性作用和肿瘤发生机制。

（3）检测环境污染物暴露后代际遗传效应。研究人员连续四代饲喂塑料原料苯乙烯的果蝇，检测其生殖细胞DNA损伤、生存发育和转录组变化。结果显示苯乙烯多代暴露导致生殖细胞DNA损伤增加，昆虫发育迟滞；并发现一代到四代间321个基因的表达发生变化，这提示苯乙烯可能通过遗传和表观遗传机制影响多代水平的生物学效应。

（三）定量PCR

定量PCR（quantitative polymerase chain reaction），也称为Real-time PCR或qPCR，是一种通过检测PCR反应过程中产物的增殖来定量的PCR技术。它能高灵敏度、高特异性、高通量地定量检测基因表达量的变化，是验证微阵列、RNA测序结果的重要手段，也常用于检测病原体的拷贝数等。

1. 原理

定量PCR的原理是使用荧光染料或荧光探针来检测PCR产物的增殖。主要有三种方法：

（1）SYBR Green Ⅰ方法：SYBR Green Ⅰ染料与dsDNA结合发荧光，根据PCR产物的荧光信号定量分析扩增效率。简便但特异性稍差。

（2）TaqMan探针法：在引物间加入TaqMan探针（双标记荧光探针），根据探针被切断释放的荧光信号来监测扩增及定量。特异性好但设计困难。

（3）自身熄灭荧光（FRET）探针法：引物间加入能产生FRET的双标记探针，根据荧光的熄灭效应来定量。特异性强，不易污染，但设计最为复杂。

2. 方法

定量PCR的工作流程：

（1）提取RNA并反转录为cDNA。

（2）设计引物和荧光探针（可选）。

（3）准备PCR反应体系：cDNA、引物、探针（可选）、SYBR Green Ⅰ染料或荧光探针、dNTP、Mg^{2+}、Taq酶等。

（4）进行PCR循环扩增：95℃变性、60℃退火、72℃延伸，同时检测荧光信号。

（5）根据扩增曲线计算出Ct（光密度达到设定阈值的循环数），并进行相对定量分析。

（6）验证：进行熔解曲线分析，确保产物的特异性；用标准品定量分析，确保扩增效率在90%~110%。

（7）重复3次，取平均值。对照组与实验组进行比较，得到靶基因相对表达量的变化。

3. 在环境暴露组学中的应用

（1）验证DNA微阵列或RNA测序结果。Jafer等首先使用miRNA测序技术检测急性X射线暴露小鼠大脑、肾脏、肝脏miRNA表达谱变化，然后选择12个miRNA进行qPCR验证。结果显示，qPCR验证的结果与测序结果高度一致，确认了测序结果的可靠性。Gonzalez等研究首先使用应用miRCURY LNA阵列技术分析砷对非恶性角质形成细胞（HaCaT）内miRNAs表达的影响，与未处理的对照组相比，砷处理的细胞中共有

30个miRNAs差异表达。研究者选择9个miRNA进行qPCR验证。结果显示，qPCR验证结果支持阵列技术分析结果，证实了所选miRNA在砷暴露工人血液中的差异表达。Zhu等首先使用全基因组DNA微阵列技术检测阿特拉津（atrazine，又名莠去津），暴露斑马鱼全基因组表达谱变化，然后选择18个基因进行qPCR验证。结果显示，qPCR验证结果支持DNA微阵列结果，这表明斑马鱼在低浓度草甘膦暴露下DNA已受损伤。

（2）定量检测环境暴露所致某些特定miRNA或mRNA的差异表达。例如：Wakui等使用qPCR技术检测低剂量邻苯二甲酸二丁酯暴露成年雄鼠睾丸中雌激素受体α的mRNA表达水平。结果显示，0.5 mg/kg剂量条件下，48 h内雌激素受体α mRNA表达量增加2倍，提示邻苯二甲酸酯的雄性内分泌干扰作用与雌激素受体α的变化密切相关。有研究人员使用qPCR技术定量检测miR-19a在谷胱甘肽耗竭诱导的成骨细胞凋亡中的作用。结果显示，在谷胱甘肽耗竭条件下，miR-19a表达显著上调，其靶基因LATS2表达下调，过表达miR-19a可以减轻谷胱甘肽耗竭引起的细胞凋亡。这表明miR-19a通过下调LATS2表达发挥细胞保护作用。

（四）ChIP-seq

ChIP-seq技术（Chromatin ImmunoPrecipitation Sequencing）是一种重要的表观遗传学研究方法。该技术通过免疫富集与DNA结合的蛋白质或修饰基团，结合高通量测序技术，实现了在全基因组范围内定位蛋白质-DNA的结合位点，它能够在没有预先假设的情况下，发现新结合位点与靶基因，这是其与早期ChIP-PCR技术相比的最大优势。ChIP-seq既可以用于转录因子的靶基因鉴定，也可以用于组蛋白修饰谱的研究，在环境暴露风险评估中有广泛应用前景，该技术为揭示环境因素导致的基因表达调控机制提供了重要依据。

1. 原理

ChIP-seq的原理是使用特异性抗体富集与染色体结合的蛋白质或修饰组分，以获得其靶向结合的DNA片段。对所获得的DNA片段进行高通量测序，得到数十万条短序列读码。将这些短序列读码比对到参考基因组，可以定位蛋白质与DNA的结合位点，并确定结合强度。进一步的生物信息学分析可以确定所研究的转录因子或组蛋白与DNA的潜在结合位点、蛋白-DNA结合模式以及目标基因。通过与对照组比较，可以找出与环境暴露或疾病相关的ChIP-seq信号变化，这可以为环境暴露致病机制研究提供重要线索。

2. 方法

（1）交联：使用福尔马林将活细胞中DNA与结合蛋白质进行交联。

（2）裂解与超声处理：裂解细胞，使用超声波将DNA随机剪切为200～500 bp的段落。

（3）免疫共沉淀：加入特异性抗体，免疫共沉淀DNA与目标蛋白质的复合物。使用蛋白A/G球联合洗脱非特异性结合的DNA。

（4）洗脱与交联回复：使用SDS和NaHCO$_3$洗脱特异性免疫结合的DNA，65℃将DNA与蛋白质的交联加以逆转。

（5）DNA修复与创建文库：使用T4 DNA聚合酶和T4多核苷酸激酶修复DNA两端，连接测序接头，构建测序文库。

（6）测序：使用Illumina HiSeq等高通量测序仪进行双端测序，得到大量短序列读取。

（7）质控与Mapping：对读取进行质控过滤，比对到参考基因组，找出读取在基因组上的位置。

（8）峰值筛选：使用MACS软件工具通过对照组与ChIP组的读取峰值变化，找到差异性结合位点（峰区）。

（9）功能分析：对差异峰区进行GO、KEGG pathway等生物学功能分析。预测转录因子与靶基因的调控网络。

3. 在环境暴露组学中的应用

研究转录因子在环境污染物致病机制中的作用。研究人员使用ChIP-seq技术分析低浓度三氯乙烯暴露对PPARγ与靶基因结合的影响。结果显示，三氯乙烯暴露后PPARγ结合位点显著增多，与能量代谢和脂肪生成相关的PPARγ靶基因结合也增强。这表明三氯乙烯通过干扰PPARγ与靶基因的结合可以促进脂肪细胞分化，影响能量代谢。Tomasetti等使用ChIP-seq技术检测长期三氯乙酸暴露对TP53与miR-126启动子的结合的影响。结果显示，三氯乙酸暴露可下调TP53对miR-126启动子的结合，上调miR-126的表达；同时TP53与细胞周期与凋亡基因结合也减弱。这提示三氯乙酸可能通过干扰TP53功能，促进miR-126表达与细胞周期调控，影响肿瘤发生。一项研究使用ChIP-seq技术检测氯丹暴露对血管内皮生长因子受体2（VEGFR2）与靶基因结合的影响。结果显示，氯丹暴露可抑制VEGFR2与血管生成与血管重塑相关基因的结合，同时也抑制相关基因的表达。这表明氯丹可能通过抑制VEGFR2信号通路来影响血管生成，这可能与其神经毒性作用密切相关。

（五）甲基化分析

甲基化分析技术是指利用各种方法检测DNA甲基化模式的变化，主要用于研究基因表达调控、疾病发生机制等。DNA甲基化是表观遗传学的重要机制之一，与很多环境因素和疾病的发生都有相关性。甲基化分析技术为研究环境—表观基因组—疾病提供了重要手段，在疾病筛查、分类及治疗等方面有重要的应用前景。这些技术都需要高通量测序和生物信息学分析，成本较高，但效率更高，信息量更大。

1. 方法与原理

常用的甲基化分析方法有：

（1）甲基化特异性PCR（MSP）：利用甲基化特异性引物扩增甲基化DNA，用于检测某个基因的甲基化状态。原理是特异性引物只会识别甲基化或非甲基化的DNA，从而选择性地扩增。该技术简单、灵敏，但只能检测已知的少数位点。

（2）甲基化DNA免疫印迹（MeDIP）：该技术使用5-甲基胞嘧啶特异性抗体富集全基因组的甲基化DNA片段，然后通过芯片杂交或高通量测序鉴定甲基化的DNA片段来分析DNA甲基化模式。原理是特异性抗体可以识别并富集甲基化的DNA，从而实现全基因组范围的甲基化检测。该技术操作简便，但只能鉴定相对甲基化丰度，无法定点检测。

（3）甲基化DNA二代测序（MBD-seq）：该技术使用甲基化DNA结合蛋白（如MeCP2）富集全基因组的甲基化DNA，然后进行高通量测序。原理是甲基化DNA结合蛋白可以高效和特异性地识别并结合甲基化的CpG位点，从而捕获全基因组的甲基化DNA并进行测序。该技术操作也较简单，但同样只能获得相对的甲基化丰度信息。

（4）全基因组甲基化测序（WGBS）：该技术利用亚硫酸盐处理可以使未甲基化的胞嘧啶发生磷酸化和脱氨基作用，而甲基化的胞嘧啶不变。经PCR扩增和高通量测序后，可以通过C-T转换来判断每个CpG位点的甲基化状态。该技术能够实现单个CpG位点的精确甲基化检测，提供全面和详细的甲基化信息，是目前甲基化研究的金标准，但成本较高，数据分析也比较复杂。

2. 在环境暴露组学中的应用

（1）研究DNA甲基化与环境暴露相关疾病的关系。Petroff等采用MSP技术检测石化酸酯暴露对新生儿DNA甲基化的影响。结果显示，石化酸酯暴露可导致新生儿男性NR3C1、CYP19A1和PEG3启动子DNA甲基化变化，这些基因与内分泌和神经发育相关。这提示DNA甲基化可能在石化酸酯致内分泌功能紊乱和神经发育畸变中起作用。Liu等研究采用MSP技术检测全氟类化合物暴露对脐血DNA甲基化的影响。结果显示，全氟酸暴露与NR3C1等基因的启动子DNA低甲基化相关，这些基因与内分泌和代谢相关。这进一步证实DNA甲基化在全氟类化合物致代谢紊乱和内分泌功能失调中的重要作用。Rider等的综述报道了多项研究发现大气污染物暴露可导致肝脏疾病的DNA甲基化变化，如线粒体基因组DNA高甲基化、NR3C1调控区低甲基化等，这可能与肝脏代谢紊乱和炎症反应中DNA甲基化的关键作用有关。这进一步提示DNA甲基化是探讨环境暴露与疾病关系的重要机制之一。

（2）研究DNA甲基化在环境污染物致病机制中的作用。Jarmasz等采用MeDIP-seq技术检测妊娠小鼠BPA暴露导致胎肝细胞DNA甲基化谱的变化。结果显示，BPA暴露可影响胎肝细胞全局DNA甲基化模式，导致肝脏发育相关通路的甲基化变化。这提示DNA甲基化可能在BPA的发育毒性中发挥重要作用。Zhang等采用MeDIP-seq技术检测苯并［a］芘暴露对小鼠精子DNA甲基化谱的多代影响。结果显示，亲代小鼠经苯并［a］芘暴露可以导致F1精子DNA出现全局甲基化变化，主要影响细胞发育和信号转导通路；这些甲基化变化可部分遗传至F2代。一篇系统评价论文总结了石化酸酯暴露对DNA甲基化的影响，结果显示，石化酸酯暴露可影响胎盘、胎肝、核型膜的DNA甲基化，相关通路主要包括神经发育、内分泌功能和细胞增殖。这进一步确认DNA甲基化在环境化学物致病机制中发挥重要作用。

（六）SNP分析

单核苷酸多态性（SNP）分析技术是指利用高通量SNP芯片或二代测序技术检测样本中大量SNP位点的基因型，用于推测SNP与某种表型之间的关联，开展关联分析和遗传关联研究。SNP是人类最常见的遗传变异形式之一，与很多复杂性疾病都有关联。SNP分析技术是开展遗传因素研究的重要手段，在疾病的发病机制探究、药物靶点的发现、个性化诊疗方案的制订等方面有重要作用，并与其他组学技术有效结合使用。

1. 原理

SNP分析技术的原理主要基于单核苷酸多态性与相关表型之间的统计学关联分析。SNP是人类最常见的遗传变异形式，分布在整个基因组中，大约每1000个碱基就存在一个SNP位点。不同的SNP位点显示不同的频率分布在不同的人群中，并且部分SNP与疾病的易感性或其他表型显著相关。

2. 方法

SNP分析的主要方法有：

（1）SNP芯片：在芯片上设计大量的SNP位点探针，与标记的DNA进行杂交，根据杂交信号检测每个SNP位点的基因型。主要生产商有Affymetrix、Illumina和Agilent。Illumina推出的SNP芯片型号众多，信息量最大，是目前最广泛使用的SNP芯片平台。

（2）全外显子组测序：对全部外显子区域进行二代测序，通过读取SNP位点处的碱基变化来直接获得基因型信息，信息量最大。该方法不仅可以获得已知SNP位点的基因型，还可以发现新的SNP位点。

（3）定向测序：针对疑似的Candidate基因或基因组区域采用二代测序技术，同样可以获得SNP位点的基因型信息。定向针对性更强，成本更低，但信息量有限，未知变异无法检测。

SNP分析的一般流程：

（1）DNA提取：从研究对象中提取高质量的基因组DNA。

（2）SNP芯片选型与检测：选择适合的SNP芯片产品（可选），进行SNP位点的基因型检测。

（3）测序文库构建与测序：构建全外显子组测序或定向测序文库，进行高通量测序（可选）。

（4）基因型调用与质控：根据芯片信号或测序读取调用每个SNP位点的基因型，对质量进行评估与过滤。

（5）关联分析：采用软件工具如PLINK进行病例对照关联分析，筛选出与表型显著相关的SNP位点。

（6）逻辑回归与功能分析：利用相关软件分析相关SNP位点的功能影响与相互作用，预测潜在的分子机制。

3. 在环境暴露组学应用

（1）研究SNP与环境暴露相关疾病易感性的关系。Zhang等的一项病例对照研究分析了HOX转录物反义基因间RNA（HOTIAR SNPs）与中国南方人群肝细胞癌（HCC）风险的相关性。结果显示，三个潜在功能的HOTIAR SNPs（rs17105613、rs12427129和rs3816153）中的rs12427129和rs3816153，包括它们的SNP-SNP和SNP环境与HBsAg状态的相互作用，可能在HCC易感性中发挥重要作用。Mordukhovich等研究分析了DNA修复基因多态性与乳腺癌的关系以及与交通相关多环芳香烃暴露的交互作用。结果显示XPC、XPF和XPG基因SNP与乳腺癌风险相关；这些SNP与交通相关多环芳烃暴露的交互作用更增加了风险。这提示DNA修复基因多态性可能影响多环芳香烃致癌风险，SNP分析有助于阐明环境致病机制。

（2）研究SNP与环境暴露相关代谢酶或转运体活性的关系。Kiyohara等研究分析了代谢酶基因CYP1A1、CYP2E1和DNA修复基因XPD、XRCC1的SNP与中国人群肺癌风险的关系。结果显示，CYP1A1和XPD基因多态性可影响肺癌风险，CYP1A1与XPD的SNP交互作用更增加风险。这提示这些基因多态性可能影响化学物致癌代谢与修复能力，与肺癌易感性相关。Luo等分析了砷代谢相关基因AS3MT、GSTs和MTHFR的SNP与中国西北地区居民尿砷代谢产物的关系。结果显示，AS3MT和MTHFR的多态性与尿中无机砷和DMA的比值相关，这些SNP的交互作用可更改砷的代谢比率。这提示这些基因多态性可能影响人体砷的生物转化与代谢，从而影响暴露剂量与效应。

三、总结

本节主要概述了环境暴露组学研究中常用的几种基因分析方法，这些技术可以检测环境暴露导致的遗传学和表观遗传学变化，为研究环境暴露的致病机制、健康风险评估和个性化防护提供理论基础。

这些技术各有优缺点，可以单独使用也可以结合使用。它们在环境暴露组学研究中有着广泛的应用前景，可以为个体化风险预测和个性化防护策略提供理论支持。但这些技术还面临一定的技术和数据分析困难，需要不断发展和优化。

未来，基因分析技术在环境暴露组学研究中有以下发展趋势：

（1）集成应用。不同技术的综合应用可以提供更加全面和深入的信息，这需要开发标准化的流程和分析方法进行技术集成。

（2）高通量和自动化。基因分析技术的自动化、高通量化和低成本化将大大推进环境暴露组学研究的范畴和深度。

（3）生物信息学方法。发展生物信息学和系统生物学方法，以实现对大规模和复杂的组学数据的深入挖掘和网络解读。这需要广泛整合多种生物学数据库和软件工具。

（4）网络药理学。运用网络药理学和系统药理学的理论与方法，探索环境暴露导致的全基因组范围内的网络效应，为化学物风险评估和靶向干预提供理论依据。

（5）人群套管研究。开展人群套管研究，联合环境暴露监测和跟踪调查，结合高通量基因分析，这将为研究环境暴露的人群效应和长期影响提供重要证据。这需要良好的人群登记系统和伦理审查体系。

基因分析技术的发展将更加依托生物信息学和系统生物学方法，实现对环境暴露的全基因组和网络效应的深入认知。这为环境风险管理和公共卫生提供更加准确和可操作的理论与技术支持。但这也面临跨学科交叉和大规模数据集深度分析带来的挑战，需要广泛的学科交流与合作。

第二节　环境暴露组学的蛋白分析方法

2005年，Wild首次撰文提出了暴露组（exposome）的概念，使得在疾病病因研究中除了遗传因素以外，环境因素受到了同等的关注。暴露组是指从妊娠开始贯穿整个人生关键时点的环境暴露，不仅包括对人群生存环境中的所有暴露因素（即外源暴露源，例如环境污染、饮食、辐射等）进行评价，还包括对一生中内环境暴露因素（即内源暴露源，例如感染、炎症、微生物等）的全面评价。"自上而下"和"自下而上"研究的有机结合是暴露组研究的核心策略。前者是通过对饮食、饮水、吸入的空气等环境介质中的未知暴露源进行甄别，揭示影响疾病的外源性暴露因子来源，后者是对人体血液、尿液、唾液、组织等生物样本进行分析测定，确定体内所有的内暴露因素，用于分析外暴露以及建立干预与预防的方法。

暴露组理念的提出，加之高通量、光谱、质谱等高效准确的分析检测技术的快速发展，使得开展全环境关联研究（environmental wide association studies，EWAS）与全基因组、蛋白质组研究结合得以实现，将使我们对环境-基因、环境-蛋白交互作用与疾病关系的认识进入崭新的阶段。生物标志物不仅可以用于研究外暴露，也可以用于研究内暴露，内暴露组学采用基因组学、转录组学、表观基因组学、蛋白质组学、代谢组学、加合物组学等组学的方法进行研究。作为生物体细胞中实施化学反应功能成分的蛋白质，其相当部分与活性基因所表达的mRNA之间未能显示出直接的关系，因此使高通量基因表达分析技术的应用过程受到一定的限制。此外，由于蛋白质结构和构象方面各种微小的化学变化均能引起其活性或功能的改变，为了进一步揭示细胞内各种代谢过程与蛋白质之间的关系以及某些疾病发生发展的分子机制，我们需要对蛋白质的功能进行更深入的研究。高通量的蛋白质检测分析方法主要包括蛋白质芯片和蛋白质组学分析。

一、蛋白质芯片技术

蛋白质芯片是一种高通量的蛋白质免疫检测分析技术，可一次检测几百种甚至上千种目标因子,且只需10~100 μL的样品。蛋白质芯片中的主要类型是抗体芯片,抗体芯片是将多种不同的捕获抗体点固定于固相支持物上,每种抗体孤立成点,抗体之间相互不影响,呈方阵排列。将捕获抗体固定于固相支持物上以后,使用封闭液将空余位点进行封闭,然后将生物样本与芯片一起孵育,样本中的特异性抗原与捕获抗体偶联。偶联到捕获抗体上的抗原再与生物素标记的检测抗体一起孵育,最后通过荧光剂-链霉亲和素、HPR-链霉亲和素或化学发光试剂进行荧光剂检测或者化学发光信号检测,得到芯片的结果图片,通过软件提取图片灰度值,得到芯片数据,根据数据来比较目标因子信号差异和定量检测目标因子含量。

(一)蛋白质芯片检测原理

蛋白质芯片的检测原理主要是基于抗原抗体特异性非共价结合。蛋白质芯片目前采用的检测方法主要有双抗体夹心法检测和样品标记法检测。利用荧光扫描仪或激光共聚焦扫描技术测定芯片上各点的荧光强度,通过荧光强度分析蛋白质与蛋白质之间的相互作用关系,以达到测定各种蛋白质功能的目的。

1. 双抗体夹心法

双抗体夹心芯片是将捕获抗体预先固定在固相载体上,生物样品加入芯片上一起孵育反应后,其特异性的抗原与捕获抗体结合,然后加入生物素标记的检测抗体一起孵育,最后通过HRP-链霉亲和素与化学发光底物,或者荧光染色剂-链霉亲和素结合作为信号检测。这种基于"三明治"双抗体夹心法建立的芯片,高品质的抗体对是此方法的关键。夹心法有很高的灵敏度,检测浓度可以低至1~10 pg/mL,每增加一个检测蛋白,芯片上就需要增加一个抗体对,这样可能出现交叉反应,因此需要将每个抗体对与芯片上其他抗体对进行检测,验证是否可以引入这个抗体对,其不对其他抗体对的检测造成干扰,通过优化筛选将交叉反应降到最小。

由于抗体对之间可能存在的相互影响,夹心法抗体芯片一次性检测的蛋白数量是有所限制的。目前,技术成熟的芯片验证匹配对的抗体对有>1000种抗体对,基于双抗体夹心法开发的半定量芯片有200多种,定量抗体芯片有100多种,涵盖的因子有1000多个,包括炎症因子、凋亡因子、生长因子、血管因子、肥胖因子、信号转导磷酸化、白介素等各种疾病相关的因子。夹心法芯片具有特异性好、灵敏度高、重复性和稳定性好的优点。

2. 样品标记法

标记法芯片只需要一个捕获抗体,是用生物素标记样品来代替标记检测抗体。将捕获抗体预先固定在固相载体上,生物样品在检测前先进行蛋白生物素标记,将活化的生物素与蛋白的氨基共价偶联。生物素标记后的样品加入芯片上一起孵育反应,捕获抗体结合特异性的蛋白,然后加入HRP-链霉亲和素与化学发光底物,或者荧光染色剂-链霉亲和素结合作为信号检测。这种模式可以检测那些没有合适的抗体对用于建立双抗体夹心法检测的分析物。由于溶液中没有自由的检测抗体与其他抗体相互作用产生干扰,就可以避免基于抗体相互作用产生的交叉反应,所以引入新的抗体到标记芯片上比较容易,一个芯片上可以有几百个甚至几千个抗体。目前,成熟的标记法芯片可以一次性筛选1000个因子,可以定制5000种以上因子的标记法芯片。标记法芯片非常适合于大批量的筛选试验。

(二)蛋白质芯片的分类

蛋白芯片主要有三类:蛋白质微阵列、微孔板蛋白质芯片、三维凝胶块芯片等,根据使用的载体又可分为玻片芯片和膜芯片(使用PVDF或NC膜作为载体)。

1. 蛋白质微阵列

蛋白质微阵列(protein-detecting microarrays,PDMs)是一种高通量、微型化、自动化的蛋白质分析技术。哈佛大学的Macbeath和SchreiberL等报道了通过点样机械装置制作蛋白质芯片的研究。将针尖浸入装有纯化的蛋白质溶液的微孔中,然后移至载玻片上,在载玻片表面点上1 nL的溶液,然后机械手重复操作,点不同的蛋白质。利用此装置大约固定了10 000种蛋白质,并用其研究蛋白质与蛋白质间、蛋白质与小分子间的特异性相互作用。Macbeath和Schreiber首先用一层小牛血清白蛋白(BSA)修饰玻片,可以防止固定在表面上的蛋白质变性。由于赖氨酸广泛存在于蛋白质的肽链中,BSA中的赖氨酸通过活性剂与点样的蛋白质样品所含的赖氨酸发生反应,使其结合在基片表面,使一些蛋白质的活性区域露出。这样,利用点样装置将蛋白质固定在t3SA表面上而制成。PDMs的发展趋势有2种:一种可用于疾病诊断,为真实微阵列芯片,检测一种已知蛋白质转录后的修饰形式;另一种适用于生物标记研究和环境暴露应激反应时大规模蛋白质表达分析,类似于Ciphergen芯片,其核心技术是表面增强激光解吸电离(surface-enhanced laser desorption/ionisation,SELDI)质谱与TOF技术的联用。

2. 微孔板蛋白芯片

Mendoza等在传统微滴定板的基础上,利用机械手在96孔的每一个孔的平底上点样成同样的四组蛋白质,每组36个点(4×36阵列),含有8种不同抗原和标记蛋白。可直接使用与之配套的全自动免疫分析仪来测定结果。适合蛋白质的大规模、多种类的筛选。

3. 三维凝胶块芯片

三维凝胶块芯片是美国阿贡国家实验室和俄罗斯科学院恩格尔哈得分子生物学研究所开发的一种芯片技术。三维凝胶块芯片实质上是在基片上点布以10 000个微小聚苯烯酰胺凝胶块,每个凝胶块可用于靶DNA、RNA和蛋白质的分析。这种芯片可用于筛选抗原抗体、酶动力学反应的研究。该系统的优点是:凝胶条的三维化能加进更多的已知样品,提高检测的灵敏度;蛋白质能够以天然状态分析,可以进行免疫测定;受体、配体研究和蛋白质组分分析。

(三)适用于蛋白质芯片检测的样本及其收集方法

1. 适用于蛋白质芯片检测的样本

适用于蛋白质芯片检测的常规样本有血清、血浆、细胞培养液上清、细胞裂解液、组织裂解液。除了常规样品外，目前国内外研究报道了利用蛋白芯片检测成功的特殊样本，包括尿液、眼泪、唾液、痰液、脑脊液、前列腺液、腹腔注射液、奶水、初乳、支气管肺泡灌洗液、脓肿液、中耳液、血小板稀释物、骨头裂解液、精浆液、卵泡液、囊泡液等。

2. 样品的收集方法

（1）血液样本

① 血清：收集全血至普通离心管或者采血管（不含抗凝剂、防腐剂或者分离剂），室温放置30～45 min，以3000～5000 rpm/min离心10 min，取上清检测或者−80℃冻存。

② 血浆：收集全血致EDTAK2、肝素锂或者枸橼酸钠等真空采血管，以3000～5000 rpm/min离心10 min，取上清检测或者−80℃冻存。

（2）尿液样本

收集不添加稳定剂的尿液样本，高速离心（如10 000 g离心1 min；或者5000 g离心2 min），取上清液分装，利用干冰、甲醇浴或者液氮使样本迅速解冻，−80℃储存备用。

（3）细胞样本

① 细胞上清（条件培养基）：因血清中含有部分细胞因子，因此建议制备无血清或低血清的条件培养基。于培养皿或者培养板中加入完全培养基，接种细胞；待细胞贴壁后，加入含干预药物的6～8 mL无血清或低血清（低于2%胎牛血清）培养基作用于细胞；待药物作用时间点到达时，确保融合度达到90%以上，收集培养液于15 mL离心管内，2000 rpm、4℃离心10 min，收集上清液，分装于1.5 mL EP管内，−80℃储存备用。

细胞上清归一化：对于细胞上清的检测，不同组之间需要接种同样数量的细胞，加入同样体积的培养基，培养同样时间后收集样品。

② 细胞裂解液：待药物作用时间点到达后，确保细胞融合度达到90%以上，弃上清，用4℃预冷的PBS清洗细胞2次。

直接裂解细胞：即加入150～200 µL的细胞裂解液（参照所购裂解液说明书），快速刮下培养板/皿中的细胞，收集细胞裂解液，加入微量离心管中，冰浴下裂解30 min，其间每10 min使用涡旋器涡旋30 s或者使用移液枪吹打使其裂解充分。

收集细胞后裂解：加入PBS刮落细胞，收集于离心管中，2000～3000 rpm、4℃离心10 min，弃上清。参照所购裂解液说明书加入100～200 µL的细胞裂解液，冰浴下裂解30 min，其间每10 min使用涡旋器涡旋30 s或者使用移液枪吹打使其裂解充分，裂解液于14 000 rpm、4℃离心10 min，吸取清澈的上清液于干净的离心管中（确保只吸取上层清澈的细胞裂解液上清，如果上清出现絮状或者混浊，则将细胞裂解液上清转入干净的离心管中，再次于14 000 rpm、4℃离心10～20 min后取上清）。建议裂解蛋白浓度至少2 mg/mL，上样时稀释倍数5～10倍，上样浓度建议500 µg/mL。

（4）组织样本

将组织切成小块，置2 mL的离心管中，按每100 mg组织加入500 µL的细胞裂解液

（或者参照所购裂解液说明书）后，冰浴下使用研浆机将组织打碎，于14 000 rpm、4℃离心混合组织裂解液15～20 min，吸取清澈的上清液于干净的离心管中（确保只吸取顶层清澈的组织裂解液上清，如果上清出现絮状或者混浊，则将上清转入干净的离心管中，再次于14 000 rpm、4℃离心10～20 min后取上清）。

（四）蛋白质芯片操作流程

整个操作流程如图4-1所示（以抗体芯片为例），包括：

1. 从组织或细胞、体液中进行蛋白质提取；
2. 用Cy5和Cy3两种不同颜色的荧光分子分别标记两个样品；
3. 洗去多余的标记分子；
4. 与芯片杂交孵育；
5. 扫描分析结果。

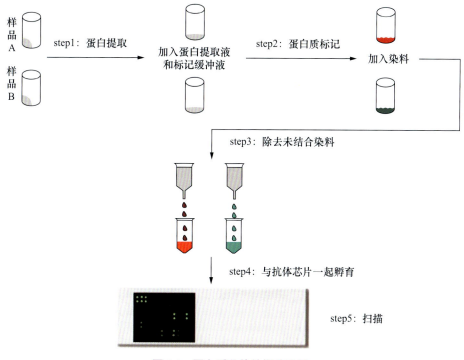

图4-1 蛋白质芯片的操作流程

（五）蛋白质芯片检测结果的分析方法

1. 膜芯片结果分析

（1）化学发光成像系统拍照

化学发光成像系统主要是由CCD相机和暗室组成。在膜芯片上加入化学发光剂孵育2 min后，用镊子托着膜的底部，将膜放置在塑料片上，缓慢盖上另一张塑料片，将其中的气泡驱赶干净，避免压膜和反复摩擦，操作要迅速，避免发光反应过度。使用化学发光成像仪拍照，化学发光成像仪可设置30 s、1 min、3 min、5 min连续拍照，得到系列图片。

（2）胶片曝光成像

在模芯片上加入发光试剂后可以使用胶片曝光，X-ray连续曝光。膜曝光40 s，然后根据信号强度再次曝光，如果背景很高说明信号太强，应减少曝光时间（例如5～30 s）；如果信号太弱，则延长曝光时间（例如5～20 min，或者过夜）。胶片曝光后显影、定影，晾干后的胶片使用普通文字扫描仪扫描后，即得芯片结果图片。

（3）比色法成像

膜芯片孵育HRP-Strepavidin后，清洗后浸泡于TMB显色液中，15～30 min后芯片上的点会显示出蓝色，将芯片清洗1次，取出洗液中的芯片，夹在滤纸中吸干洗液后，使用普通文字扫描仪扫描后，即得芯片结果图片。

（4）红外扫描成像

用Infrare-Streptavidin代替HRP-Strepavidin孵育膜芯片，清洗后直接用红外扫描仪扫描，即可得芯片结果图片。

2. 玻片芯片结果分析

玻璃芯片可直接使用扫描仪或荧光扫描仪扫描得到芯片结果图片。一般来说，大多数基因芯片扫描仪都可以使用，只要扫描仪有一个Cy3标记（绿色）通道和≤20 μm的像素分辨率，并能扫描标准大小的玻片即可。

（六）蛋白质芯片的优点与挑战

1. 蛋白质芯片的优点

蛋白质芯片具有以下优点：

（1）直接用粗生物样品（血清、尿、体液）进行分析。

（2）同时快速发现多个生物标记物。

（3）小量样品。

（4）高通量的验证能力。

（5）发现低丰度蛋白质。

（6）测定疏水蛋白质。与"双相电泳加飞行质谱"相比，除了有相似功能外，还可增加测定疏水蛋白质。

（7）在同一系统中集发现和检测为一体，特异性高，利用单克隆抗体芯片，可鉴定未知抗原/蛋白质，以减少测定蛋白质序列的工作量。

（8）可以定量。利用单克隆抗体芯片，由于结合至芯片上的抗体是定量的，故可以测定抗原量，但一般飞行质谱不用于定量分析。

（9）功能广。利用单克隆抗体芯片，可替代Western Blot；利用单克隆抗体芯片，可互补流式细胞仪不足的功能，如将细胞溶解，可测定细胞内的抗原，而且灵敏度远高于流式细胞仪。

2. 蛋白质芯片面临的挑战

蛋白质芯片还面临着诸多挑战，未来的发展重点集中在以下几个方面：

（1）建立快速、廉价、高通量的蛋白质表达和纯化方法，高通量制备抗体并定义每种抗体的亲和特异性；第一代蛋白检测芯片将主要依赖于抗体和其他大分子，显然，用这些材料制备复杂的芯片，尤其是规模生产会存在很多实际问题，理想的解决办法是采用化学合成的方法大规模制备抗体。

（2）改进基质材料的表面处理技术以减少蛋白质的非特异性结合。

（3）提高芯片制作的点阵速度；提供合适的温度和湿度以保持芯片表面蛋白质的稳定性及生物活性。

（4）研究通用的高灵敏度、高分辨率检测方法，实现成像与数据分析一体化。

（七）总结

蛋白质芯片是当前蛋白质组学研究中比较理想的技术平台。该技术完全不依赖蛋白质的构象，从而优于那些类似DNA阵列的多属于抗体、抗原作用的普通蛋白质芯片，因为他们需要设计与重组蛋白质结合的技术。蛋白质芯片系统在研究超微量的蛋白质、高通量筛选蛋白质和鉴定生物标记等方面更加特异、快速、自动化。

二、蛋白质组学技术

（一）蛋白质组学的概念

蛋白质组学（proteomics）是指系统研究某一基因组所表达的所有蛋白质，包括组成蛋白质一级结构的氨基酸序列、蛋白质的丰度、蛋白质的修饰以及蛋白质之间的相互作用。蛋白质组（proteome）的概念最早在1994年由澳大利亚Maquaire大学的一个学生Marc wilkins提出，蛋白质组被定义为由一个基因组所表达的所有蛋白质。在随后的几年中（2000年以后），蛋白质组学的概念也随之产生，被用来表示对整个蛋白质组的研究。蛋白质组研究是指系统研究在某一特定时间、特定条件下，某一种特定组织中的所有蛋白质。对蛋白质的研究也不只是局限于蛋白质的氨基酸序列，而是包括了蛋白质的表达量、蛋白质活性、被修饰的状况以及和其他蛋白质或分子的相互作用情况、亚细胞定位和三维结构。这些信息对于全面了解复杂的生物系统有着重要的意义。因此，蛋白质组学的研究目标是大规模、系统化地研究蛋白质的特性，以期望在蛋白质水平上解释控制复杂的生命活动的分子网络。

（二）蛋白质组学的特性

蛋白质组学是从整体水平上研究细胞内蛋白质的组成及其活动规律。蛋白质组和基因组（genome）在概念上有相关性，代表某一个蛋白质组的蛋白质是由基因组所编码的,然而蛋白质组学和基因组学在研究对象和研究方法上有很大的区别。

蛋白质组的复杂性也远远高于基因组,这是因为一个基因≠一个转录产物≠一个蛋白质。比如据估计人的基因组由30 000个基因组成,经mRNA剪切和蛋白质翻译后修饰将产生20万～200万个蛋白质。由于不同的转录起始和mRNA剪切使同一基因产生了不同的转录产物。同样由于不同的翻译起始,一个mRNA可以翻译成不同的蛋白质。即使是同样的蛋白质,由于组织细胞定位的不同也会影响蛋白质的功能。蛋白质翻译后的修饰,如磷酸化(phosphorylation)、甲基化(methylation)、泛素化(ubiquitylation)或蛋白质降解等过程都可以影响到蛋白质的活性、细胞定位和蛋白质的稳定性。一个蛋白质翻译完成后仍可以发生一系列的变化,影响到整个细胞的生命活动。

基因组在所有的细胞中几乎都是完整的,与之不同的是,蛋白质组具有很高的细胞和组织特异性,不同的细胞组织表达不同的蛋白质组。同时蛋白质的表达和修饰过程还受到生长发育和外界环境因素的影响,因此蛋白质组并不是静态的,而是处于高度的动态变化之中。真核生物的蛋白质表达具有很高的动态变化范围,低丰度蛋白质的含量为10～100分子/细胞,而高丰度蛋白质的量可以达到10^5～10^7分子/细胞,变化范围超过6个数量级。蛋白质组的高度复杂性和动态性决定了蛋白质组学研究比基因组学面临更多的困难和挑战。蛋白质的研究无论在蛋白质的提取、纯化,还是在结果分析阶段,都比核酸更加复杂。比如在蛋白质组的研究中不存在与PCR类似的扩增技术;再比如Microarray技术是一种在基因组学研究中被广泛应用的高通量的研究手段,用于研究整个基因组的基因表达情况。然而就目前的技术而言,蛋白质组学的研究还不能达到基因组学研究的高通量和完整性。

(三)蛋白质组与生物标志物

1. 蛋白质组和蛋白质组学

蛋白质组指细胞表达的蛋白质整体。尽管同一机体中不同细胞的基因组基本相同,但由于环境的影响,不同时间、不同细胞的蛋白质组可以不同。蛋白质组学则是研究蛋白质组的一门学科,包括样品中蛋白质的系统分离、识别和鉴定。

2. 基因组和蛋白质组

蛋白质组是相对应的基因组所表达的蛋白质。基因组和蛋白组的主要区别在于基因组呈静态,而蛋白组是蛋白质的动态集合体。基因组分析为细胞状态及对环境应激反应提供重要信息。美国环境基因组计划主要是研究基因-环境因素的交互作用、鉴定和保护高危人群,了解环境相关疾病中遗传因素的作用。但基因组分析有下列不足:(1)基因组技术需要选择合适阶段的肿瘤组织。(2)基因表达与蛋白质表达或蛋白质功能无线性关系。在病理过程中,组织中基因活性异常,不同基因的活性水平与相应组织中蛋白质表达含量的相关性较差。尽管同一机体不同细胞的基因组基本相同,但随时间或环境应激反应的不同,细胞的蛋白组都可能发生改变。(3)基因组技术不能检测出环境暴露引起的细胞转录后修饰、突变和剪接变异，因此限制了蛋白质修饰物不良影响作用机制的研究。此外，基因组分析技术要求条件较高，不适用于环境相关疾病的检测。

3. 蛋白质生物标志物

生物标志物是环境因子导致机体器官、细胞、亚细胞的生理、生化、免疫和遗传等可检测出的改变，基因突变，转录和翻译后修饰，蛋白质产物的变化，可以作为疾病的特殊生物标志物，反映了疾病发生过程中细胞状态，可作为监测疾病的重要手段。蛋白质生物标志物即直接检测一些关键蛋白质作为疾病的特殊生物标志物。结合传统的生物学方法，蛋白组学为评价环境污染物的暴露、效应及易感性提供了新的生物标志物。今后分子流行病学调查结果可将蛋白质生物标志物用于环境因素的评价、人类健康评估和发病机制的研究，确定干预目标，预防环境相关疾病的发生。

（四）蛋白质组学分析的目的

蛋白质组学分析目的是从整体的角度分析机体内动态变化的蛋白质组成成分、表达水平、修饰状态，了解蛋白质之间的相互作用，揭示蛋白质功能与生命活动的规律。主要回答关于蛋白质的4个方面的问题：细胞中蛋白质的含量，蛋白质在细胞中的定位，蛋白质的活性，蛋白质的修饰。组学（-omics）通常指生物学中对各类研究对象（一般为生物分子）的集合所进行的系统性研究，而这些研究对象的集合被称为组（-ome）。暴露组学关注个体一生中所有暴露的测量，以及这些暴露如何与疾病建立联系。暴露组学是关于暴露组的科学，它依赖于其他学科的发展（如基因组学、蛋白质组学、脂类组学、糖组学、转录组学、代谢物组学、加合物组学等）。这些学科的共同点是：利用生物标志物确定暴露、暴露的影响、疾病的发展过程和敏感因素；新技术的应用产生海量数据；利用数据挖掘技术发现暴露、暴露影响、其他因素（如基因）与疾病之间的统计学关系。暴露组的关键因素是可以准确地测量暴露和暴露的影响。组学技术有助于人类理解疾病的病因和过程。

（五）蛋白质组学分析的样本

1. 蛋白质组学分析的样本要求

用于蛋白质组学检测的样本于液氮中或-80℃保存，为避免蛋白衰减，建议半年内检测效果最好，其间避免反复冻融。样本种类及要求如下：

常规动物组织≥70 mg；

常规植物组织≥300 mg；

微生物≥80 μL；

细胞≥30 μL；

纯蛋白≥30 μg；

血清/血浆≥450 μL；

尿液≥7.5 mL；

唾液、泪液≥1 mL；

脑脊液≥450 μL；

淋巴液、关节液、穿刺液≥4.5 mL；

FFPE石蜡包埋切片（每片厚度10 μm，面积1.5 cm×2 cm）≥15片；

外泌体≥50 μL。

2. 蛋白质样品的制备

蛋白质样品的制备包括蛋白质的分离、提取、纯化，是蛋白质组分析的基础，是蛋白质组研究的第一步，样品制备的操作失误在后续的分离工作中无法修复。因此，无论后续采用怎样的分离或鉴定手段，建立有效、可重复的样品制备方法都是蛋白质成功分离的关键步骤，直接影响蛋白质组学研究的结果。从蛋白质组大规模研究的角度而言，要求样品制备尽可能获得所有的蛋白质，但是由于蛋白质种类多、丰度不一及物化特征多样等，要达到真正的全息制备具有难度。因此，目前没有一种蛋白质样本制备方法能够适用于所有的生物材料，需根据研究目的，针对不同的样品采取适宜的制备策略。

（1）蛋白质样品制备的目的与步骤

1）蛋白质样品制备的目的如下：

A．排除非蛋白质的影响。在细胞水平上，要从某些组织样本中寻找功能蛋白质，就要排除非蛋白质的影响。如，某些植物组织中（如果实或一些木质化的植物茎或根），由于蛋白质丰度较低，以及一些天然存在物质如色素、多酚、木质素、碳水化合物等的干扰，影响蛋白质的正常电泳，并降低蛋白质分离效果，因此，需要将非蛋白质去除。

B．浓缩蛋白质。一般条件下的双向电泳能分辨1000～5000个蛋白质点，而生物的蛋白质种类多达10万种，样品中的蛋白质种类也可达1万种以上，但大部分蛋白质的拷贝数都较少，因此，通过样品制备可以起到浓缩蛋白质的作用。

C．消除各种细胞或组织的混杂影响。样本都是各种细胞或组织的混杂，而且状态不一。要对组织样本进行研究，就要消除这些影响。如肿瘤组织中，研究目的是疾病标记的蛋白质组，而发生癌变的往往是上皮类细胞，这类细胞在肿瘤中总是与血管、基质细胞等混杂。所以常规采用的癌和癌旁组织或肿瘤与正常组织的差异比较，实际上是多种细胞甚至组织蛋白质组混合物的比较，而蛋白质组的研究通常是单一的细胞类型，因此需要进行有效的样品制备。

2）对应蛋白质样品制备的目的，其步骤如下：

①分离：将生物提取液中的蛋白质与其他物质分开；

②提取：从总的蛋白质溶液中提取目标蛋白；

③纯化：从总的蛋白质中或从目标蛋白质中分离出杂质，使蛋白质单一化。

（2）蛋白质样品制备的原则

蛋白质制备的整体原则遵循以下9条：

① 尽可能采用简单方法对样品进行简单处理，以避免蛋白质丢失；

② 尽可能地提高样品的溶解度，溶解全部蛋白质，使所有待分析的蛋白质样品全部处于溶解状态（包括尽可能多地溶解疏水性蛋白质），且制备方法应具有可重现性；

③ 细胞和组织样品的制备应尽可能减少蛋白质的降解（如酶降解、化学降解等），低温和蛋白酶抑制剂可以防止蛋白质的降解；

④ 在样品制备过程中，防止发生样品的抽提后蛋白质样品化学修饰（加入尿素后加温不要超过37℃，防止氨甲酰化而修饰蛋白）；

⑤ 防止样品在等电聚焦时发生蛋白质的聚集和沉淀；

⑥ 防止破坏蛋白质与其他生物大分子之间的相互作用，以产生独立的多肽链；

⑦ 有些研究中必须保持蛋白质活性；

⑧ 通过超速冷冻离心等方法清除所有的非蛋白杂质，同时对可能起干扰作用的高丰度或无关蛋白质也应去除，从而保证待研究蛋白质的可检测性；

⑨ 样品裂解液应新鲜配制，并分装后冻存于-80℃；避免反复冻融已制备好的样品。

以上原则中，第②④⑧条尤为重要。

（3）蛋白质样品制备中各要素的协调

进行样品制备是其流程的选择，实际是对细节的把握，这取决于研究的材料和实验目的。例如，对低温条件的选择、细胞破碎方法的选择、去除杂质方法的选择，都要慎重考虑；对不同类型的蛋白质进行样品制备时，需要采用不同的方法和条件；实验目的是获得尽可能多的蛋白质，还是仅获得所感兴趣的某些蛋白质；某些蛋白质会在天然状态下与细胞膜、核酸或其他蛋白质形成复合物；某些蛋白质能形成各种非特异性聚合体，而某些蛋白质在脱离其正常环境时则发生沉淀。

由于细胞破碎、蛋白质的解聚和溶解、去污剂和裂解液的成分等方法或试剂的不同，影响着溶液的效果。如果其中任何一个步骤没有得到优化，都可能会导致蛋白质分离不完全或发生变异反应。同时，也需要根据后续研究的重点，对方法或试剂进行调整。例如，后续研究是更侧重于全蛋白质表达谱还是可重复的清晰图谱。此外，也要注意一些附加的样品制备方法，这些方法可能在提高双向电泳图谱质量的同时，也会导致某些种类蛋白质的丢失。因此，必须谨慎地权衡上述各因素之间的关系来做出决定。

（4）蛋白质组学分析的样本前处理

以组织和细胞为例，用于蛋白质组学分析的样本处理基本流程包括：

第一步，蛋白质的提取。

① 组织样品：组织中加入约200 μL裂解液，对于组织样本须剪碎，研磨至无肉眼可见的碎片，解液和组织样本的比例是0.5 mL裂解液：100 mg组织。

吸取组织悬液至离心管中，用200 μL裂解液冲洗研磨器，使组织悬液被充分收集至离心管，重复1次，共收集600 μL组织悬液。

② 细胞样品：收集细胞，细胞样本按照106个细胞加入大约400 μL 裂解液，常规的人或者小鼠细胞超声70～75 W，超声5 s 停10 s，超声3～5 min，使细胞破碎。

③ 冰浴中放置40 min～1 h，使其充分裂解后，4℃、15 000 r/min 离心30 min，取上清液。

第二步，对提取后的蛋白样品进行还原烷基化处理，打开二硫键以便后续步骤充分酶解蛋白。取出需要的样本量加入终浓度10 mM DTT，在56℃下反应30 min 后加入终浓度20 mM IAA 室温下避光反应30 min；每管各加入预冷的丙酮（丙酮：样品体积比＝5：1），−20℃沉淀2 h；12 000 rpm，4℃离心20 min，取沉淀；含1 M 尿素的TEAB 溶解液20 uL，混悬，充分溶解样品。

第三步，用 Brandford 或 BCA 法（商业试剂盒）进行蛋白的浓度测定。

第四步，SDS-PAGE 检测。聚丙烯酰胺凝胶为网状结构，具有分子筛效应。在SDS-聚丙烯酰胺凝胶（SDS-PAGE）中，蛋白质亚基的电泳迁移率主要取决于亚基分子量的大小。

第五步，每个样品取等量蛋白 Trypsin 酶解。

① 酶解：按照质量比1：50（酶：蛋白）加入 Trypsin，在37℃酶解15 h。

② 终止：酶解液加入终浓度0.5%的 TFA 终止酶解，浓缩冻干。

（六）蛋白质组学分析的方法

蛋白质组学分析方法主要包括：①标记定量蛋白质组学：TMT/iTRAQ 标记（化学标记）全定量蛋白组学技术、SILAC 标记（代谢标记）定量蛋白质组学；②非标记定量蛋白质组学：Label-free 全蛋白组学技术；③靶向蛋白质组学，主要包括 SWATH/DIA 蛋白组学技术、PRM 蛋白组学技术、MRM/SRM 蛋白组学技术；④修饰组学：磷酸化、糖基化、甲基化、乙酰化、泛素化等。环境暴露组学研究中常用的为 TMT/iTRAQ、Label-free、SWATH/DIA，本节重点介绍这三种蛋白质组学的原理、基本实验流程、优缺点及在环境暴露组学研究中的应用场景等，为相关研究提供参考。

1. TMT/iTRAQ 标记全定量蛋白质组学技术

iTRAQ/TMT 标记定量蛋白质组研究是对一个基因组表达的全部蛋白质或一个复杂混合体系内所有蛋白质进行标记，利用标记试剂中的二级报告离子来对蛋白进行精确鉴定和定量。标记试剂分为两种：iTRAQ（Isobaric Tag for Relative Absolute Quantitation）和 TMT（Tandem Mass Tags），是分别由美国 AB Sciex 公司和 Thermo 公司研发的多肽体外标记定量技术，采用多种同位素的标签，可与氨基（包括氨基酸N端及赖氨酸侧链氨基）反应实现连接，通过高精度质谱分析，同时实现多个样本蛋白组的定性和定量。由于样本带了标记，混合后仍可以区分不同的样本，混合的好处在于虽然样本检测时仪器方面的所有条件都相同，但蛋白的变化趋势不会随仪器的波动而波动。来自不同样品的同一肽段经 TMT/iTRAQ 试剂标记后具有相同的质量数，并在一级质谱检测（MS1）中表现为同一个质谱峰。当此质谱峰被选定进行碎裂后，在二

（2）TMT/iTRAQ标记定量蛋白质组学分析的实验流程

TMT/iTRAQ定量蛋白质组学实验的基本流程如图4-4所示：样品经蛋白提取、定量、SDS-PAGE检测、肽段酶解前处理后，进行以下流程。

① 采用标记试剂盒：用TMT/iTRAQ试剂标记肽段。

② 馏分分离：将标记后的肽段进行等量混合，对混合后的肽段使用C18反相柱进行预分离。

③ 上机检测：LC-MS/MS分析，并进行数据采集。

④ 数据分析：建立参考数据库，进行数据库检索，对搜库后数据进行生物信息学分析，主要包括鉴定分析、表达差异分析、功能分析等。

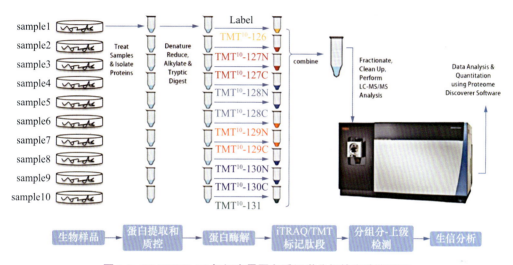

图4-4　TMT/iTRAQ标记定量蛋白质组学分析的实验流程图

（3）TMT/iTRAQ标记定量蛋白质组学技术的优势

利用TMT/iTRAQ技术进行蛋白质组定量的优势主要体现在：

① 灵敏度高：分级分离，降低样品复杂度，相比凝胶电泳观测到的蛋白变化在2倍以上，iTRAQ计算出的蛋白变化在1.3~1.6倍，可检测低丰度蛋白。

② 分离能力强：可分离出酸/碱性蛋白，小于10 kD或大于200 kD的蛋白、难溶性蛋白等。

③ 适用范围广：可以对任何类型的蛋白质进行鉴定，包括膜蛋白、核蛋白和胞外蛋白等；也能对任何类型的蛋白质进行鉴定，包括高分子量，酸性、碱性蛋白质。

④ 高通量：可同时对8个样本进行分析，特别适用于采用多种处理方式或来自多个处理时间的样本的差异蛋白分析。

⑤ 结果可靠：基于高灵敏度和高分辨的串联质谱方法，定性与定量同步进行，同时给出每一个组分的相对表达水平、分子量和丰富的结构信息，重复样品间的蛋白表达量相关性高。

⑥ 自动化程度高：液质连用，自动化操作，分析速度快，分离效果好。

（4）TMT/iTRAQ的适用场景

以下场景适用于TMT/iTRAQ蛋白质组学分析：生物疾病标志物研究，生物疾病发生发展过程分子机制研究，环境化学或生物暴露作用靶点研究，环境化学或生物暴露作用机制信号转导研究，环境暴露农作物发育机制的研究，植物胁迫/抗逆研究，环境暴露对生物体的作用机制研究，物种蛋白质草图构建。

2. Label-free全蛋白质组学技术

（1）Label-free的原理

Label-free是通过比较质谱分析次数或质谱峰强度，分析不同来源样品蛋白的数量变化，认为肽段在质谱中被捕获检测的频率与其在混合物中的丰度成正相关，因此蛋白质被质谱检测的计数反映了蛋白质的丰度，通过适当的数学公式可以将质谱检测计数与蛋白质的量联系起来，从而对蛋白质进行定量。按照其原理主要分为两种，第一种spectrum counts类的非标记方法，发展比较早，已经形成多种定量算法，但是主要的原理都是以MS2的鉴定结果为定量基础，各种方法的差别在于后期算法在大规模数据上的修正；第二种非标记定量的原理是以MS1为基础，计算每个肽段的信号强度在LC-MS上的积分。

（2）Label-free的优势与缺陷

目前，已经有一系列配套的非标记定量分析软件，其中包括的GE公司开发的DeCyder MSTM商业化软件，领先的蛋白质组学定性定量算法MaxQuant。运用这些软件，对液相色谱串联质谱数据非标记定量分析是将质谱数据由谱峰形式转化为直观的类似双向凝胶的图谱，谱图上每一个点代表一个肽段，而不是蛋白质；再比较的不同样本上相应肽段的强度，从而对肽段对应的蛋白质进行相对定量。实践证明其具有很好的定量准确性和可信性，现在已经逐渐成为蛋白质组学领域内的标准解决方案。

Label-free不使用任何标记方法，直接对肽段进行定性/定量分析。定量方式分为两种：峰面积（peak intensity）和峰计数（spectral count），常用的是峰面积。不过，由于质谱采集时只选取topN的母离子进行二级碎裂检测，二级又是用来做鉴定蛋白种类的，所以Label free会丢失一些丰度较低的肽段信息。另外，不同时间点选取的topN个离子都是随机的，所以又会导致缺失值比较多。

（3）Label-free的实验流程

Label-free实验的分析流程主要包括蛋白质提取与质控、肽段酶解、色谱分级、液相色谱-串联质谱（LC-MS/MS）数据采集、数据库检索、数据生物信息学分析等步骤。与标记定量蛋白质组学技术相比，少了TMT/iTRAQ试剂标记肽段及肽段进行等量混合步骤，其他步骤相同，如图4-5所示。

（4）Label-free的适用场景

以下场景适用于Label-free蛋白质组学分析：环境暴露对机体影响的机制和调控机制研究，动态过程中机制研究，疾病标志物的筛选，用药及预后标志物筛选，不同组织、细胞、体液或生物体样品不同状态下的差异蛋白比较。

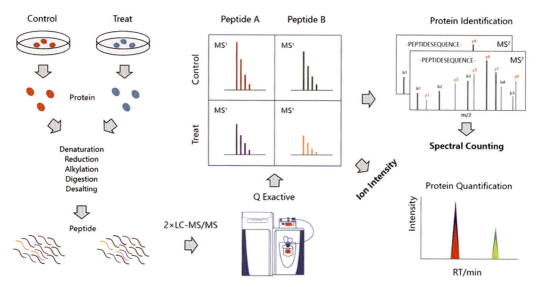

图4-5　Label-free蛋白质组学分析的实验流程图

3．SWATH/DIA靶向定量蛋白组学技术

当前，比较主流的蛋白质组学研究方案当属LC-MS/MS系统，LC-MS/MS系统使一次实验鉴定上万个蛋白成为可能。基于LC-MS/MS系统的方案也叫shot-gun法，质谱的采集模式为数据依据采集（data dependent acquisition，DDA）。在这种模式下，质谱根据离子化的肽段母离子的强度，依次选择10～20个强度最大的离子进入串联质谱，进行进一步碎裂，然后经过与模板蛋白质数据库比较确认。这种方法无疑丢失了大量有用的肽段母离子信息。此外，经过二级碎裂的二级谱图，在后期使用软件鉴定中也仅有少量谱图得到解析（约30%），大部分谱图依然得不到有效利用。质谱选择离子的随机性，造成鉴定的重复度较低，即同样的样品，同样的仪器，两次不同采集，其鉴定结果差别较大。又由于空间电荷效应的存在，大大限制了分析的动态范围，一些重要的低丰度蛋白得不到解析。

针对上述问题，瑞士苏黎世联邦理工学院的Ruedi Aebersold博士及其团队与AB-SCIEX公司联合推出了一项全新的质谱技术——SWATH（sequential windowed acquisition of all theoretical fragment ions）。

（1）DIA的基本原理与优势

数据非依赖采集（data independent acquisition，DIA）是近年来备受瞩目的质谱采集技术，一度引领了定量蛋白质组学新发展。其实它也是非标记技术的一种，DIA相比于传统Label-free的最大优势在于高效测定复杂样品中相对低丰度的蛋白分子，极大地提高了定量分析的可信度。

DIA技术的原理是在质谱二级数据采集时，会将所有母离子及其碎裂后的子离子进行扫描，不再根据母离子信号强度筛选topN个进行二级扫描。与传统的DDA质谱技术相比，DIA采用了不同的数据扫描模式：将质谱整个全扫描范围分为若干个窗口，然后对每个窗口中的所有离子进行检测、碎裂，从而无遗漏、无差异地获得样本中所有离子的信息。DIA方法的代表性技术就是SWATH。SWATH采集模式是一种新型的MS/MS扫描技术，它将扫描范围划分为以25 Da为间隔的一系列区间，通过超高速扫描来获得扫描范围内全部离子的所有碎片信息，是MS/MS-ALL技术的扩展。以蛋白质组学样品分析中常见的扫描范围400~1200 Da为例，每25 Da作为一个扫描间隔（SWATH），每个SWATH扫描时间设定为100 ms，那么该扫描范围累计需要32个SWATH（1200-400/25=32），完成一次扫描仅需要3.2 s。与传统的Shotgun技术相比，SWATH采集模式能够将扫描区间内所有的肽段母离子经过超高速扫描并进行二级碎裂，从而获得完整的肽段信息。因此，SWATH技术是一种真正全景式的、高通量的质谱技术。同时也解决了shot-gun鉴定重复度较低的缺点。

此外，借助先进的Triple-TOF 5600质谱系统，SWATH在定量上具有较高的准确度和动态范围。与传统的基于质谱定量方法不同，基于SWATH技术的定量方法直接构建二级碎片离子的XIC，曲线上的每一个点都有充分的质谱证据，大大增加了定量的准确度和可重现性。

总之，与DDA技术相比，DIA技术的优势包括：①采集所有的离子信息，实现更高的数据覆盖度；②减少采集的随机性，实现极高的检测重现性、稳定性；③采用碎片离子定量，定量精密度、准确性、线性范围大大提高。基于上述技术优势，DIA技术尤其适用于大规模样本的高度覆盖、稳定和可追溯的分析，具有高通量、高分辨率、高可重现性、定量准确等优点，而且样本无须分馏上机，极大地缩短了每个样品的检测时间。

（2）DIA的实验流程

DIA分析流程主要包括DDA建库与DIA分析两个阶段。DIA质谱实验分析流程主要包括蛋白质提取、肽段酶解、色谱分级、液相色谱-串联质谱（LC-MS/MS）DDA数据采集、数据库检索、DIA分析、质控分析、定性定量结果分析及生物信息学分析。

（3）SWATH/DIA的应用场景

下列场景适用于SWATH/DIA蛋白质组学分析：疾病标志物筛选，作用机制研究，植物抗逆研究，环境暴露物质作用靶点研究，特殊功能蛋白质筛选，物种蛋白质草图构建。

4. MRM/PRM定量蛋白质组学

（1）MRM/PRM的基本原理与流程

目标蛋白MRM定量分析是指基于质谱的多反应检测技术（multiple reaction monitoring，MRM）。该技术本质上是一种质谱的扫描模式，基于目标蛋白的特定母离子和子离子对，选择采集符合目标离子规则的信号，去除不符合规则的信号干扰，进行高灵敏度、高准确性和特异性的靶向蛋白定量。MRM质谱分析主要包括三个阶段：①一级质谱扫描筛选出与目标分子特异性一致的母离子；②碰撞碎裂母离子，去除干扰离子；③只采集来自选定的特异离子的质谱信号。可以基于理论预测或者真实实验结果选择母离子对。

平行反应监测技术（parallel reaction monitoring，PRM）是MRM的衍生技术，也可在复杂生物样品中同时对多个目标蛋白进行相对或者绝对定量检测。PRM采集目标肽段的高分辨率MS2质谱图，使用软件对ppm级别的目标离子进行峰面积抽提，可有效排除其他离子的干扰。与MRM相比，PRM动态范围更广、精度更高、灵敏度更强、重复性更好，抗背景干扰能力更强，实际操作更简单，成本更低。PRM不需要预先根据目标蛋白设计母离子和子离子对，实现了对子离子的全扫描。PRM可替代Western blot技术，高通量地在大生物样本量中验证抗体，并可应用于多种非模式生物。

PRM主要包括五个实验流程：①从shotgun实验或者根据理论推测选择靶向肽段；②制备样品混合物；③预实验调整参数和靶向肽段；④PRM检测；⑤数据分析。PRM方法的不足之处是当待分析肽段的数量过大时，需要精细调整质谱采集参数，否则会大大影响定量数据的准确和精度。

（2）MRM/PRM的应用场景

①大范围蛋白质组检测后的目标蛋白验证；②同源蛋白或突变蛋白定量研究；③对Label-free等非靶向蛋白组研究结果验证；④对多个蛋白质/肽段同时进行绝对定量研究；⑤研究同源度较高，但缺乏特异识别抗体的蛋白家族变化；⑥蛋白翻译后修饰定量研究；⑦生物疾病靶标绝对定量研究；⑧开发临床诊断预测试剂盒。

5. DIA、TMT/iTRAQ、Label-free的区别

DIA、TMT/iTRAQ、Label-free是比较常用的蛋白质组学分析方法，DIA因其定量空缺值少、重现性高、鉴定深度高等特点逐渐成为大队列样本的优选采集模式。DIA、TMT/iTRAQ、Label-free的区别见表4-2。

表4-2 DIA、TMT/iTRAQ、Label-free的区别

技术类型	DIA	TMT/iTRAQ	Label-free
样本通量	大，尤其适用于大规模的临床样本	较小，适用于样本数不多的项目（TMT目前最高通量可达16标）	大，单针进样、质控合格时，理论上无限制
定量稳定性	高，缺失值少	高，缺失值少	较低，缺失值较多
鉴定覆盖度	高，分窗口全息扫描	较高，标记后可分离多个组分	偏低
重现性	高	高	较低
检测灵敏度	中	高	低
成本	高	高	低

6. 蛋白质组学数据的生物信息学分析

首先，对于质谱下机的原始文件进行峰识别，得到峰列表。其次，建立参考数据库，进行肽段及蛋白质的鉴定。对鉴定出的所有蛋白进行GO功能分类注释和KEGG通路注释；对差异蛋白进行分析，包括差异蛋白火山图，差异蛋白GO、KEGG注释和富集分析，表达模式聚类分析和差异蛋白Venn图；也可以根据研究目的进行个性化分析，如显著性GO有向无环图，蛋白互相作用网络分析等，如图4-6所示。

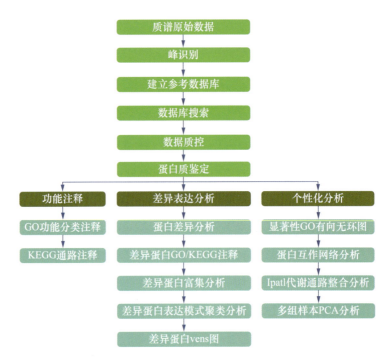

图 4-6　蛋白质组学数据的生物信息学分析

（1）数据质控

质谱下机数据需要进行蛋白数据库搜索。数据库的选择是整个信息分析流程中关键的一步，最终鉴定到的蛋白质序列都来源于被选择的数据库。一般来说，若所测样品为已经测序的生物，可直接选用该物种数据库；若为非测序生物，则选择与被测样品最为相关的大类蛋白质组数据库。目前比较常用的数据库包括：NCBInr 数据库、UniProt 数据库、BioGRID 数据库、Database of Interacting Proteins 数据库、MINT 数据库等。质谱下机数据格式为 .raw，存放质谱数据完整的扫描信息，下机后的 .raw 文件直接导入 Proteome Discoverer 2.2 软件进行数据库检索，谱肽、蛋白定量质谱下机的数据，在搜库完成后，需要进行一系列质控，包括肽段长度分布、母离子质量容差分布、Unique 肽段数分布、蛋白覆盖度分布、蛋白分子量分布。

（2）蛋白功能注释

将定量得到的稳定蛋白进行功能注释，探究这些蛋白的生物学功能。目前提供注释的通用功能数据库主要有 GO、COG、KEGG 等。利用这些数据库对鉴定到的蛋白质进行功能注释，以了解不同蛋白质的功能特性。功能注释基本步骤如下：

GO：GO 注释是将鉴定到的蛋白质利用 Interproscan 软件进行分析，该软件涉及 6 大知名数据库（Pfam，PRINTS，ProDom，SMART，ProSite，PANTHER）的搜索，因此会使得注释的结果更加全面。

GO 的全称是 GeneOntology（www.geneontology.org），是一套国际标准化的基因功能描述的分类系统。GO 分为三大类：①细胞组分（cellular component）：用于描述亚细胞结构、位置和大分子复合物，如核仁、端粒和识别起始的复合物；②分子功能

（molecular function）：用于描述基因、基因产物个体的功能，如与碳水化合物结合或ATP水解酶活性等；③生物过程（biological process）：用来描述基因编码的产物所参与的生物过程，如有丝分裂或嘌呤代谢等。

COG、KEGG：①COG、KEGG注释是将鉴定到的蛋白质进行BLAST比对（blastp，evalue≤1e^{-5}）；②BLAST结果过滤：对于每一条序列的BLAST结果，选取score最高的比对结果进行注释。结构域注释也用Interproscan软件进行，包括Pfam、ProDom、SMART等结构域的数据库，利用模式结构或特征进行功能未知蛋白的结构域注释。

COG全称是cluster of orthologous groups of proteins，是由NCBI创建并维护的蛋白数据库，根据细菌、藻类和真核生物完整基因组的编码蛋白系统进化关系分类构建而成。通过比对可以将某个蛋白序列注释到某一个COG中，每一簇COG由直系同源序列构成，从而可以推测该序列的功能。COG数据库按照功能一共可以分为二十六类，详见http://www.ncbi.nlm.nih.gov/COG/。

在生物体内，不同蛋白相互协调行使其生物学功能，基于Pathway的分析有助于更进一步了解其生物学功能。KEGG是有关Pathway的主要公共数据库（http://www.genome.jp/kegg/），通过Pathway分析能确定蛋白参与的最主要生化代谢途径和信号转导途径。

蛋白质是由结构域组成的，结构域是蛋白质结构、功能和进化的基本单位。结构域通过复制和组合可以形成新的蛋白质，不同结构域间的组合分布并不符合随机模型，而是表现出有些结构域组合能力非常强，有些却很少与其他结构域组合的模式。研究蛋白质的结构域对于理解蛋白质的生物学功能及其进化具有重要的意义。Interproscan是蛋白质结构域和功能注释最常用的软件之一，是EBI开发的一个集成蛋白质家族、结构域和功能位点的非冗余数据库。为了能更全面地进行结构域的注释，Interproscan整合了一些最常用的结构域数据库，包括Pfam、ProDom、SMART等结构域的数据库，利用模式结构或特征进行功能未知蛋白的结构域注释。

（3）蛋白定量分析

① 蛋白定量

Proteome Discoverer 2.2首先根据原始下机的谱图峰面积可以得到各个样品中每个PSM的相对定量值，再根据鉴定出的Unique肽段中所包含的所有PSM的定量信息，校正得到Unique肽段的相对定量值，然后根据每个蛋白质包含的所有Unique肽段的定量信息，校正得到每个蛋白的相对定量值。

② 蛋白表达水平聚类分析

蛋白表达水平聚类分析用于判断不同实验条件下蛋白表达量的相关性。每个样品都会得到一个绝对或相对蛋白表达集合，将所有样品表达集合并在一起，用于层次聚类分析和K-means聚类分析。

③ 蛋白表达水平重复性分析

变异系数（coefficient of variance，CV），是标准差与均值的比率，用来衡量样品中各观测值变异程度的统计量,可以反映数据的离散程度,即可以判定重复性的优劣。CV值越小,说明重复性越好。如果有生物学重复样本,则有此分析。

④蛋白表达差异分析

蛋白差异分析首先须挑出需要比较的样品对,将每个蛋白在比较样品对中的所有生物重复定量值的均值的比值作为差异倍数(fold change,FC)。为了判断差异的显著性,将每个蛋白在两个比较对样品中的相对定量值进行T-test检验,并计算相应的P值,以此作为显著性指标。当FC≥1.5,同时P值≤0.05时,蛋白表现为表达量上调;当FC≤0.67,同时P值≤0.05时,蛋白表现为表达量下调。根据此条件筛选的上下调整蛋白个数。

⑤差异蛋白富集分析

GO富集分析:GO功能显著性富集分析与所有鉴定到的蛋白质背景相比,差异蛋白质中显著富集的GO功能条目,从而得出差异蛋白质与哪些生物学功能显著。该分析首先把所有差异蛋白质向Gene Ontology数据库(http://www.geneontology.org/)的各个term映射,计算每个term的蛋白质数目,然后应用超几何检验,找出与所有蛋白质背景相比,在差异蛋白质中显著富集的GO条目。

KEGG富集分析:富集分析方法通常是分析一组蛋白在某个功能节点上是否出现过,原理是由单个蛋白的注释分析发展为蛋白集合的注释分析。富集分析提高了研究的可靠性,能够识别出与生物现象最相关的生物学过程。KEGG Pathway显著性富集分析方法同GO功能富集分析,是以KEGG Pathway为单位,应用超几何检验,找出与所有鉴定到的蛋白背景相比,在差异蛋白中显著性富集的Pathway。通过Pathway显著性富集分析,能确定差异蛋白参与的最主要生化代谢途径和信号转导途径。

⑥差异蛋白结构域富集分析

结构域富集可以找出在统计上显著富集的结构域条目。该功能或者定位有可能与造成差异的原因有关。蛋白质结构域是在较大的蛋白质分子中,由于多肽链上相邻的超二级结构紧密联系,形成两个或多个在空间上可以明显区别的局部区域。一般每个结构域由几十个至几百个氨基酸残基组成,各有其独特的空间结构,并承担不同的生物学功能。一般来说,蛋白与蛋白(或其他小分子)的相互作用常以结构域为单位,结构域内氨基酸或修饰发生改变,可能引起蛋白关键功能的改变,故后续氨基酸突变功能实验可以以此为参考。因此,结构域预测对于研究蛋白关键功能区域及其发挥的潜在生物学作用具有重要意义。采用结构域预测软件Interproscan可对差异表达蛋白质进行结构域预测。

⑦差异蛋白互作分析

利用StringDB蛋白质互作数据库(http://string-db.org/)对鉴定蛋白可进行互作分析,若在数据库中有相应的物种,则直接提取相应物种的序列;若无,则提取近源物种的序列,然后将差异蛋白的序列与提取出的序列进行blast比对,得出相应的互作信息,构建网络图。

⑧差异蛋白聚类分析

为了分析组间、组内样本的表达模式，检验本项目分组的合理性，说明差异蛋白质表达量变化是否可代表生物学处理对样本造成的显著影响，可采用层次聚类算法（hierarchical cluster）对比较组的差异表达蛋白质进行分组归类，并以热图（Heatmap）的形式展示。基于相似性基础，聚类分组结果中一般组内的数据模式相似性较高，而组间的数据模式相似性较低，因此可以有效区分组别。

⑨差异蛋白代谢通路分析

在生物体内，不同蛋白相互协调行使其生物学行为，基于Pathway的分析有助于更进一步了解其生物学功能Pathway富集不同层级结果。KEGG代谢通路共分为7个分支（level1）：细胞过程（cellular processes）、环境信息处理（environmental information processing）、遗传信息处理（genetic information processing）、人类疾病（human diseases）（仅限动物）、代谢（metabolism）、有机系统（organismal systems）、药物开发（drug development）。每个分支下又包含多个条目（level2）。

第三节　环境暴露组学的单细胞分析技术

一、单细胞测序的概念及原理

环境暴露组包括物理、生物和化学暴露组，例如噪声、温度、细菌、病毒、杀虫剂和重金属等成分。《科学》杂志在2013年罗列了最值得关注的六大领域，其中单细胞测序位居榜首。目前单细胞测序技术在越来越多的研究中精准揭示了环境暴露组对转录组学、代谢组学、蛋白质组学、免疫组学、表观遗传学、糖组学、基因组学等的影响，对暴露组和疾病之间的关系提供了深入而独特的见解。

单细胞测序（single cell sequencing，SCS）是基于单个细胞水平进行高通量细胞测序，主要分析细胞之间的生物异质性，从单细胞水平揭示遗传学信息，并更深入地了解它们在复杂生物组织中的具体作用。该技术的发展使组学领域的研究模式发生转变，对复杂生物系统的研究成为可能，例如发育中的胚胎、肿瘤、中枢神经系统或微生物，以及各个不同细胞相互作用行为和异质性。单细胞测序主要包括单细胞基因组测序（single cell DNA sequencing，scDNA-seq）、单细胞蛋白组测序（single cell protein sequencing）、单细胞转录组测序（single cell RNA sequencing，scRNA-seq）和单细胞表观组测序（single cell epigenome sequencing），这四种测序类型能从各种角度揭示细胞发生发展的不同特点。

单细胞测序的原理是基于标签（barcode）的单细胞识别，总的来说分为四步，第一步是单细胞遗传信息的均匀扩增，第二步是标记建库并进行测序，最后是对其基因组、蛋白组或转录组等进行数据分析。普通的测序技术常忽略单一细胞层面的特异性，如将一组或一群细胞的遗传信号平均化检测。测序结果只能反映出群体细胞的平均特征，由于不同细胞之间存在异质性，或是表现型相同细胞的内在遗传信息存在差异性，因此传统技术无法获得单个细胞的遗传信息。近年来，单细胞测序技术的出现已在一定程度上解决了传统技术的局限性。应用单细胞测序技术发现，同一遗传背景的细胞基因表达相关性很差，可以用于比较同一群体中特定细胞特定基因的表达分布，发现等位基因在一些细胞亚群中的随机表达，揭示细胞谱系分化过程中不同的通路表达情况。例如，对于干细胞如何确定谱系分化，通过单细胞测序可以发现新的标志物及新的细胞类型，更好地理解细胞发育过程；对于理解胚胎发育的分子生物学过程，理解胚胎细胞如何从细胞调控转化为组织发育调控，测序范围需要精确到单细胞水平；对于一个组织来说，通过单细胞测序，无监督聚类可以更好地区分不同亚型细胞，得到更加准确的分类结果。正因为如此，单细胞测序技术已在科学领域如日方升，极大推动了人类生命事业探索的进程。

二、单细胞测序的发展历程

单细胞测序的发展基于测序技术发展而来。

第一代测序技术，即Sanger测序法，是于1977年由Frederick Sanger及其同事开发，通过对单一核酸分子逐个碱基标定进而达到测序目的。利用Sanger测序法，人类基因组计划于2003年得以完成，初步绘制了人类基因组序列的草图，为生命解码奠定了坚实基础。为了进一步提高测序通量和测序速度，2000年开发了第二代测序技术（高通量并行测序）。

2009年，在单细胞中进行第二代测序的首次尝试。TANG等利用小鼠胚胎细胞绘制了单细胞水平的转录组变化，并在此基础上发展出了SMART-seq2、Drop-seq、Microwell-seq、SPLiT-seq以及目前广泛商业化应用的10×Genomics等单细胞转录组测序技术。

2012年，开始单细胞基因组测序（single cell DNA sequencing，scDNA-seq）。谢晓亮团队开发出了单细胞全基因组均匀扩增的新方法——多重退火循环扩增法，奠定和促进了单细胞水平基因组学的发展。

2015年，进行单细胞表观遗传学测序（single cell epigenome sequencing）。有研究报道了检测单细胞水平染色质可及性、组蛋白修饰等的scDNase-seq、scATAC-seq、scChIP-seq等技术。

近年来，单细胞表观组学的新方法的不断开发，解决了scDNase-seq等技术细胞通量低的问题，以及联合多个组学的多组学单细胞测序技术。

三、单细胞测序技术步骤

单细胞测序技术主要包括单细胞分离、细胞溶解与DNA、RNA获取、遗传信息扩增、测序及数据分析四个方面。

（一）单细胞测序技术关键的第一步是对单细胞进行有效分离

为了获得单细胞序列，首先须分离出单细胞，从丰富的细胞群体中分离出单细胞的技术已很成熟，但对稀有单个细胞的分离（<1%）仍是一个艰巨的技术挑战。目前常用的单细胞分离方法有连续稀释法（serial dilution）、显微操作技术（micromanipulation）、微流控技术（microfluidics）、荧光激活细胞分选法（fluorescence activated cell sorting，FACS）、激光捕获显微切割技术（laser capture microdissection，LCM）、拉曼镊子技术（Raman tweezers）和免疫磁珠分法（IMS-MDA）等方法。

（二）分离得到单细胞后再经过细胞溶解获取DNA或RNA

在传统的高通量测序流程中，提取的DNA或RNA需要进一步纯化后才能应用于扩增；而在单细胞测序中，为了避免DNA或RNA在纯化中丢失，目前大部分流程中已去掉这一步骤。

（三）单细胞遗传信息扩增技术（whole genome amplification，WGA）是单细胞测序领域中关键的第三步

为了在单个细胞中均匀扩增基因组DNA，已经开发了全基因组扩增（whole genome amplification，WGA）方法，包括简并寡核苷酸引物聚合酶链反应（degenerative oligonucleide Primed PCR，DOP-PCR）、多重退火循环扩增法（multiple annealing and loop based amplification cycles，MALBAC）和多重置换扩增（恒温扩增MDA）。MALBAC以其独特的准线性扩增特征，可以有效地降低PCR扩增偏倚，能对单细胞中93%的基因进行高效测序。这种技术能够更容易地对单细胞中较小的DNA序列变异进行检测，从中发现单细胞之间基因变异的微小差异。而这样的高效测序有助于研究癌症发生、发展和转移机制以及生殖细胞形成，甚至是个别神经元的差异等机制。而MDA是一种利用具有链置换活性和高保真度的聚合酶的方法，该方法可以在不变温条件下扩增出大段DNA（恒温扩增），并能实现基因组的高覆盖率，但会产生不均匀的扩增。

高通量测序包括单细胞基因组测序、转录组测序和表观遗传学测序，可以揭示细胞在不同阶段、不同方面的功能和特征。这种方法可以同时对数百万个DNA分子进行测序，从而有可能全面分析物种的转录体和基因组，通过提高测序速度和降低测序成本，有效提高了我们确定和诊断人类疾病根本原因以及评估复杂疾病风险的能力。单细胞基因组测序能够阐明遗传异质性，它可用于分析正常细胞和癌细胞中的新生种系突变和体细胞突变；单细胞转录组学测序允许比较单个细胞的转录组。因此，scRNA-seq的一个主要用途是评估细胞群内转录的相似性和差异，RNA-seq实现了高通量基因表达谱分析。批量RNA-seq分析允许仅测量细胞群中的平均转录表达，单细胞表观遗传学测序用于检测单个细胞分化足迹。

(四)测序及数据分析

单细胞基因组测序和单细胞表观组测序与传统的高通量测序数据分析方法类似。单细胞转录组数据分析流程一般包括序列比对、质控、修正批次效应、降维、细胞分群等,其分析内容有基因表达、可变剪切、T细胞受体谱或B细胞受体谱、细胞聚类、拟时序分析。

扩增后,即可搭配常规的文库构建方案。构建好的文库需进行文库浓度和峰型检测。质检合格后,即可进行测序。单细胞分析的关键是条形码技术,它在保持低成本的同时允许大规模的并行处理。在逆转录过程中,条形码被添加到RNA分子中识别单个细胞。

1. 数据分析的第一步是生成数据矩阵

对于10×Genomics平台的单细胞数据,CellRanger是最常用的,主要分析内容包括测序数据拆分、比对、注释和定量。另外,还有一些其他的可选工具,包括UMItools、zUMIs、kallisto、STAR和STARsolo等。

2. 第二步是质控

包括每个barcode的count数、基因数和线粒体基因百分比。一般情况下,低基因数和高比例线粒体基因通常提示细胞质量不佳。然而也有些细胞,包括肾近端和远端小管细胞,本身富含线粒体。另外,异常高的reads数和基因数常常代表双细胞,这种情况可以使用一些双细胞检测工具如DoubletDecon、Scruble和DoubletFinder进行处理。

3. 第三步是单细胞数据的标准化方法

常用的方法是假设每个细胞都有相同的初始转录本数量,将数据标准化为每百万计数。Scran使用pooling-based size factor estimation和inearregression对数据进行归一化,除了Seurat以外,Scran也是最流行的方法之一。另外,还有其他如SCtransform、SCnorm和BayNorm归一化方法。数据归一化后,进行对数log(×11)变换。在分析中通常需要通过regress out掉细胞周期变异相关影响,Seurat和Scanpy的标准分析平台中也包含了这一功能。

4. 第四步是单细胞数据的批次矫正和数据整合

多数情况下,数据会生成多个数据集,需要额外的批量校正和数据集成。如果包含了不同实验和不同方法的较大数据集,通常使用非线性方法进行整合。Seurat有一个整合选项,使用的是典型相关分析或PCA。Scanorama是Scanpy中另一种比较常用的方法。最近,Harmony也得到了广泛的应用,也成为最常用的单细胞数据整合方法。

5. 第五步是单细胞数据的数据可视化及聚类分析

(1)单细胞数据的数据可视化

可视化的第一步是特征选择,也就是保留提供有用信息的基因(1000~5000),过滤掉其他基因,Seurat和Scanpy中都可实现。可视化是将数据整合在低维空间以便于观测。一般来说,降维是通过线性和非线性方法来实现的。

PCA是聚类和轨迹分析的基础，是一类常用的线性转换方法，在PCA中保留了细胞之间的欧氏距离。在常用的Seurat分析中，预处理可采用PCA。PCA可以将主成分映射到生物协变量中，以了解其效能。

单细胞数据可视化主要使用其他非线性降维方法，如t-SNE。这种方法侧重于以舍弃全局结构为代价来捕捉局部相似性。UMAP方法也因其运行速度快而广受推崇，它能更好地捕捉潜在的数据结构，并能在两个以上的维度上汇总数据，现在最常用于单细胞数据可视化（图4-7）。UMAP和t-SNE的主要缺陷是它们高度依赖用户选择的参数，而且结果对这些参数高度敏感。另外，这些可视化降维方法都没有保留细胞之间的距离，因此不能直接用于后续的下游分析。

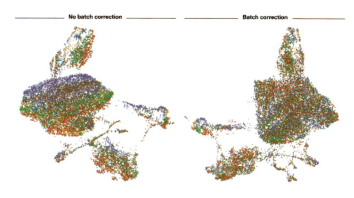

图4-7 批量校正前后的UMAP可视化

（2）单细胞数据的聚类分析

基于基因表达相似性而形成的细胞群（cluster）是分析的第一个直接结果。细胞聚类允许基于基因表达的相似性对细胞进行分组来推断细胞类型。聚类是一种基于距离矩阵的无监督机器学习过程，默认的聚类方法是在单细胞KNN图上实现的Louvain社区发现算法（Louvain算法）（注：Louvain算法已经成为Scanpy和Seurat单细胞分析平台中默认的聚类方法）。细胞在图中以点表示。每个细胞连接着它的K最近邻细胞，细胞之间的距离是基于PC降维表达空间计算的欧几里得距离。推荐进行subclustering，也就是对原有数据集聚类后再挑选感兴趣的细胞群重新分群，这有助于更精细的划分细胞型。Leiden检测算法已经被整合进Leidenbase包中，是Louvain算法的另一替代选择，目前被用于Monocle轨迹分析的默认算法。

① 细胞水平的分析

细胞组分的变化（数据集中各种细胞类型的比例）与疾病状态有很强的关联性，这是单细胞分析最简单的结果之一。此外，同一器官不同部位的样本细胞组分可能也存在差别。为了推断bulk RNA-seq数据的细胞类型组成，最近开发的MuSiC可以以单细胞表达数据为参考，对组织细胞类型进行去卷积分析。MuSiC使用加权非负最小二乘回归估计细胞类型组分，另外也可以用其他的替代方法，包括CIBERSORT、BSEQ-sc和BisqueRNA。仅仅通过离散分类系统如聚类并不足以充分描述细胞多样性，轨迹分析捕捉了细胞在转化过程中的显著特征。捕捉细胞身份、分支分化过程或生物功能的渐进和不同步变化之间的转变需要基因表达的动态模型。Monocle是一种机器学习方法，可以重建每个细胞在从一种状态转换到另一种状态时必须执行的基因表达变化过程。它基于反向图嵌入（reverse-graph embedding），是一种高度可扩展的非线性流形学习技术。掌握了分化轨迹之后，它可以将每个细胞放置在分化轨迹的正确位置，这被称为拟时序列。另一种更新的观测细胞轨迹的方法是使用Velocyto包的RNA velocity（RNA速率）分析。RNA速率是基因表达状态的时间导数，可以通过区分剪接和未剪接的mRNA来直接估计，它是一个高维向量，可在数小时的时间尺度内预测单个细胞的未来状态。TradeSeq是基于Slingshot的一种新方法，其性能优于其他简单轨迹分析方法。另一个有用的包是PHATE，这是一种使用数据点之间的信息几何距离来捕获局部和全局非线性结构的可视化方法。推断的轨迹不一定代表生物过程，其他来源的信息将有助于轨迹分析结果的解读。

② 基因水平分析

基因水平分析有差异表达、基因调控网络、驱动通路和细胞互作。差异表达分析输入的是未经校正的数据集。Seurat可以使用不同的模型进行差异表达分析。MAST使用了一种栅栏模型（hurdlemodel）来计数drop-out。为了将scRNA-seq数据集信息与其他表型变量相关联，基于回归的模型可以结合多个样本及其相关的表型特征，以将某些细胞类型（如近端肾小管细胞）中的基因表达变化与相应的定量测量表型（例如GFR、蛋白尿）相关联。基因水平分析也可以与基因集富集分析方法相结合，如基因集富集分析或加权相关网络分析。为了解读差异表达的结果，我们通常基于基因参与的常见生物学进程将基因分组。生物学进程标签储存在MSigDB、GO、KEGG和Reactome等数据库中。

③ 配体受体分析

单细胞分析领域的一个最新发展是使用配对基因标签进行配体受体分析，细胞簇之间的相互作用是从受体及其同源配体的表达推断出来的。配体受体对标签可以从CellPhoneDB或Connectome数据库中获得，并使用统计模型来解释跨集群的高表达基因。

四、环境暴露组学中的单细胞测序方法

环境暴露组学能够研究环境物理、生物和化学暴露下，机体内部遗传信息的高通量变化，特别是机体如何产生免疫应答。目前新兴的单细胞测序技术则将高通量结果深入挖掘至单细胞水平，积极推动环境暴露组的研究发展。

环境暴露组学的单细胞测序，首先要确定暴露组学对应的细胞组织。研究者需要清楚用于单细胞测序的样本中主要包含哪些细胞类型，例如PBMC样本，包含T细胞、B细胞、单核细胞、粒细胞；肿瘤样本可能会包含肿瘤细胞、上皮细胞、内皮细胞、成纤维细胞、T细胞、B细胞、巨噬细胞、树突细胞、肥大细胞，以及不同肿瘤类型对应的组织细胞类

型，例如肝癌中的肝细胞、星型细胞，肺癌中的Club细胞、分泌细胞、杯状细胞等。

之后基于了解到的样本细胞构成信息，查看各个细胞类型pan-marker在各个cluster的表达，这一步要求对不同细胞的marker基因比较了解；基于pan-marker鉴定完细胞大类后，接下来需要做细胞亚类鉴定。

亚群鉴定包含两个层次：层次1在所有细胞聚类结果中，往往会有多个cluster属同种细胞，可以选择在所有细胞聚类基础上对每个cluster进行细胞注释；层次2所有细胞聚类基础上不做细胞亚类注释，只是做大类注释，后续针对目标细胞进行sub_cluster分析，再对sub_cluster后的结果做亚群聚类。

无论是层次1还是层次2，细胞亚群定义都是单细胞鉴定过程中最为耗时和困难的步骤，举个例子，T细胞按照功能可以分为Navie、Tcm、Tem、Temra，按照状态可分为增殖T细胞、激活T细胞和耗竭T细胞，按照表面抗体可以分为CD4 T细胞和CD8 T细胞，CD4 T又可以分为Treg、Th1、Th2、Th9、Th17、Tfh。每种细胞亚型均对应不同基因表达模式，在实际细胞亚型鉴定中各种marker基因在不同cluster中均会有不同程度的表达，这导致细胞亚型鉴定难以像细胞大类鉴定一样清晰，因此这一步鉴定须使用大量基因进行反复尝试。

细胞鉴定中未知细胞如何定义：

细胞定义时，会出现某个cluster不表达任何已知marker的情况，针对这种未知的cluster，可以采用如下方法进行细胞定义。首先是直接将未定义cluster定义为Novel细胞；其次是从未定义的cluster中提取出只在此cluster中特异性、高表达的基因（假设为基因A），将未定义的cluster定义为A$^+$细胞；或者在未定义的cluster中不表达，但在其他同属于同一大类细胞的cluster中表达的基因（假设为基因B），将未定义的cluster定义为B$^-$细胞；最后是考虑此cluster与其他已知cluster在UMAP上的位置关系，彼此间是否出现连续性连接，从而辅助判断细胞类型（UMAP能更好地反映高纬结构，比t-SNE有着更好的连续性，这种连续性能更好地可视化细胞的分化状态）。

环境物理暴露组中的单细胞测序方法举例分析

1. 物理暴露中的单细胞测序

单细胞RNA测序（scRNA-seq）可以评估生物过程（例如发育）中的复杂细胞动力学。例如2021年一篇发表在Nature Communications杂志上的文章Single cell transcriptomic analysis of murine lung development on hyperoxia-induced damage对正常和晚期发育受损的肺部细胞组成进行了广泛的分析，描述了几种具有特征性表达谱改变的潜在致病细胞群体，鉴定到了致病性的信号通路，为深入了解肺发育不良的发病机制和药物靶点提供了线索。

（1）首先确定暴露样本

在本篇文章中36只小鼠在出生后暴露于常压高氧（85% O_2）环境中，分别于第3天、第7天和第14天获得动物肺组织样本。

（2）消化细胞

为获取肺中实际存在的细胞类型，在多种消化条件下通过流式细胞荧光分选技术（FACS）和scRNA-seq进行分析评估。得到单细胞悬浮液使用MULTI-seq进行多重分析。

（3）细胞聚类

根据LungMap（https://lungmap.net/）、CellMarker和人类蛋白质图谱（http://www.proteinatlas）上可用的已建立细胞标记对细胞类型进行注释。总共鉴定出34个簇，对应于六个主要细胞群：上皮细胞、间质细胞、内皮细胞、骨髓细胞、淋巴细胞和间皮细胞。通过与正常的肺部发育细胞进行比较，发现高氧诱导的肺泡发育受损在所有时间点都改变了肺的细胞分布。

（4）细胞通信

使用NicheNet工具，基于配体、受体、相关信号通路组分，及这些通路作用的靶标分子，作者对高氧诱导的特异的细胞间通信进行了推导。根据高氧样品中的差异表达基因，细胞通信推导结果显示高氧的效应主要通过炎症性信号通路来介导。概括而言，信号通路和细胞互作分析显示，高氧通过激活特定的内皮、上皮、基质和固有免疫细胞亚群来起始炎性反应，促进先天和获得性免疫反应，促进纤维化以及一些与内皮细胞发育受阻相关的信号通路活性。

（5）个性化分析

鉴定到5种不同的上皮细胞群体，包括两种支气管上皮细胞类群——Club细胞和纤毛上皮细胞。在正常发育的肺中，Club细胞的频率在P3和P7期间保持不变，但在P14期时频率下降，而这种改变在高氧组中并未发生。在肺泡上皮中，共鉴定到1种AT1类群和2种不同的AT2细胞类群。AT1类群细胞表达Hopx、Akap5和Vegfa。AT1细胞的比例在正常发育过程中逐渐降低，在高氧组中P7至P14期时这种下降趋势停滞。2种AT2细胞类群的大体转录谱是相似的，Lyz1可作为第2个AT2细胞类群的标记性分子（AT2-Lyz1$^+$）。尽管气道分泌物中Lysozyme含量降低与BPD相关，与人类不同的是，其同源的编码基因在小鼠中有2个（Lyz1和Lyz2），因此，AT2-Lyz1$^+$细胞类群也可能是小鼠物种特异的。2种AT2细胞类群中的基因表达在高氧组中的各时间点均发生改变。在高氧特异的基因列表中，包括一些与上皮损伤及BPD相关的多效性因子，对上皮损伤起保护作用的蛋白酶抑制因子Slpi及先天性免疫反应调节因子Mif。先前的研究表明MIF可促进IL-6和IL-1β的表达，参与肺发育和血管生成阻滞。Lcn-2基因（已知与BPD相关）的表达，在高氧组的AT2细胞中也是升高的。在受高氧胁迫下的下调最显著的基因中，包含了Meg3和Abca3。Meg3是已知的调控上皮细胞分化的因子，而Abca3是肺表面活性剂和板层小体代谢的重要转运蛋白。

此外，GSEA分析显示，AT2细胞中与上皮、内皮及肺泡发育相关的通路在高氧暴露后活性下调。细胞互作分析显示，AT2及AT2-Lyz1$^+$细胞在高氧暴露后与其他类型细胞存在非常活跃的相互作用。该项分析突显了高氧对2种AT2细胞类群的多效性效应，可能通过来自基质、内皮和免疫细胞的信号来介导，包括Vegfa和Tnf信号。高氧上调了巨噬细胞中Tnf的表达水平，与之对应的在AT2细胞中Tnf的受体基因Nrp1和Dag1表达水平上升。Tnf作为一种潜在促炎性细胞因子，在BPD病人和BPD动物模型中表达水平均升高。已知Nrp1作用于肺分支形态建成，而Dag1则在气道上皮损伤后修复中发挥重要作用。此外，分析提示AT2细胞可能还受到Angpt2的调控，该基因在2种血管细胞类群中表达上升（Cap，Cap-a）。Angpt2是细胞表面受体ITGB1的配体，在肺分支形态建成的上皮成层过程中具有重要功能。

在过去的几十年中，肺部细胞谱系的异质性和发育起源一直是肺发育相关疾病研究领域的重点。在上述研究中，作者利用多重scRNA-seq对晚期肺发育过程中正常和受损状态下66 200个细胞的表达谱进行了广泛的分析。鉴定和描述了几种具有不同分子表达谱的与晚期肺泡化发育受阻相关的细胞类群，为深入了解肺泡化受损的发病机制提供了全新的视角和认知。

2. 微生物中的单细胞测序

单细胞分析的第一步是微生物的分选和潜在的表型表征。流式细胞荧光分选技术（FACS）是一种稳定、方便、快速和高通量的方法，用于分离可与PCR板格式接口的单个微生物。FACS还可以根据荧光信号预选细胞亚群，并定制遗传可处理的模式生物来报告复杂性状。例如，细胞内细菌鼠伤寒沙门菌已被设计成表达记录细菌生长的荧光报告基因，使研究人员能够追踪持久性细胞的亚群，并捕获细菌对宿主攻击的反应，如氧化应激。还可以使用生物正交非规范氨基酸标记（BONCAT）探测遗传难治细菌，以从非活性细菌中分离代谢活性细菌，该标记可识别细菌合成蛋白。或者拉曼显微光谱（所谓的拉曼激活细胞分选，RACS）可以与微流体和光镊耦合，根据活性细菌从复杂的肠道、土壤或海洋微生物群落代谢氘的能力对其进行分类。FACS和RACS可能受到缺乏微生物表型成像以根据形状或大小对事件进行分类的限制。基于显微镜的辅助细菌和酵母选择和使用喷墨打印原理的分类也可用于商业。新一代基于微流体的设备已经出现，用于操纵和研究单个细菌、古细菌和真菌。一系列连接的微流体纳米反应器允许对细菌进行机械捕获、成像和裂解，并以自动化方式进行所有下游分子生物学测定。

延时成像后单细胞分离（SIFT）是一个集成平台，结合了均匀稳定生长条件下连续几代的长期细菌培养、延时成像、光学捕获和下游基因组学分析的收集。此外，微流体正在彻底改变肠道细菌的培养。Watterson等人引入了一种基于液滴的微流体装置，该装置在数百万皮升室中厌氧分离和培养微生物细胞数天。含有细菌的液滴可以使用基于图像的分析进行单独分类，并富集为稀有（＜1%）生长缓慢的分类群。这些端到端系统（分离、培养、成像和分选）为在单细胞水平上分析稀有表型或稀有群体铺平了道路。

五、单细胞分析技术的展望

单细胞技术已经成为现代生命科学研究中不可或缺的有力工具，通过单细胞技术得到的数据没有掩盖细胞群体的内在异质性，随着其在分离、标记、通量和深度等方面的进步，该技术将会提供更深刻的生物学观点。

单细胞测序技术为生物体研究提供了一个很好的发展方向，但是仍有一些问题亟待解决。目前单细胞测序技术尚不成熟，全基因组的扩增偏倚性和拼接软件的匮乏是两个主要难题，相信随着扩增方法的不断优化和生物信息学领域的快速发展，这些问题终将迎刃而解。

第四节　环境暴露组学的其他分子生物学方法

一、环境暴露组学中的代谢物分析方法

日益加重的环境污染严重制约了经济和社会的可持续发展，且越来越多的研究表明慢性非传染疾病的发生是环境暴露（化学、物理和生物因素）与遗传因素共同作用的结果。代谢作为生命活动调控的末端，更加直接地代表了机体对环境暴露的应答反应，因而代谢物分析在环境暴露组学中的应用越来越受到专家和学者的重视。

（一）代谢物分析背景及发展历程

1. 代谢物分析背景

生物体内存在着十分完备和精细的调控系统以及复杂的新陈代谢网络，它们共同承担着生命活动所需的物质与能量的产生与调节。在这一复杂体系中，既有直接参与物质与能量代谢的糖类、脂肪及其中间代谢物，也有对新陈代谢起重要调节作用的物质。这些物质在体内形成相互关联的代谢网络，基因突变、饮食、环境因素等都会引起这一网络中某个或某些代谢途径的变化，这些物质的变化可以反映机体的状态。起调节作用的代谢物，从生理功能上来说，包括神经递质、激素和细胞信号转导分子等；从化学组成上来说，包括多肽、氨基酸及其衍生物、胺类物质、脂类物质和金属离子等，这些调节物质绝大部分都是小分子物质。这些分子广泛分布于体内，对多种生理活动都具有普遍和多样的调节作用，仅微量存在就能够发挥很强的生物效应。不同活性的分子或协同，或拮抗，或修饰而相互影响，在生物学效应以及信号转导和基因表达调控上形成复杂的网络，承担着维持机体稳态的重要使命，是神经内分泌和免疫网络调节的物质基础和自稳态调节的最重要成分。

代谢处于生命活动调控的末端，所提供的是生物学的终端信息，因此代谢物分析相比基因与蛋白质分析更接近表型。如同我们在长江的上游建大坝或对江水改道，这些项目的生态影响会在下游的河道和地域体现出来一样，基因和蛋白质分析告诉我们可能发生什么，而代谢物分析则告诉我们已经发生了什么。

2. 代谢物分析的发展历程

代谢物相关研究可追溯到20世纪70年代的代谢谱分析（metabolic profiling），这

类代谢谱分析通常采用气相色谱质谱联用技术（gas chromatography-mass spectrometry，GC-MS）对患者体液中的代谢物进行定性、定量分析，并对疾病进行筛选和诊断。这种在临床上利用代谢谱分析诊断有关疾病的方法一直沿用至今。1983年，荷兰应用科学研究组织van der Greef在国际上首先采用质谱对尿中代谢指纹进行研究，并陆续有不少科学家开始应用高效液相色谱（high performance liquid chromatography，HPLC）和核磁共振（nuclear magnetic resonance，NMR）技术进行代谢谱分析。90年代后，研究目标主要集中在药物在体内的代谢等方面。1997年，Oliver提出了通过定量分析尽可能多的代谢产物评估酵母基因的遗传功能及其冗余度的必要性，首次将代谢产物和生物基因的功能联系起来。1999年，Nicholson等提出metabonomics的概念，将代谢组学定义为生物体对病理生理或基因修饰等刺激产生的代谢物质动态应答的定量测定。2000年，德国马普所的Fiehn等提出了metabolomics的概念，将其定义为对限定条件下的特定生物样品中所有代谢产物的定性定量分析。在21世纪的前几年，植物和微生物领域应用色谱-质谱技术进行了细胞的代谢组学研究，用metabolomics的较多；而在药物研发和疾病研究等领域，用NMR以动物体液或组织样品为研究对象的，则用metabonomics较多。随着研究的深入，现在对这两个名词的区分已越来越少，基本等同使用。

（二）代谢物分析种类

1. 根据研究对象与目的进行分类

根据研究的对象和目的不同，科学家将生物体系的代谢产物分析分为4个层次：

（1）代谢物靶标分析

某一个或几个特定组分的定性和定量分析，如某一类结构、性质相关的化合物（氨基酸、有机酸、顺二醇类）或者某一代谢途径的所有中间产物或多条代谢途径的标志性组分。

（2）代谢物指纹分析

同时对多个代谢物进行分析，不分离鉴定具体单一组分。

（3）代谢轮廓分析

限定条件下对生物体内特定组织内的代谢产物的快速定性和半定量分析。

（4）代谢组分析

是指对生物体或体内某一特定组织所包含的所有代谢物的定量分析，并研究该代谢物组在外界干预或病理生理条件下的动态变化规律。

2. 根据研究目的进行分类

根据研究目的的不同，可进一步将代谢组分析分为非靶向和靶向代谢组分析：

（1）非靶向代谢组分析（untargeted metabolomics）

非靶向代谢组学是指采用LC-MS、GC-MS、NMR技术，无偏向性地检测细胞、组织、器官或者生物体内受到刺激或扰动前后所有小分子代谢物的动态变化，并通过生信分析筛选差异代谢物，对差异代谢物进行通路分析，揭示其变化的生理机制。

（2）靶向代谢组分析（targeted metabolomics）

靶向代谢组学是针对特定一类代谢物的研究分析。二者各有优缺点，经常结合使用，用于差异代谢产物的发现和定量，对后续代谢分子标志物进行深入的研究和分析，这在食品鉴定、疾病研究、动物模型验证、生物标志物发现、疾病诊断、药物研发、药物筛选、药物评估、临床研究、植物代谢研究、微生物代谢研究中发挥重要作用。

（三）代谢组分析的现状

代谢组分析主要是以生物体内分子质量小于1500的小分子代谢物为研究对象，运用多种分析手段，如质谱（mass spectrometry，MS）、核磁共振（nuclear magnetic resonance，NMR）、色谱-质谱联用等，从整体水平上研究胞内代谢物组成及其与生理、病理相关的变化规律。目前其分析方法已广泛应用于生命科学的诸多领域，如疾病诊断、药物安全性评价、药理研究、营养科学等。

然而，生物体内的代谢物数量众多，如人类代谢组学数据库（human metabolome database，HMDB）现已收录超过10万种代谢物，且代谢物的理化性质各异、浓度范围跨度9个数量级，代谢组全景分析具有极大挑战，全范围的代谢组学研究滞后于其他组学学科。目前，非靶向代谢组学中存在的主要问题仍是分析通量和代谢产物覆盖率的目标相互冲突。完全水溶性的糖和完全不溶于水的脂类（如甘油三酯）都是代谢组不可分割的一部分，这种多样性最终导致了"分而治之"的策略，即开发糖组学和脂质组学等亚组学方法。脂质组学是代谢组学的一个分支，旨在研究和分析代谢组中的脂类物质及与其相互作用的分子。

（四）代谢物检测技术

一般来说，代谢组分析是对体液、细胞和组织中的代谢产物进行分析。近些年来，代谢物检测的技术在不断进步，质谱、核磁共振以及它们与色谱的结合已广泛应用于代谢物的分离和检测。

1. 质谱（MS）

质谱是一种测量离子质荷比的分析方法。质谱的基本原理是电离样品中的每一种成分，以产生具有不同电荷质量比的带电离子，然后离子束进入质量分析仪进行质量测定。MS被广泛应用于通过直接注射或色谱分离来分析生物样品。质量准确度的最新改进极大地拓宽了MS能以更高精度分析代谢物范围。通过具有高灵敏度和高分辨率的MS可以实现各种代谢产物的定量，以获得代谢信息。例如，通过基质辅助激光解吸/电离质谱（LDIMS）检测尿液中的代谢物，以确定肾脏疾病亚型特征。同样，在LDIMS的帮助下，通过血清代谢物检测实现了早期肺腺癌的诊断。

2. 核磁共振（NMR）

核磁共振（NMR）检测代谢产物是基于不同核自旋运动的差异。在强磁场中，某些元素的原子核和电子能量本身所具有的磁性，被分裂成两个或两个以上量子化的能级。吸收适当频率的电磁辐射，可在所产生的磁诱导能级之间发生跃迁，同时会产生共振谱，可用于测定分子中某些原子的数目、类型和相对位置，从而能够分析代谢物的结构。核磁共振能够获得整个代谢的信息，被认为是体液分析中最成功的分析技术之一。然而，受限于相对较低的灵敏度，NMR仅适用于足够浓度的代谢物。

3. 表面增强拉曼光谱（SERS）

表面增强拉曼光谱（SERS）是一种超灵敏和高度特异的光学检测技术，得益于拉曼光谱的分子"指纹"和等离子体纳米材料的巨大信号增强（低至单分子水平）。拉曼光谱作为光与样品相互作用时发射的非弹性部分，显示出指纹特征和窄带宽的高度特异性。它可以揭示分子振动、旋转和过渡信息，换言之，可以反映分子的结构信息。在一些特殊的材料表面，分子的拉曼散射光谱强度能得到非常显著的增强。这种散射光谱的增强使人们可以更加容易地利用拉曼光谱进行样品分析。作为一种新兴的代谢产物检测方法，SERS已通过标准化的底物制备和检测程序开发。

随着代谢组研究领域的不断拓宽，以及高分辨质谱（high resolution mass spectrometry，HRMS）的快速发展，基于质谱的分析技术逐渐成为组学研究不可或缺的工具。相对于NMR，质谱技术具有检测灵敏度更高、代谢组覆盖范围更广等特点。代谢组研究中常用的HRMS主要包括：飞行时间质谱（time of flight MS，TOF MS）、傅里叶变换静电场轨道阱质谱（fourier transform orbitrap MS，FT Orbitrapl MS）和傅里叶变换离子回旋共振质谱（fourier transform ion cyclotron resonance MS，FTICR MS）。相对于低分辨质谱（如三重四极杆质谱），HRMS具有更高的质量分辨率和质量精度，更有利于发现新的有意义的生物分子，已在非靶向代谢组学研究中得到广泛应用。为了满足不同层面的代谢组学研究需求，近年来不断涌现了基于高分辨质谱的代谢组学新技术，如与微纳尺度液相色谱、多维色谱联用技术，纳喷电离（nanoelectrospray，nESI）高分辨质谱，基质辅助激光解吸电离（matrix-assisted laser desorption/ionization，MALDI）高分辨质谱以及原位电离（ambient ionization，AI）高分辨质谱技术等。此外，定性代谢组学新技术快速发展，使得更深层次的代谢组学数据利用和挖掘成为可能，极大地推动了代谢组学研究。

（五）代谢物研究在环境科学中的应用

环境总暴露反映了人群污染物多介质、多途径的暴露水平及其贡献比，是表征暴露介质浓度和人群环境暴露特点的综合性指标。日常的环境暴露有空气颗粒物、重金属和多环芳烃、持久性的氯化物（如有机氯农药等）、杀虫剂等等，人类通过呼吸吸入、食物摄入或者直接的皮肤接触等方式而发生的，均会对人体的健康造成巨大的威胁。而暴露方式取决于生活方式、居住地、特殊职业、饮食习惯和空气质量。研究人类环境暴露对健康的潜在影响极其困难，需要结合流行病学、毒理学或分析化学等多种不同的分析方法。目前，代谢组分析越来越多地用于毒理学研究，为与化学物质暴露相关的代谢物水平的变化开辟了新视角。代谢组分析通过使用非侵入性或最小侵入性的形式收集生物样本（如血液、尿液、唾液等），在揭示环境暴露对人体健康的影响发挥重要作用。

越来越多的文献表明，代谢组学可以有效地区分暴露模式对人体健康代谢带来的不良后果。如重金属和多环芳烃可引起机体抗氧化和抗亚硝化过程、氨基酸代谢和脂质调节的改变；持久性或非持久性氯化化合物（二噁英、有机氯杀虫剂和Trichloroethylene）影响胆固醇与鞘脂代谢、胆汁酸生物合成，并具有诱发动脉粥样硬化、糖尿病或肥胖症等慢性疾病的可能；Phthalate引起的代谢变化主要涉及两种抗氧化机制（线粒体β氧化、氨基酸代谢）和前列腺素的调节途径等。

1. 铬、镍和锰等重金属暴露对人体健康的影响

重金属与多环芳烃的潜在作用模式有类似之处，均可导致氧化应激的变化，致使线粒体功能障碍和能量产生不足。例如Ching-Hua Kuo等研究人员对来自高焊接烟雾暴露（我国台湾地区造船厂的35名男性）和低暴露量（16名男性办公室上班族）的尿液样本进行 ^{1}H NMR 代谢组学分析，发现长期暴露在铬、镍和锰等重金属颗粒的人员，甘氨酸、牛磺酸、甜菜碱、TMAO和丝氨酸水平较高，而磺酰半胱氨酸、马尿酸盐、葡萄糖酸、肌酸酐和肌酸水平较低，这些代谢物与碳水化合物代谢、氨基酸代谢、氧化还原途径和尿素代谢有关。同时研究人员对51个血液样进行了细胞因子和炎症标志物表达水平的研究，在焊接工人的血液中发现TNF-α（肿瘤坏死因子）显著升高，预示着体内炎症的发生，这一结果与焊接工人尿液中甘氨酸、牛磺酸和甜菜碱的增加相一致。研究证实了暴露于重金属环境的焊接工人体内出现氧化应激和炎症过程，这些炎症的长期存在具有发展成慢性疾病如肥胖症、糖尿病、动脉粥样硬化或癌症的潜在风险。

2. 有机氯暴露对人体健康的影响

持续性有机污染物暴露的代谢组学研究侧重于Dioxin和Formic acid，其次是有机氯农药。例如Jeanneret等研究人员通过招募长期生活在垃圾焚烧炉附近的48人（实验组）和与其年龄相匹配的24名志愿者（对照组），收集尿液样本通过IC-MS进行代谢组学分析。在区分实验组和对照组的模型中，灵敏度和特异性分别达100%和87.5%，说明处于焚烧烟气Dioxin暴露条件下，机体代谢发生显著变化。在Dioxin暴露的情况下，3β-硫酸酯、雌酮3α-葡糖苷酸、孕二醇3α-葡糖苷酸和11-酮胆固醇酮3α-葡糖苷酸发生显著变化，其中11-酮胆固醇酮3α-葡糖苷酸参与人肝微粒体中甘氨鹅脱氧胆酸和甘氨胆酸的生物合成与代谢。因此，研究证实了人类在Dioxin暴露的情况下，类胆固醇和胆汁酸的代谢异常，从而引起肝损伤、免疫力下降、记忆力衰退，甚至致癌。

3. 氯化挥发性有机化合物对人体健康的影响

TCE是一种广泛使用的工业溶剂和地下水中常见的有机污染物。为深入了解TCE暴露所引起的代谢表型的变化，Douglas等研究人员采集了80名暴露于TCE的工人和95名匹配对照人员的血浆样本，来进行非靶向代谢组学分析。结果显示，与对照组相比，TCE暴露的工人血浆中尿酸、谷氨酰胺、胱氨酸、甲硫腺苷、牛磺酸和鹅去氧胆

酸发生显著变化，致使嘌呤分解代谢被破坏、硫氨基酸和胆汁酸生物合成减少。除此之外，研究人员进一步测试了与免疫功能、肾毒性标志物的变化，发现TCE暴露与IgG、IgM和CD4细胞呈负相关，表明此物质可直接参与介导免疫毒性。此研究结果表明代谢组可提供一个强有力的研究方法，将职业暴露与代谢紊乱联系起来，并获得TCE暴露引起疾病的潜在机制。

（六）代谢组分析展望

代谢组学具有以下优点：基因和蛋白表达的微小变化会在代谢物水平得到放大；代谢组学的研究不需进行全基因组测序或建立大量表达序列标签的数据库；代谢物的种类远少于基因和蛋白的数目；生物体液的代谢物分析可反映机体系统的生理和病理状态。通过代谢组研究既可以发现生物体在受到各种内外环境扰动后的应答不同，也可以区分同种不同个体之间的表型差异。

然而与基因组、转录组不同，代谢组学技术目前仍然有很多难题，如不同平台的分析效果可能会有较大差异。首先，代谢物的鉴定是目前代谢组的最大难题，标准品图谱库是关键门槛。标准品库有内部自建库、共平台建库之分，也有不同的构建标准和匹配算法之分，因而对应的效果也有差异。其次，代谢组的实验方法和条件的选择性较多，且对结果影响很大。从总体来看，代谢组学具有较宽的发展前景，在方法学上面临一定的挑战，需要有其他学科的配合和交叉合作。

二、环境暴露组学中的微生物分析方法

环境中的生物暴露物是多种多样且高度动态的，涵盖来自各个界的难以计数的物种，包括细菌、真菌、病毒、古菌及其他真核微生物。大量微生物可表达各类抗性与毒力因子。空气中存在数以百万计的生物气溶胶，包裹着微生物、花粉、原生动物、皮肤碎屑等；土壤是复杂生物群落的栖息地，包括细菌、古菌、真菌、原生动物、病毒等；河流、湖泊和海洋既是饮用水供应系统的输入，又是废水处理系统的输出，有大量的原核和真核的微生物可充斥在系统内，在循环用水过程中，微生物暴露组可以在三者之间传播，对机体健康造成严重威胁，因此微生物分析在环境暴露组学研究中占据重要地位。

（一）微生物组学的技术和方法

微生物组（microbiome）是指研究动植物体上共生或病理的微生物生态群体，包括细菌、古菌、原生动物、真菌和病毒在内。微生物组技术是指不依赖于微生物培养，而利用高通量测序和质谱鉴定等技术来研究微生物组的手段，目前已被广泛应用于环境微生物组研究，其研究对象包括土壤、水体、大气和人体等。目前，微生物组分析技术主要包括以下4种。

1. 微生物宏基因组学（microbial metagenomics）

宏基因组又叫微生物环境基因组、元基因组。它通过直接从环境样品中提取全部微生物的 DNA，构建宏基因组文库，利用基因组学的研究策略来研究环境样品所包含的全部微生物的遗传组成及其群落功能。宏基因组学摆脱了传统研究中微生物分离培养的技术限制，在基因组水平可解读微生物群体的多样性和丰度，探索微生物与环境及宿主之间的关系。

2. 微生物宏转录组学（microbial metatranomics）

宏转录组是特定时期、环境样本、组织样本中所有的微生物的 RNA（转录本）的集合。通过对这些转录本进行大规模高通量测序，可以直接获得环境中可培养和不可培养的微生物转录组信息。这种技术不仅具有宏基因组技术的全部优点，可以检测环境中的活性微生物、活性转录本，以及对活性功能进行研究，还可以比较不同环境下的差异表达基因和差异功能途径，揭示微生物在不同环境压力下的适应机制，探索环境与微生物之间的互作机制。

3. 微生物宏蛋白质组学（microbial metaproteomics）

定性和定量地分析环境微生物在特定环境条件和特定时间下的全部蛋白质组分。

4. 微生物宏代谢组学（microbial metabolomics）

对微生物在特定生理时期内所有低分子量代谢物（包括代谢中间产物、激素、信号分子和次生代谢产物等）进行定性和定量分析，并研究其与环境之间的相互作用。微生物数量巨大、种类繁多，尽管高通量测序技术的突破大大增加了人们对于微生物的认识，但随着研究的深入，人们意识到单从基因和转录水平并不能完全揭示微生物的奥秘，并逐渐意识到蛋白质和代谢产物在微生物功能研究中的重要性。而应用代谢组学对大量代谢物进行全面分析严重依赖于分离技术的发展。迄今为止，仍没有一种单一的分析方法能够全面覆盖样品的代谢组分，每种方法各有优劣，因此可结合使用，相互补充。

近年来，从单细胞水平上分析微生物的生理代谢的单细胞技术迅速发展，其中单细胞成像技术可将检测结果可视化，能较好地反映环境微生物类群、丰度及其功能活性。将超高分辨率显微成像技术和同位素示踪技术相结合的纳米二次离子质谱（Nano-SIMS）在微生物生态学研究领域中显现出了巨大潜力，该技术具有较高的灵敏度和准确度，使得研究者不仅能够检测环境中低丰度但发挥重要作用的微生物类群，还能从单细胞水平上提供微生物的生理生态特征，这对于认识复杂环境中微生物介导的功能至关重要。

（二）微生物组与环境暴露

1. 肠道菌群失调

（1）环境抗生素

越来越多的研究发现，在中国和其他国家的河流和湖泊沉积物、地表水、农业土壤和废水等自然环境中发现了高浓度的各种抗生素。抗生素治疗并没有减少肠道微生物群的总数，而是改变了人类和动物中某些物种的相对数量。此外，抗生素暴露通常会增加或减少微生物组的多样性。

更重要的是，抗生素对人类肠道微生物群的影响可持续数年。如克拉霉素和甲硝唑治疗持续改变肠道微生物群组成长达4年。婴儿完成抗生素治疗后，虽然微生物群组成的某些方面恢复到治疗前的水平，但某些细菌种类的丰度发生了永久性改变。这种变化对婴儿有害，扰乱他们的早期发育；另外，在生命早期向小鼠使用低剂量的青霉素，可通过降低乳酸菌Lactobacillus、Candidatus、Arthromitus、Allobaculum的水平来增强代谢表型并促进脂质累积。有研究表明，给小鼠服用青霉素、红霉素或两者结合可以增加脂质累积并诱导炎症反应。

（2）重金属

环境中的重金属作为一种常见的环境污染形式，与多种毒性作用有关，包括致癌作用、氧化应激和DNA损伤，以及对免疫系统的影响。最近，几项研究表明，重金属暴露导致生物体内肠道微生物群失调。

镉（Cd）经常且广泛地被用于制造许多产品，例如电池、金属电镀、颜料和塑料。在一些国家，尤其是中国等发展中国家，在水生系统、沉积物和土壤中观察到高浓度的Cd。据报道，镉毒性与致癌作用、肝毒性、氧化应激和免疫毒性有关。最近，研究报告雄性小鼠亚慢性暴露于低剂量Cd（饮用水中10 mg/L）10周会降低厚壁菌门和变形菌门的相对丰度，并升高盲肠和粪便中拟杆菌门的相对丰度。肠道微生物组组成的这些变化与雄性小鼠血清中脂多糖水平升高、肝脏炎症甚至能量代谢失调有关。

铅（Pb）也是一种剧毒金属，环境铅是一种普遍存在的全球健康危害，因为它广泛用于各种消费品，例如汽油中的四乙基铅。由于它在空气、土壤、水、旧油漆和食物中，其持久性长，人类和动物可以通过摄入、吸入和皮肤吸收吸收铅。Pb中毒通过其能量产生和其他代谢过程的中断而与肥胖的发展有关。围产期Pb暴露（饮用水中32 mg/L）持续40周会导致成年雄性小鼠体重增加，但不会导致雌性小鼠体重增加。接触Pb后微生物组中没有观察到拟杆菌/厚壁菌的比例下降；Desulfovibrionaceae、Barnesiella和Clostridium XIVb的丰度有所增加；接触Pb后，乳球菌、肠杆菌和柄杆菌Caulobacterales的丰度下降。

（3）持久性有机污染物

多氯联苯（PCB）是一种致癌物质，因其介电特性和化学稳定性而被用于制造电容器、变压器、冷却液、液压油和润滑剂。PCBs可以在小鼠暴露后2天内显著改变肠道微生物群的组成；多环芳烃（PAH）被认为是高度优先的环境污染物，因为它们对人类具有毒性、致癌性和假定的雌激素或抗雌激素特性。人类接触高分子量PAH的途径主要是通过口服、烤和熏肉或摄入未清洁干净的蔬菜。摄入的PAH到达小肠肠细胞和肝脏肝细胞并作为AHR配体。此外，结肠中的微生物群可以催化PAH转化为雌激素。这种生物活化可能是PAH毒性的潜在机制。另一种AHR调节剂二噁英也有可能影响小鼠肠道微生物组的组成。

（4）微塑料

全球塑料污染问题太普遍了，因为塑料的大规模生产在过去70年左右的时间里呈爆炸式增长，从每年约200万吨增加到约3.8亿吨。每年约有800万吨塑料进入海洋，塑料碎片为水生环境中的微生物提供了稳定的基质和新的生态位，被称为"塑料圈"。塑料降解的自然过程非常缓慢。例如，一个PET瓶的寿命可能长达数百年。这为环境中存在的各种微生物对这些化合物做出反应提供了足够的进化时间，并且在之前的研究中发现了许多不同的酶，它们具有降解不同塑料的能力。

塑料造成的环境污染已成为公共卫生问题。然而，微塑料对肠道微生物群、炎症发展及其潜在机制的影响尚未得到很好的表征。用高浓度的微塑料处理增加了肠道微生物种类的数量、细菌丰度和菌群多样性。喂养组显示葡萄球菌丰度显著增加，同时副杆菌属显著减少，与空白（未处理）组相比。此外，所有喂养组血清白细胞介素1α水平均显著高于空白组。值得注意的是，微塑料处理降低了$CD4^+$细胞中Th17和Treg细胞的百分比，而在Th17/Treg细胞比率方面，空白组和处理组之间没有观察到显著差异。喂食高浓度微塑料的小鼠的肠道（结肠和十二指肠）表现出明显的炎症和较高的TLR4、AP-1和IRF5表达。因此，聚乙烯微塑料可诱发肠道菌群失调和炎症，为微塑料相关疾病的防治提供了理论依据。

2. 口腔消化道癌症

微生物诱发了至少60%的人类口腔消化道癌症，这表明控制微生物相关过程在预防和治疗口腔消化道癌症方面具有巨大的潜力。基于大量人群的队列研究中的病例对照研究发现，用漱口水样本评估的诊断前口腔微生物组与随后发生的头颈部、食道和胰腺消化道癌症的相关性。一些研究也明确指出了肠道微生物组梭菌属Fusobacterium和其他菌群与结肠癌之间的联系，以及肠道微生物组与炎症性肠病和结直肠腺瘤之间的联系。

微生物来源的信号通过不同的机制调节癌症的许多特征。一般来说，细菌不能直接诱发癌症；这一过程通常伴随着慢性炎症，并需要致癌信号通路的独立突变。进一步的研究表明，微生物组与宿主之间的交互作用通过调节肿瘤微环境中的先天和适应性免疫功能，对口腔消化道肿瘤发生至关重要。细菌-癌症模型提出，革兰氏阴性细菌促进致癌作用，因为脂多糖细菌外膜通过Toll样模式识别受体为先天免疫系统反应提供免疫原性刺激，导致由核转录因子NF-κB原瘤细胞因子释放、免疫细胞募集和活性氧释放引起的基因突变。因此，微生物在形成肿瘤免疫微环境中的作用在癌症的发病机制中具有重要的潜在意义，特别是在口腔消化道。

3. 神经系统疾病

肠道和中枢神经系统通过肠-脑轴相互作用，调节中枢神经系统功能，包括情感行为、认知表现、疲劳和睡眠。研究表明，肠道微生物组通过影响肠-脑轴，可能在某些神经精神和神经发育障碍中发挥作用，改变行为，并可能影响神经系统障碍的发作和/或严重程度。无菌小鼠和用抗生素治疗的小鼠表现出大量的神经免疫功能障碍和行为缺陷。主要在临床前模型中，肠道微生物组与大脑障碍有关，包括焦虑、抑郁、癫痫以及自闭症谱系障碍。

人类微生物组、健康、环境科学的这三个要素每一个都是复杂的，整合分析更具有挑战性。环境因素往往是复杂的，且要考虑的环境因素众多，虽然对微生物组的了解不断深入，但仍难以全面把握外部环境如何在疾病发生率和死亡率中起因果作用。在现实生活中，这些因素通常相互影响，随着时间的推移是动态变化的，确定直接或间接影响人类健康和疾病的微生物特征仍然具有极大的挑战性。环境暴露组学与微生物组分析技术的结合亟须进一步的发展。

三、多组学联合分析

多组学（Multi-omics）研究是探究生物系统中多种物质之间相互作用的方法。单纯研究某一层次生物分子（核酸、蛋白、小分子代谢物等）变化，然后通过gene ontology（GO）分析基因功能及相互作用网络，或通过Metabo-Analyst分析小分子代谢产物的相互关系并找寻生物标志物等，已经很难满足系统生物学越来越高的研究期望。从多分子层次出发，系统研究基因、RNA、蛋白质和小分子间的相互作用和系统机制为疾病研究提供了新的方向。

通过对基因组、转录组、蛋白组和代谢组实验数据进行整合分析，可获得应激扰动、病理生理状态或药物治疗疾病后的变化信息，富集和追索到变化最大、最集中的通路，通过对基因到RNA、蛋白质，再到体内小分子，可对整体变化物质分子进行综合分析，包括原始通路的分析及新通路的构建，反映出组织器官功能和代谢状态，从而对生物系统进行全面的解读。

例如随着微生物组学研究的不断发展，越来越多的研究者开始将微生物组学与转录组学，蛋白组学及代谢组学联合起来，通过两种或两种以上组学研究方法从物种、基因以及代谢产物等水平共同解释科学问题，可更好地理解疾病病变过程及机体内物质的代谢途径。16S检测与代谢组学能够将样本中微生物类别或者丰度与代谢产物丰度产生关联。宏基因组与代谢组学的关联主要是其代谢通路中功能基因和代谢产物的关联。微基生物提供基因组学、代谢组学实验及数据分析服务，为肠道菌群与宿主疾病研究、肠道菌群与人体免疫、肿瘤发展/治疗等提供多组学联合分析，结果更可靠，数据更丰富。

组学研究的是整体，而在众多组学研究中，环境暴露组学的发展也离不开多组学结合的研究策略。

第五节 环境暴露组学的统计方法

一、环境暴露与人体健康及其发展

暴露组学作为基因组学的补充是指从妊娠开始贯穿整个人生的环境暴露（包括生活方式因素）。暴露源包括外源（污染、辐射、饮食等）和内源（炎症、感染、微生物等）。继全基因组关联研究（GWAS）之后发展的全暴露组关联研究（EWAS）的目的是对在未知方式下暴露的评估。EWAS方法通过比较患者和健康受试者暴露组的分析结果，确定有效的生物标志物，进而利用这些生物标志物来阐明暴露-效应关系（生化流行病学），暴露和人体动力学来源（暴露生物学），以及作用机制（系统生物学）。"自下而上"和"自上而下"的方法在识别个体暴露上都具有科学价值。"自上而下"法用于揭示人类疾病的未知暴露源，而"自下而上"法是用于分析外暴露以及建立干预与预防的方法。生物标志物不仅可以用于研究外暴露，也可以用于研究内暴露。内暴露组学采用组学的方法进行研究，如基因组学、蛋白质组学、表观基因组学、代谢组学、转录组学、加合物组学等。

环境毒理学是利用毒理学方法，研究环境污染物对人体健康的影响及其机制的学科，是毒理学的一个重要分支。其主要任务是研究环境污染物对机体可能产生的生物效应、作用机制及早期损害的检测指标。

环境暴露组学是帮助我们了解各类复杂环境中存在什么物质，以及这些"暴露"因素（如杀虫剂、烟雾、洪水污染物等）是如何影响健康的一类研究。它代表了人在一生中接触的所有环境暴露因素的总和。与此同时，监控环境的工具正在不断增加，从家里、建筑物到卫星上，乃至你口袋里的手机的应用程序等。在这个公共卫生和毒理学的交叉领域，这些工具正在推动一场关于暴露科学的新运动。如果我们能够了解一个人每时每刻接触的每一种物质，那么这可能会极大地改善人们对疾病原因和风险因素的理解。

当然，科学家们也会欣然承认，这是一个荒谬的目标——甚至是不可能实现的。不过即便我们目前无法完全实现，但这种方法可能会令我们最终理解为什么一个人会患上某种疾病而另一个人则不会的途径：暴露于哪些环境是最令人担忧的，以及是否存在脆弱窗口——即暴露于某些环境中特别容易受到危害的时间段。

过去的研究中，科研工作者更多地将时间、精力、资金投入基因组、代谢组、蛋白组等方面，但在研究的过程中，研究人员发现健康与疾病都是基因和环境共同作用的，而在暴露组学上却几乎没有什么投入。因此，越来越多的研究人员都在继续努力，把毕生暴露因素的零星碎片拿出来放在显微镜下。此外，关于如何取得真正的进展，以及如何以有意义的方式收集和检查信息的探讨仍在继续。

本章主要介绍了环境暴露组学的研究方法、工具及其重要意义，同时总结了环境暴露组学的统计方法可能面临的挑战。

即使科学家相信人体能够指出有害的化学物质，但仍然有其他挑战存在。比如，如果科学家在血液中发现了一些东西，那么他们就必须在数据库中追溯到一种已知的化学物质，但他们往往匹配不到合适的物质。世界上绝大多数的化学物质（无论是天然的还是人造的）从未被描述过，而新的化学物质却一直在产生。

简单地掌握有多少化学物质比听起来要难。最近对100个产品样品的研究证实了这一点。比如，牙膏含有85种化学物质，而一种塑料儿童玩具含有大约300种化学物质。最终，在所有纳入该研究的产品中共检测到4270个独特的化学物质，并初步确定了其中1602个。但在这1602种化学物质中，只有30%可以与消费品公开的已知成分或具有毒理学意义的化合物相匹配。

在如此多的未知数面前，科学家们面临着一个巨大的问题——数据处理，这也使得暴露组像今天的许多领域一样，成为了一个大数据问题。这促使科学家设计新的方法来分析他们收集的信息。其中一种广受欢迎的方法是借鉴了遗传学中较为常见的，但有时也有争议的方法——全基因组关联研究（GWAS）。这种方法旨在观察数千个基因中的哪些基因与特定疾病或症状有关。

2010年，哈佛大学生物信息学家Chirag Patel将GWAS方法应用到了一项环境研究，进行了全环境关联研究（EWAS）分析，以了解266个环境因素如何与2型糖尿病的患病风险同步变化。这项研究再次揭示了某些已被证实与糖尿病风险相关的因素，但也将研究人员引向了其他的潜在风险，比如维生素E和七氯。在使用过七氯的工人中发现，该物质是一种与2型糖尿病有关的杀虫剂，但尚不清楚低水平七氯对普通人群的影响。

在此之后，其他研究人员采用EWAS方法来寻找可能会带来风险的物质，并对其进行进一步研究。在2011年的一项人体血浆中代谢物检查的研究中，研究人员发现了三种会增加心血管疾病的小分子。其中之一是三甲胺氮氧化物（TMAO）。TMAO是胆碱的副产品，胆碱存在于某些食物中，包括肉类和鸡蛋。研究人员认为，某些肠道微生物将胆碱转化为中间化合物，然后在肝脏中分解为TMAO。通过小鼠实验发现，高水平TMAO会造成动脉壁增厚。研究人员提出，操纵患者的微生物组或许能够保护人们免受这种饮食暴露因素。这项研究受到了像Rappaport这样的研究人员的称赞，他们认为这是对EWAS方法的验证。虽然GWAS本身远不是完美的，但与之相比，EWAS仍面临着更多的挑战。

从某种角度来说，全基因组研究是被限制在某一范围内的，而暴露组研究却并非如此。虽然人类大约有2万个编码蛋白质的基因，但与人们在环境中可能遇到的物质数量相比，这个数字就相形见绌了。而且基因组被圈定在一个我们知道的地方，与基因组不同的是我们的"暴露因素"可以随时随地、以任何数量出现。

二、环境暴露组学的发展

暴露组学这一概念已提出十余年，目前也已经进入高速发展阶段，判断标准就是论文数量，应该说今天的暴露组学大致处于20年前基因组学的发展阶段，方法还未成熟，标准尚未确定，不过发展趋势日臻完善。

美国最早开始研究暴露组学的是美国国立卫生研究院（National Institutes of Health，NIH）, 加州伯克利、埃默里大学都是暴露组学起步比较早的地方，西奈山医学院2017年成立了美国第一家暴露组学研究所，借助美国医学院间的网络来推动暴露组学研究。

暴露组学研究什么呢？这里的基本问题跟基因组学差不多，是关于健康的。一个人健康与否，基因组学认为更多依赖基因，而且伴随测序技术的进步，针对个人的测序已经是可负担的了。但暴露组学认为人的健康状态除了基因外，还要考虑表观遗传、蛋白组、代谢组与日常暴露，甚至还要考虑诸如地理位置、社会经济地位、肠道微生物组等的作用。总体来看，健康是目标，预测变量却非常多，很明显不是一个单因素模型。

暴露组学属于面向问题的高度综合性学科，包括但不限于统计学、生命科学、数据科学、社会科学、环境科学、分析化学、毒理学、公共卫生、医学、遥感、传感、自动化、信息科学等诸多学科，我们目前并不知道哪个学科更重要，但很明显任何一个学科都可能成为解决终极问题的短板，而且就我个人观点而言，几乎每一个学科都有短板且学科间交流壁垒不是一般的高。

从环境分析化学与数据科学这两个学科来说下目前存在的问题。当前如果要评价暴露水平，一个问题你得知道样品中有什么，也就是目的性分析。但很遗憾，就暴露组学而言，我们无法事先知道样品里有什么，所以更多研究是借鉴代谢组学的方法利用高分辨质谱来对未知物进行信息采集。信息采集的终点是色谱质谱峰，然而高分辨质谱全扫描的结果往往混杂大量源内反应形成的加合物、碎片或物质本身的同位素峰，这导致虽然我们可以同时收集上万峰，但形成这些峰的化合物可能只有峰数的1/10且这些峰会共相关，如果你想讨论物质间的相关性而使用了峰数据，那么估计会有偏倚。同时，峰识别的算法也通常对全扫描数据很不友好，你会看到大量不应该被当作峰的数据被选成了峰，积分效果也差，这一点从分析化学角度是不可接受的。

另一个问题是对未知峰的标注。现在流行的方法是先跑全扫筛出差异峰，然后把那些峰去打二级质谱，有的则直接对差异峰去标注。这里我们暂时不讨论气相色谱质谱联用的数据，因为一般硬电离模式下碎片的特异性还算好，甚至可以用来定性。然而，就液相色谱而言，如果我们不考虑APPI这种非主流电离源，一般来说液谱往往使用ESI或APCI源，这两种都算软电离技术。一级质谱几乎看不到太多有价值的定性信息，此时使用一级质谱定性风险是很高的，下游的通路分析会因此不靠谱，而且就算能找到一级质谱的匹配，最多是对分子式比较有把握，但无法确认是否属同分异构体。

同分异构体的生物活性千差万别,更不用说当前主流数据库各搞各的,覆盖范围局限,唯一的标注也并不意味着定性。二级质谱定性当前有很多软件可以做,但基本都是欠拟合状态,训练用的数据基本依赖可获取标准或社区用户共享,想做未知物十分困难。目前数据库较多,但很多大型数据库存在没有相应的权限或者数据量过大无法处理等问题,CAS数据库中包含1.4亿种物质,当然我们能接触的只是其中很小的一部分。代谢组学里用的最多的应该是HMDB,不过暴露组学看来这都属于生物内源物质。外源有生物活性物质也有诸如DrugBank或ChEBI或T3DB的库,工业品也有HPV库等,但这些还算是有信息可查的,有些物质最多能生成个InChIKey,其他更无任何资料可以查找。而能汇总整理这些信息的地方并不多,且处理有些库的数据时发现数据整理问题很大,格式不标准,如果不是专业人士光是数据提取就会大费周章。

另外,分析通量也是一个容易被忽略的问题。假如有100个样品,每个样品30分钟,加上质控样品后一个序列大概能到150,这就是3~4天的连续分析,色谱柱会老化,甚至质量轴都会漂,当然可以不断去校准,但最后的结果就是即便不是分批测样,同一批内部都会存在明显的批次效应。随机化序列在一定程度上可以缓解但很难消除分析通量带来的定量不准。

另一个相关问题是QSPR,代谢物或暴露物有差异一般都要反推回结构,通常临床研究是有明确终点的,但环境研究可能没有分组或者说分组后却无法进行效应预测。这个角度看是可以用效应诱导分析来做的,但效应终点还是相对固定,此时可以借助QSPR来同时预测多个毒性终点。但多个毒性终点也意味着不同的健康模型,那么有没有基于多个健康模型的宏模型呢?回答这个问题只能依赖合作研究了,单一领域基本无法搞清楚。

跟健康相关研究还有个问题就是无穷混杂因素,有的了解,例如年龄、性别、种族等,有的在建模时是被忽略的,甚至根本意识不到可能是混杂因素。传统研究喜欢点对点做相关,组学研究是点对多做相关,健康研究的真相是多对多互相影响,控制实验当然是必要的,但如果数据是来自观测研究,那这问题就几乎无解,因受研究共同体的视野限制。如果我们只关心那些强信号,可能忽略了那些弱信号,但这里的强弱是由仪器决定的,不是由生物学意义决定的。或许很多人的研究可以讲一个故事,但很难回答一个真实的问题。

前面说的问题只是现存问题的很小一部分,每一点的进展都可能对上下游研究产生颠覆式影响,对研究方法论的标准化、可重复化及与对基础研究进展的快速整合是必要的。

三、环境暴露组学的统计学方法

即使分析上的问题都解决了,下面的问题还有统计分析。用什么模型,为什么用这种模型却没方法检验。对于科学研究探究未知物质的影响,设计非目的检测是想测未知的。而且统计模型的复杂性可高可低,一般说高了过拟合而低了欠拟合,不是说不能一次性尝试几百种统计模型或机器学习模型,关键如何解释?线性模型与层级模型是两种最有解释力的模型,但预测性能差强人意。

自暴露组概念引入以来,人们最大的困惑是如何着手研究。暴露科学主要研究,人们主要通过外界环境关注人体健康,如空气、水、食物等的污染强度,以及与人体接触的途径(呼吸、摄食以及皮肤接触),评价人体可能受到的影响,或者估算这些暴露过程的暴露剂量,或者比较暴露人群与非暴露人群的健康指标。Rappaport S. M. 教授和 Smith M. T. 教授将这种通过研究外界环境,确定主要暴露过程和剂量的研究方法定义为"自下而上"法(bottomup strategy)。分子生物学和分子流行病学的兴起发现了很多生物标志物,而这些标志物可以表征机体各组织内污染物的残留或者代谢产物;或者表征某类疾病。而这种通过探讨人体暴露后在机体组织中留下的生物标志物去确定主要的暴露过程的研究思路则认为是"自上而下"法(topdown strategy)。"自下而上"法则关注于外暴露,通过监测外在环境中各类污染物(包括大气、水、日常饮食、辐射和生活方式等)的污染强度,估算个人暴露组,这一研究思路可以长期监测同一环境介质中污染物浓度,更好地了解和认识个体暴露的主要过程和途径,以便消除或减少个体暴露。但这一方法要求去观测各种环境介质中的大量未知污染物,同时因缺乏对内暴露信息的了解,难以与疾病建立直接关联。而"自上至下"法则应用生物监测的方法测定体液中的暴露特征,根据这些特征寻找暴露途径和污染物来源。有些科学家因此呼吁应用非靶性组学包括各种基因组、蛋白质组和代谢组学等方法去测定体液中暴露组的特征,用生物监测如血液中基因表达、蛋白质加合物和代谢产物等方法去评价内暴露程度。这种方法更有利于通过研究疾病人群和健康人群中的组学特点来对照全基因组关联分析(genomewide association study),便于探讨内暴露过程及人体发病原因,但丢失了外暴露的信息,不利于及时提出有效削减暴露的方案。

然而人体疾病的因素与环境、基因以及二者相互作用等因素均息息相关,密不可分,同时暴露也非常复杂,难以通过简单的几个假定污染指标全面地认识,因此要想正确认识这些因素导致的健康问题,就必须像全基因组关联研究一样,进行无目标设计的研究,全面了解个体外环境胁迫因素(各类自然的或人为的化学物质、物理性污染因素以及社会环境因素),以及这些胁迫导致的机体反应留下的痕迹(各类污染物消化吸收过程、机体内反应等),只有这种无目标的研究才能在没有明确的假设条件下寻找影响人体健康的关键暴露因素。

(一)暴露组学数据的特点

暴露组学是系统生物学领域中继基因组学和蛋白质组学之后新近发展起来的一门学科,研究手段为高通量检测技术和数据处理方法,最终目标是数据建模和生物标志物的筛选。生物样品如血浆、尿液、组织等,经过 GC/MS、NM R、LC/MS 等高通量仪器检测后,得到大量的图谱数据,使用 XCMS 等软件对这些图谱数据进行转换,获得用于统计分析的标准格式的数据。归纳起来，暴露组学数据具有以下特点：

（1）高噪声：生物体内含有大量维持自身正常功能的内源性小分子，具有特定研究意义的生物标志物只是其中很少的一部分，绝大部分代谢物和研究目的无关。

（2）高维、小样本：代谢物的数目远大于样品个数，不适合使用传统的统计学方法进行分析，多变量分析容易出现过拟合和维数灾难问题。

（3）高变异性：一是不同代谢物质的理化性质差异巨大，其浓度含量动态范围宽达7~9个数量级；二是生物个体间存在各种来源的变异，如年龄、性别都可能影响代谢产物的变化；三是仪器测量受各种因素影响，容易出现随机测量误差和系统误差，这使得识别有重要作用的生物标志物可能极其困难。

（4）相互作用关系复杂：各种代谢物质可能不仅具有简单的相加效应，而且可能具有交互作用，从而增加了识别这些具有复杂关系的生物标志物的难度。

（5）相关性和冗余性：各种代谢物并非独立存在，而是相互之间具有不同程度的相关性，同时由于碎片、加合物和同位素的存在使得数据结构存在很大的冗余性，这就需要采用合理的统计分析策略来揭示隐藏其中的复杂数据关系。

（6）分布的不规则和稀疏性：暴露组学数据分布不规则，而且数据具有稀疏性（即有很多值为零），因此，传统的一些线性和参数分析方法此时可能失效。

（二）数据的预处理

暴露组学数据分析的目的是希望从中挖掘出生物相关信息，然而，暴露组学数据的变异来源很多，不仅包括生物变异，还包括环境影响和操作性误差等方面。处理手段主要包括归一化（standardization）、标准化（normalization），即中心化（centering）和尺度化（scaling），以及数据转换（transformation）。归一化是针对样品的操作，由于生物个体间较大的代谢物浓度差异或样品采集过程中的差异（如取不同时间的尿样），为了消除或减轻这种不均一性，一般使用代谢物的相对浓度，即每个代谢物除以样品的总浓度，以此来校正个体差异或其他因素对代谢物绝对浓度的影响。标准化是对不同样品代谢物的操作，即统计学意义上的变量标准化。标准化的目的是消除不同代谢物浓度数量级的差别，但同时也可能会过分夸大低浓度组分的重要性，即低浓度代谢物的变异系数可能更大。数据转换是指对数据进行非线性变换，如log转换和power转换等。数据转换的目的是将一些偏态分布的数据转换成对称分布的数据，并消除异方差性的影响，以满足一些线性分析技术的要求。不同的预处理方法会对统计分析结果产生不同的影响，在实际应用中，我们应该根据具体的研究目的、数据类型以及要选用的统计分析方法综合考虑，选择适当的预处理方式。例如，Robert A. van den Berg等通过实际暴露组学数据的分析发现，选用不同预处理方法在很大程度上影响着主成分分析（PCA）的结果，自动尺度化（autoscaling）和全距尺度化（range scaling）在对暴露组学数据进行探索性分析时表现更优，其PCA分析后的结果在生物学上能够得到更合理的解释。

(三) 数据分析方法

1. 单变量分析方法

单变量分析方法简便、直观和容易理解，在暴露组学研究中通常用来快速考察各个代谢物在不同类别之间的差异。暴露组学数据在一般情况下难以满足参数检验的条件，使用较多的是非参数检验的方法，如Wilcoxon秩和检验或Kruskal-Wallis检验，t'检验也是一种比较好的统计检验方法。

由于暴露组学数据具有高维的特点，所以在进行单变量分析时，会面临多重假设检验的问题。如果我们不对每次假设检验的检验水准α进行校正，则总体犯一类错误的概率会明显增加。一种解决方法是采用Bonferion校正，即用原检验水准除以假设检验的次数m来作为每次假设检验新的检验水准（α/m）。由于Bonferion校正的方法过于保守，会明显降低检验效能，所以在实际中更为流行的一种做法是使用阳性发现错误率（false discovery rate，FDR）。这种方法可用于估计多重假设检验的阳性结果中，可能包含假阳性结果。FDR方法不仅能够将假阳性的比例控制在规定的范围内，而且较之传统的方法在检验效能上也得到了显著的提高。实际中也可以使用局部FDR（用fdr表示），其定义为某一次检验差异显著时，其结果为假阳性的概率。局部FDR的使用，使得我们能够估计出任意变量为假阳性的概率，通常情况下有$FDR \leqslant fdr$。

除了进行传统的单变量假设检验分析，暴露组学分析中通常也计算代谢物浓度在两组间的改变倍数值（fold change），如计算某个代谢物浓度在两组中的均值之比，判断该代谢物在两组之间的高低表达。计算ROC曲线下面积（AUC）也是一种经常使用的方法。

2. 多变量分析

暴露组学产生的是高维的数据，单变量分析不能揭示变量间复杂的相互作用关系，因此多变量统计分析在暴露组学数据分析中具有重要的作用。总体来说，暴露组学数据多变量统计分析方法大致可以分为两类：一类为非监督的学习方法，即在不给定样本标签的情况下对训练样本进行学习，如PCA、非线性映射（NLM）等；另一类为有监督的学习方法，即在给定样本标签的情况下对训练样本进行学习，如偏最小二乘判别分析（PLS-DA）、基于正交信号校正的偏最小二乘判别分析（OPLS-DA）、人工神经网络（ANN）、支持向量机（SVM）等。其中，PCA、PLS-DA和OPLS-DA是目前暴露组学领域中使用最为普遍的多变量统计分析方法。

PCA是从原始变量之间的相互关系入手，根据变异最大化的原则将其线性变换到几个独立的综合指标上（即主成分），取2~3个主成分作图，直观地描述不同组别之间的代谢模式差别和聚类结果，并通过载荷图寻找对组间分类有贡献的原始变量作为生物标志物。通常情况下，由于暴露组学数据具有高维、小样本的特性，同时有噪声变量的干扰，PCA的分类结果往往不够理想。尽管如此，PCA作为暴露组学数据的预分析和质量控制步骤，通常用于观察是否具有组间分类趋势和数据离群点。在组间分类趋势明显时，说明其中一定有能够分类的标志物。PCA还可以用于分析质控样品是否聚集在一起，如果很分散或具有一定的变化趋势，则说明检测质量存在一定的问题。Zhang Zhiyu等通过PCA成功区分了骨肉瘤患者和正常人，并发现良性骨肿瘤患者中有两例是异常值。Kishore K. Pasikanti等利用PCA对尿液膀胱癌暴露组学数据进行分析后观察到质控样品在PCA得分图上紧密聚集，从而验证了仪器检测的稳定性和暴露组学数据的可靠性。

PLS-DA是目前暴露组学数据分析中最常使用的一种分类方法，它在降维的同时结合了回归模型，并利用一定的判别阈值对回归结果进行判别分析。Zhang Tao等运用PLS-DA技术分析尿液卵巢癌暴露组学数据，成功将卵巢癌患者和良性卵巢肿瘤患者以及子宫肌瘤患者相互鉴别，并鉴定出组氨酸、色氨酸、核苷酸等多种具有判别能力的卵巢癌生物标志物。

PLS的思想是，通过最大化自变量数据和应变量数据集之间的协方差来构建正交得分向量（潜变量或主成分），从而拟合自变量数据和应变量数据之间的线性关系。PLS的降维方法与PCA的不同之处在于PLS既分解自变量X矩阵也分解应变量Y矩阵，并在分解时利用其协方差信息，从而使降维效果较PCA能够更高效地提取组间变异信息。当因变量Y为二分类情况下，通常一类编码为1，另一类编码为0或-1；当因变量Y为多分类时，则需将其化为哑变量。通常，评价PLS-DA模型拟合效果使用R^2X、R^2Y和Q^2Y这三个指标，这些指标越接近1，表示PLS-DA模型拟合数据效果越好。其中，R^2X和R^2Y分别表示PLSDA分类模型所能够解释X和Y矩阵信息的百分比，Q^2Y则为通过交叉验证计算得出，用以评价PLS-DA模型的预测能力，Q^2Y越大代表模型预测效果较好。实际中，PLS-DA得分图常用来直观地展示模型的分类效果，图中两组样品分离程度越大，说明分类效果越显著。暴露组学数据分析中另一种常用的方法是OPLS-DA，它是PLS-DA的扩展，即首先使用正交信号校正技术，将X矩阵信息分解成与Y相关和不相关的两类信息，然后过滤掉与分类无关的信息，相关的信息主要集中在第一个预测成分。Johan Trygg等认为该方法可以在不降低模型预测能力的前提下，有效减少模型的复杂性和增强模型的解释能力。与PLSDA模型相同，可以用R^2X、R^2Y、Q^2Y和OPLS-DA得分图来评价模型的分类效果。Carolyn M. Slupsky等使用OPLS-DA发现卵巢癌患者、乳腺癌患者、正常人这三者之间的尿液代谢轮廓显著不同，从而推断尿液代谢组学可能为癌症的特异性诊断提供重要依据。

由于代谢组学数据具有高维、小样本的特性，使用有监督学习方法进行分析时很容易产生过拟合的现象。为此，需要使用置换检验考察PLS-DA在无差异情况下的建模效果。该方法在固定X矩阵的前提下，随机置换Y分类标签n次，每次随机置换后建立新的PLS-DA模型，并计算相应的R^2Y和Q^2Y；然后，与真实标签模型得到的结果进行比较，用图形直观表达是否有过拟合现象。

由于样本量不足，通常采用上述的交叉验证和置换检验方法作为模型验证方法。而实际中，在样本量允许的情况下，最为有效的模型验证方法即为将整个数据集严格按照时间顺序划分为内部训练数据和外部测试数据两部分,利用内部训练数据建立模型,再对外部测试数据进行预测,客观地评价模型的有效性和适用性。

3. 生物标志物的筛选

代谢组学分析的最终目标是希望从中筛选出潜在的生物相关标志物,从而探索其中的生物代谢机制,因此需要借助一定的特征筛选方法进行变量筛选。对于高维代谢组学数据的特征筛选,研究的目的是从中找出对样本分类能力最强或较强的一个或若干个变量。特征筛选方法主要分为三类:过滤法、封装法和嵌入法。过滤法主要是采用单变量筛选方法对变量进行筛选,优点是简单而快捷,能够快速地降维,如 t' 检验、Wilcoxon 秩和检验、SAM 等方法。封装法是一种多变量特征筛选策略,通常是以判别模型分类准确性作为优化函数的前向选择、后向选择和浮动搜索特征变量的算法。它通常是按照"节省原则"进行特征筛选,最终模型可能仅保留其中很少部分的重要变量,如遗传算法等。嵌入法的基本思想是将变量选择与分类模型的建立融合在一起,变量的重要性评价依靠特定分类模型的算法实现,在建立模型的同时,可以给出各变量重要性的得分值,如 PLS-DA 方法的 VIP 统计量等。为了更加客观、全面地评价每个变量的重要性,代谢组学研究中一般采取将上述方法结合起来的方式进行变量筛选。比较常见的一种策略是先进行单变量分析,再结合多变量模型中变量重要性评分作为筛选标准,如挑选 $fdr \leqslant 0.05$ 和 $VIP > 1.5$ 的变量作为潜在生物标志物。用筛选的潜在生物标志物对外部测试数据集进行预测,评价其预测效果。最后,可以通过研究生物标志物的生物学功能和代谢通路,分析不同生物标志物之间的相互作用和关系,从而为探索生物代谢机制提供重要线索和信息。Yang Jinglei 等即在代谢组学分析中使用 $fdr \leqslant 0.2$ 和 $VIP > 1.5$ 的双重标准来筛选精神分裂症的特异生物标志物,所筛选出的差异代谢物其 AUC 在训练数据中达 94.5%,外部测试数据中达 0.895。

(四)环境暴露组学的统计学方法挑战机遇及展望

尽管暴露组的概念刚刚被提出,但其内涵和外延得到了不断的完善和更新,生物标志、个体检测器、影像学等技术的进步也为暴露组的研究带来空前的发展。然而在当前的技术手段和分析方法上仍然无法准确定量一个人的暴露组,开展暴露组研究仍然需要从概念的内涵上加以发展,同时分析技术手段和方法亦需要进一步完善。当前,暴露组研究仍面临着诸多困难,概括而言,主要包括以下四个方面。

(1)暴露组是个动态的概念,这一动态不仅体现在研究每个人每时每刻的总暴露,而且这一概念还受到其他学科和技术的发展而不断扩展其内涵与外延。暴露组研究人体从出生至生命结束整个生命过程中每时每刻暴露于外界环境(空气、水、饮食),以及社会环境和个人发展阶段及行为,因此是在一个动态的状态下探讨人体暴露与机体响应的一门学科。同时随着各种新型产品和污染物的出现、社会文化的发展、各种交往的渗透、气候环境的变迁,暴露组的内涵将逐渐加深,而外延也将不断地扩展。很多因素在当前的认识下无法预测,因此也为暴露组的研究增加了许多不确定因素。

（2）暴露组是建立在暴露科学的基础上，并借鉴了基因组学的研究思路和统计方法，目前关于这些研究的信息多为零星和分散的，如何将这些数据整合归纳起来为暴露组的研究提供更有针对性的指导方案是一项巨大的工程。关于人体暴露途径、职业病调研、个别疾病的生物指标和分子流行病等研究都已有了不同程度的开展，暴露组研究的开展应借鉴这些方法和思路进行更具有针对性的研究。如何将这些已存在的结果整合起来，并建立其各种相互偶合关联，为暴露组的研究思路和方法提供有效的信息。同时暴露组检测方法的进步及发现的信息有利于个体健康保护，但公共健康影响才是暴露组的研究目标，因此在当前乃至今后很长一段时间内，暴露组研究的最大障碍是如何将其应用到公共人群的健康风险预测和疾病控制等方面。个体暴露组信息的完善是建立完整的公众暴露组的第一步。

（3）暴露组的研究将借助各种组学技术，但是如何把这些组合技术手段结合起来，发挥其最大作用，需要不断地摸索。而且这些技术并不能完全地解决暴露组的研究问题，例如暴露组的研究重点在于捕捉各种内在的分子标志物，而并不是所有的污染物。因此，必须优化这些技术手段的组合配置，同时还需要加强国际合作，鼓励多方位的金融投资，将特定人类染色体测序的工作分配给全世界不同的研究小组来共同完成，在地区层面上获得当地暴露信息研究的成功，从而促进暴露组数据库的建立和共享，通过这种方式才可能使暴露组研究得到最快速的发展。

（4）随着各种技术手段的发展，对污染物暴露途径、分子作用机制和疾病发生原委的认识逐步清晰，然而由于社会经济等因素引发的社会暴露在这些技术手段上难以表征，解决社会干预、生物效应和疾病风险之间复杂的关系必须通过社会学家、环境科学家、流行病学家、分子生物学家和其他领域科学家之间的密切合作才能共同完成。

因此暴露组以一个全新的概念展现在人们面前，而且为人类健康带来了无限希望，同时更多地为人们提供了了解自我的机会，亦为科学家们提供了更大的研究平台和思考空间。在可以预见的未来，随着各种技术手段的进步，各个学科的融合和交叉，以及各个领域科学家的紧密合作，人类逐步建立健全的人类暴露组信息数据库，定能揭开人体暴露、作用机制和疾病成因的本质，为人类健康保护和疾病预防发挥重要作用。

参 考 文 献

[1] 白志鹏, 陈莉, 韩斌. 暴露组学的概念与应用 [J]. 环境与健康杂志, 2015, 32 (1): 1-9.
[2] 王保红, 何继亮. 蛋白组学技术在环境卫生中的应用 [J]. 中华预防医学杂志, 2004, 38 (1): 52-54.
[3] 孟凡刚, 孟雅冰. 蛋白质组学与应用 [M]. 北京: 化学工业出版社, 2022.
[4] 张永卓, 傅博强, 牛春艳, 等. 单细胞测序技术的发展 [J]. 计量学报, 2023, 44 (1): 149-156.
[5] 操利超, 巴颖, 张核子. 单细胞测序方法研究进展 [J]. 生物信息学, 2022, 20 (2): 91-99.
[6] 倪兵, 高维武. 单细胞表观遗传测序技术最新进展 [J]. 陆军军医大学学报, 2022, 44 (1): 74-78.
[7] 张成鹏. 单细胞测序技术及其应用综述 [J]. 河南科学, 2022, 40 (9): 1390-1397.
[8] Curtis S W, Cobb D O, Kilaru V, et al. Exposure to polybrominated biphenyl (PBB) associates with

genome-wide DNA methylation differences in peripheral blood [J]. Epigenetics, 2019, 14 (1): 52-66.

［9］ Duan Y, Xiong D, Wang Y, et al. Effects of Microcystis aeruginosa and microcystin-LR on intestinal histology, immune response, and microbial community in Litopenaeus vannamei [J]. Environmental Pollution, 2020, 265: 114774.

［10］ Dziewięcka M, Flasz B, Rost-Roszkowska M, et al. Graphene oxide as a new anthropogenic stress factor-multigenerational study at the molecular, cellular, individual and population level of Acheta domesticus [J]. Journal of hazardous materials, 2020, 396: 122775.

［11］ Gonzalez H, Lema C, A Kirken R, et al. Arsenic-exposed keratinocytes exhibit differential microRNAs expression profile; potential implication of miR-21, miR-200a and miR-141 in melanoma pathway [J]. Clinical cancer drugs, 2015, 2 (2): 138-147.

［12］ Harris S M, Bakulski K M, Dou J, et al. The trichloroethylene metabolite S- (1, 2-dichlorovinyl)-l-cysteine inhibits lipopolysaccharide-induced inflammation transcriptomic pathways and cytokine secretion in a macrophage cell model [J]. Toxicology in Vitro, 2022, 84: 105429.

［13］ He J J, Ma J, Wang J L, et al. Analysis of miRNA expression profiling in mouse spleen affected by acute Toxoplasma gondii infection [J]. Infect Genet Evol, 2016, 37: 137-142.

［14］ Inagaki T, Sakai J, Kajimura S. Transcriptional and epigenetic control of brown and beige adipose cell fate and function [J]. Nat Rev Mol Cell Biol, 2016, 17 (8): 480-495.

［15］ Jafer A, Sylvius N, Adewoye A B, et al. The long-term effects of exposure to ionising radiation on gene expression in mice [J]. Mutation Research/Fundamental and Molecular Mechanisms of Mutagenesis, 2020, 821: 111723.

［16］ Jarmasz J S, Stirton H, Basalah D, et al. Global DNA methylation and histone posttranslational modifications in human and nonhuman primate brain in association with prenatal alcohol exposure [J]. Alcoholism: Clinical and Experimental Research, 2019, 43 (6): 1145-1162.

［17］ Jiang Y, Chen J, Tong J, et al. Trichloroethylene-induced gene expression and DNA methylation changes in B6C3F1 mouse liver [J]. PloS one, 2014, 9 (12): e116179.

［18］ Kiyohara C, Horiuchi T, Takayama K, et al. Genetic polymorphisms involved in carcinogen metabolism and DNA repair and lung cancer risk in a Japanese population [J]. Journal of Thoracic Oncology, 2012, 7 (6): 954-962.

［19］ Lewis L A. Inter-Individual Variability in DNA Damage and Epigenetic Effects in Response to 1, 3-Butadiene [D]. 2019.

［20］ Liu H, Chen Q, Lei L, et al. Prenatal exposure to perfluoroalkyl and polyfluoroalkyl substances affects leukocyte telomere length in female newborns [J]. Environmental Pollution, 2018, 235: 446-452.

［21］ Luo L, Li Y, Gao Y, et al. Association between arsenic metabolism gene polymorphisms and arsenic-induced skin lesions in individuals exposed to high-dose inorganic arsenic in northwest China [J]. Scientific Reports, 2018, 8 (1): 413.

［22］ McHale C M, Zhang L, Lan Q, et al. Changes in the peripheral blood transcriptome associated with occupational benzene exposure identified by cross-comparison on two microarray platforms [J]. Genomics, 2009, 93 (4): 343-349.

［23］ Mordukhovich I, Beyea J, Herring A H, et al. Polymorphisms in DNA repair genes, traffic - related polycyclic aromatic hydrocarbon exposure and breast cancer incidence [J]. International journal of cancer, 2016, 139 (2): 310-321.

［24］ Petroff R L, Padmanabhan V, Dolinoy D C, et al. Prenatal exposures to common phthalates and prevalent phthalate alternatives and infant DNA methylation at birth [J]. Front Genet, 2022, 13: 793278.

级质谱检测（MS2）中，不同的报告基团被释放，它们各自的质谱峰的信号强弱，代表着来源于不同样品的该肽段及其所对应的蛋白的表达量的高低。同时，肽段的MS/MS结果结合数据库检索可以鉴定出相应的蛋白种类。TMT/iTRAQ定量蛋白组学研究因其测定精准度高、适应样品种类多，目前已被广泛地应用。TMT/iTRAQ标记试剂盒的种类见表4-1。

表 4-1　TMT/iTRAQ标记试剂盒的种类

标签	生产商	标签规格
iTRAQ	AB Sciex	4标/8标
TMT	Thermo Fisher	2标/6标/10标

（1）TMT/iTRAQ定量的原理

TMT技术是由Thermo SCIENTIFIC公司研发的一种体外同种同位素标记的相对与绝对定量技术。该技术利用多种同位素试剂标记蛋白多肽N末端或赖氨酸侧链基团，经高精度质谱仪串联分析。TMT技术采用2种、6种或10种同位素的标签，通过特异性标记多肽的氨基基团，然后进行串联质谱分析，可同时比较2组、6组或10组不同样品中蛋白质的相对含量。TMT标签由三部分组成：分子量报告子、分子量标准化部分和反应基团，形成2种、6种或10种相对分子质量均等量的异位标签（图4-2）。TMT试剂通过反应基团能够高效地标记酶解后的肽段。在一级质谱图中，分子量标准化部分使任何一种TMT试剂标记的不同样本中的同一肽段表现为相同的质荷比。在串联质谱中，可剪切臂能够优先断裂以便释放分子量报告子。每个报告子都有各自独特的分子量，并且能够在MS/MS分析中反映出所标记的多肽的样品丰度，根据报告离子的信号强度值可获得样品间相同肽段的定量信息，再经过软件处理得到蛋白质的定量信息。

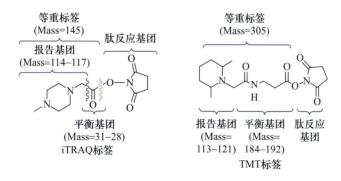

图 4-2　TMT/iTRAQ标签

iTRAQ技术是由美国应用生物系统公司（Applied Biosystems Incorporation，ABI）于2004年开发的同重标签标记的相对和绝对定量（isobaric tags for relative and absolute quantitation，iTRAQ）技术。iTRAQ技术利用多种同位素试剂标记蛋白多肽N末端或赖氨酸侧链基团，经高精度质谱仪串联分析，可同时比较多达8种样品之间的蛋白表达量，是近年来定量蛋白质组学常用的高通量筛选技术。

iTRAQ技术采用4种或8种同位素编码的标签，通过特异性标记多肽的氨基基团，而后进行串联质谱分析，可同时比较4种或8种不同样品中蛋白质的相对含量。将蛋白质裂解为肽段，然后用iTRAQ试剂进行差异标记。iTRAQ试剂包括3个部分：报告基团（report group）、平衡基团（balance group）和肽反应基团（amine-specific reactive group）。报告基团相对分子质量为113～121 Da（无120），因此iTRAQ试剂可同时标记8组样品。平衡基团相对分子质量为192～184 Da（无185），使得八种iTRAQ试剂分子量均为305 Da，保证标记的同一肽段m/z相同。肽反应基团将iTRAQ试剂与肽段上赖氨酸及N端氨基酸残基相连，在其上报告基团通过平衡基团与反应基团相连，形成等量异位标签（图4-2）。由于iTRAQ试剂是等量的，即不同同位素在标记同一多肽后在第一级质谱检测，分子量完全相同，用串联质谱方法对在第一级质谱检测到前体离子进行碰撞诱导解离，产物离子通过第二级质谱进行分析。在二级质谱分析过程中，报告基团、质量平衡基团和多肽反应基团之间的键断裂，质量平衡基团丢失，产生低m/z的报告离子。由于二级质谱可分析相对分子质量相差1的报告基团，不同报告基团离子强度的差异就代表了它所标记的多肽的相对丰度。同时，多肽内的酰胺键断裂，形成一系列b离子和y离子，得到离子片段的质量数，通过数据库查询和比较，可以鉴定出相应的蛋白质前体。简言之，在一级质谱图中，任何一种iTRAQ试剂标记不同样本中的同一蛋白质表现为相同的质荷比，不同来源的相同肽段表现为一个峰；在二级质谱中，iTRAQ试剂中的平衡基团发生中性丢失，信号离子表现为不同质荷比（114～121）的峰，因此根据波峰的高度及面积，可以得到同一蛋白在不同样本中的表达差异；同时，肽段的MS/MS结果结合数据库检索可以鉴定出相应的蛋白种类（图4-3）。

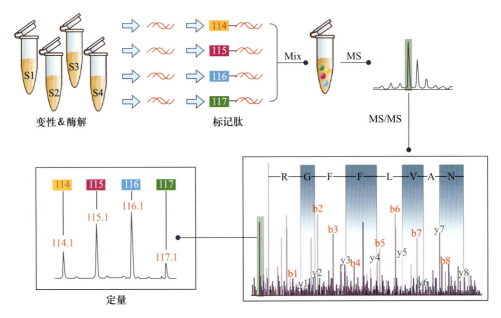

图4-3 iTRAQ定量蛋白质组学的原理

[25] Rager J E, Smeester L, Jaspers I, et al. Epigenetic changes induced by air toxics: formaldehyde exposure alters miRNA expression profiles in human lung cells [J]. Environmental health perspectives, 2011, 119 (4): 494-500.

[26] Rider C F, Carlsten C. Air pollution and DNA methylation: effects of exposure in humans [J]. Clinical epigenetics, 2019, 11 (1): 1-15.

[27] Tomasetti M, Nocchi L, Staffolani S, et al. MicroRNA-126 suppresses mesothelioma malignancy by targeting IRS1 and interfering with the mitochondrial function [J]. Antioxidants & redox signaling, 2014, 21 (15): 2109-2125.

[28] Wakui S, Shirai M, Motohashi M, et al. Effects of in utero exposure to di (n-butyl) phthalate for estrogen receptors α, β, and androgen receptor of Leydig cell on rats [J]. Toxicol pathol, 2014, 42 (5): 877-887.

[29] Zhang J, Liu L, Lin Z, et al. SNP - SNP and SNP - environment interactions of potentially functional HOTAIR SNPs modify the risk of hepatocellular carcinoma [J]. Molecular Carcinogenesis, 2019, 58 (5): 633-642.

[30] Zhang W, Yang J, Lv Y, et al. Paternal benzo [a] pyrene exposure alters the sperm DNA methylation levels of imprinting genes in F0 generation mice and their unexposed F1-2 male offspring [J]. Chemosphere, 2019, 228: 586-594.

[31] Zhu L S, Shao B, Song Y, et al. DNA damage and effects on antioxidative enzymes in zebra fish (Danio rerio) induced by atrazine [J]. Toxicology mechanisms and Methods, 2011, 21 (1): 31-36.

[32] Kellner R. Proteomics. Concepts and perspectives [J]. Fresenius J Anal Chem, 2000, 366: 517-524.

[33] Liebler D C. Proteomic approaches to characterize protein modifications: new tools to study the effects of environmental exposure [J]. Environ Health Perspect, 2002, Suppl 1 (Suppl 1): 3-9.

[34] Kennedy S. Proteomic profiling from human samples: the body fluid alternative [J]. Toxicol Lett, 2001, 120: 379-384.

[35] Ross P L, Huang Y N, Marchese J N, et al. Multiplexed protein quantitation in Saccharomyces cerevisiae using amine-reactive isobaric tagging reagents [J]. Mol Cell Proteomics, 2004, 3 (12): 1154-1169.

[36] Wu J, An Y, Pu H, et al. Enrichment of serum low-molecular-weight proteins using C18 absorbent under urea/dithiothreitol denatured environment [J]. Anal Biochem, 2010, 398 (1), 34-44.

[37] Wu J, Xie X, Liu Y, et al. Identification and confirmation of differentially expressed fucosylated glycoproteins in the serum of ovarian cancer patients using a lectin array and LC-MS/MS [J]. J Proteome Res, 2012, 11 (9): 4541-4552.

[38] Ashburner M, Ball C A, Blake J A, et al. Gene ontology: tool for the unification of biology. The Gene Ontology Consortium [J]. Nature Genetics, 2000, 25 (1): 25-29.

[39] Tatusov R L, Fedorova N D, Jackson J D, et al. The COG database: an updated version includes eukaryotes [J]. BMC bioinformatics, 2003, 4 (1): 41.

[40] Kanehisa M, Goto S, Kawashima S, et al. The KEGG resource for deciphering the genome [J]. Nucleic Acids Res, 2004, 32 (Database issue): 277-280.

[41] Kanehisa M, Goto S, Hattori M, et al. From genomics to chemical genomics: new developments in KEGG [J]. Nucleic Acids Res, 2006, 34 (Database issue): 354-357.

[42] Finn R D, Attwood T K, et al. InterPro in 2017-beyond protein family and domain annotations [J]. Nucleic Acids Res, 2017, 45 (D1): D190-D199.

[43] Ashburner M, Ball C A, Blake J A, et al. Gene ontology: tool for the unifcaton of biology. The Gene Ontology Consortum [J]. Nature Genetcs, 2000, 25 (1): 25-9.

［44］ Minoru K, Susumu G, Shuichi K, et al. The KEGG resource for deciphering the genome [J]. Nucleic Acids Research, 2004, 32: D277-D280.

［45］ Subramanian A, Tamayo P, Mootha V K, et al. Gene set enrichment analysis: A knowledge-based approach for interpreting genome-wide expression profles [J]. Proc Natl Acad Sci USA, 2005, 102 (43): 15545-15550.

［46］ Damian S, Annika G L, David L, et al. STRING v11: protein-protein associaton networks with increased coverage, supportng functonal discovery in genome-wide experimental datasets [J]. Nucleic acids research, 2019, 47: D607-D613.

［47］ Csardi G, Nepusz T. The igraph sofware package for complex network research [J]. Interjournal Complex Systems, 2006, 1695.

［48］ Chin C H, Chen S H, Wu H H, et al. cytoHubba: Identfying hub objects and sub-networks from complex interactome [J]. BMC Systems Biology, 2014, 8 (4): 1-7.

［49］ Nepusz T, Yu H, Paccanaro A. Detectng overlapping protein complexes in protein-protein interacton networks [J]. Nature Methods, 2012, 9 (5): 471-472.

［50］ Zhu Y. Mass spectrometry based proteomics: data analysis and applicatons [C]. Stockholm: Karolinska Insttutet, 2018: 1-37.

［51］ Zhang X, Li L Y, Mayne J, et al. Assessing the impact of protein extracton methods for human gut metaproteomics [J]. Journal of proteomics, 2017, 180: 120-127.

［52］ Winter D, Steen H. Optmizaton of cell lysis and protein digeston protocols for the analysis of HeLa S3 cells by LC-MS/MS [J]. Proteomics, 2011, 11 (24): 4726-4730.

［53］ Walker J M. The Protein Protocols Handbook [M]. Berlin: Springer, 2002: 11-14.

［54］ Wessels H, Vogel R O, Heuvel L, et al. LC-MS/MS as an alternatve for SDS-PAGE in blue natve analysis of protein complexes. [J]. Proteomics, 2010, 9 (17): 4221-4228.

［55］ Arike L, Valgepea K, Peil L, et al. Comparison and applicatons of label-free absolute proteome quantfcaton methods on Escherichia coli [J]. Journal of proteomics, 2012, 5 (17): 5437-5448.

［56］ The biology of genomes. Single-cell sequencing tackles basic and biomedical questions [J]. Science, 2012, 336 (6084): 976-977.

［57］ Tang F, Barbacioru C, Wang Y, et al. mRNA-Seq whole-transcriptome analysis of a single cell [J]. Nat Methods, 2009, 6 (5): 377-382.

［58］ Kharchenko P V. The triumphs and limitations of computational methods for scRNA-seq [J]. Nat Methods, 2021, 18 (7): 723-732.

［59］ Hedlund E, Deng Q. Single-cell RNA sequencing: Technical advancements and biological applications [J]. Mol Aspects Med, 2018, 59: 36-46.

［60］ Zong C, Lu S, Chapman A R, et al. Genome-wide detection of single-nucleotide and copy-number variations of a single human cell [J]. Science, 2012, 338 (6114): 1622-1626.

［61］ Wen L, Tang F. Recent advances in single-cell sequencing technologies [J]. Precis Clin Med, 2022, 5 (1): pbac002.

［62］ Balzer M S, Ma Z, Zhou J, et al. How to Get Started with Single Cell RNA Sequencing Data Analysis [J]. J Am Soc Nephrol, 2021, 32 (6): 1279-1292.

［63］ Luecken M D, Theis F J. Current best practices in single-cell RNA-seq analysis: a tutorial [J]. Mol Syst Biol, 2019, 15 (6): e8746.

［64］ Qiu X, Mao Q, Tang Y, et al. Reversed graph embedding resolves complex single-cell trajectories [J]. Nat Methods, 2017, 14 (10): 979-982.

［65］ Van den Berge K, Roux de Bézieux H, Street K, et al. Trajectory-based differential expression analysis

［66］Saint M, Bertaux F, Tang W, et al. Single-cell imaging and RNA sequencing reveal patterns of gene expression heterogeneity during fission yeast growth and adaptation [J]. Nat Microbiol, 2019, 4 (3): 480-491.

［67］Woyke T, Doud D F R, Schulz F. The trajectory of microbial single-cell sequencing [J]. Nat Methods, 2017, 14 (11): 1045-1054.

［68］Kozareva V, Martin C, Osorno T, et al. A transcriptomic atlas of mouse cerebellar cortex comprehensively defines cell types [J]. Nature, 2021, 598 (7879): 214-9.

［69］Schmidt T S B, Bork P. Dissecting the intracellular pancreatic tumor microbiome at single-cell level [J]. Cancer Cell, 2022, 40 (10): 1083-1085.

［70］Potter S S. Single-cell RNA sequencing for the study of development, physiology and disease [J]. Nat Rev Nephrol, 2018, 14 (8): 479-492.

［71］Baslan T, Hicks J. Unravelling biology and shifting paradigms in cancer with single-cell sequencing [J]. Nat Rev Cancer, 2017, 17 (9): 557-569.

［72］Ofengeim D, Giagtzoglou N, Huh D, et al. Single-Cell RNA Sequencing: Unraveling the Brain One Cell at a Time [J]. Trends Mol Med, 2017, 23 (6): 563-76.

［73］Kester L, van Oudenaarden A. Single-Cell Transcriptomics Meets Lineage Tracing [J]. Cell Stem Cell, 2018, 23 (2): 166-179.

［74］Papalexi E, Satija R. Single-cell RNA sequencing to explore immune cell heterogeneity [J]. Nat Rev Immunol, 2018, 18 (1): 35-45.

［75］Neu K E, Tang Q, Wilson P C, et al. Single-Cell Genomics: Approaches and Utility in Immunology [J]. Trends Immunol, 2017, 38 (2): 140-149.

［76］Hurskainen M, Mižíková I, Cook D P, et al. Single cell transcriptomic analysis of murine lung development on hyperoxia-induced damage [J]. Nat Commun, 2021, 12 (1): 1565.

第五章 基于多种生物样本的暴露标志物分析

第一节 暴露生物学标志物的概念

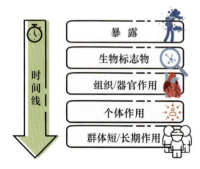

图 5-1 生物标志物从暴露到效应的时间轴

生物标志物（biomarker），是指生物暴露于某种因素时与之相关的体内化学品、代谢物、敏感性特征或与有机体变化，如图5-1所示，由之可以确定是否发生了暴露、暴露途径（exposure route）、暴露路线（exposure pathway）以及产生的影响。暴露研究中使用的生物标志物也称为生物监测（biomonioting）。暴露评估可以使用三种类型的生物标志物：易感性生物标志物（biomarkers of susceptibility）、暴露生物标志物（biomarkers of exposure）和效应生物标志物（biomarkers of effect）。暴露生物标志物使用最广泛，因为它们可以提供有关暴露途径和暴露路线的信息，甚至追溯暴露源（图5-2）。

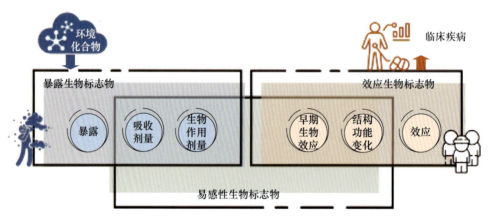

图 5-2 暴露、内剂量、生物标志物与临床疾病影响之间的联系

- 暴露生物标志物：用于评估从生物体中提取的生物样本中是否存在外源性化学物质，其代谢物，或其与目标分子或细胞相互作用的产物（例如，尿液中双酚A、邻苯二甲酸盐代谢物或DNA加合物）。
- 易感性生物标志物：作为个体生物体对外源性有害因素暴露的特定易感性的指

标（例如，特定的遗传多态性）。
- 效应生物标志物：也称为生物反应的生物标志物，是有机体因暴露于外源性有害因素而产生的可观察和可量化的分子或细胞成分，或者发生在过程、结构或功能上，并可能导致不利的健康影响或疾病（例如，循环激素水平）。

第二节　暴露生物学标志物的分类

暴露生物标志物的样品采集包括：生物体（血液、尿液、唾液、头发、呼出气冷凝液）和环境样本（空气、水、土壤）。

暴露生物标志物具体可以分为如下几大类：
- 常规标志物
- 血生化
- 全血细胞计数
- 与过敏症相关
- 与骨骼健康相关
- 与心血管健康相关
- 与糖尿病相关
- 与肾脏健康相关
- 与营养状况相关
- 生殖激素
- 与甲状腺状态相关
- 与化学有害因素暴露相关
- 与物理有害因素暴露相关
- 与生物有害因素暴露相关

一、常规标志物

该类别的生物标志物有：
- 比重
- 肌酐

二、血生化

该类别的生物标志物有血液的：
- 谷丙转氨酶（ALT）

- 白蛋白
- 碱性磷酸酶（ALP）
- 天冬氨酸氨基转移酶（AST）
- 碳酸氢盐
- 钙
- 氯化物
- 肌酐
- γ-谷氨酰转移酶（GGT）
- 乳酸脱氢酶（LDH）
- 镁
- 磷
- 钾
- 钠
- 总胆红素（TBIL）
- 总蛋白（TP）
- 尿素
- 尿酸

三、全血细胞计数

该类别的生物标志物有血液的：
- 血红蛋白
  - 平均红细胞血红蛋白
  - 平均红细胞血红蛋白浓度
- 血小板
  - 平均血小板体积
  - 血小板计数
- 红细胞
  - 分血器
  - 平均红细胞体积
  - 红细胞分布宽度
  - 红细胞计数（RBC）
- 白细胞
  - 嗜碱性粒细胞
  - 嗜酸性粒细胞
  - 淋巴细胞

- 中性粒细胞
- 单核细胞
- 白细胞计数（WBC）

四、与过敏症相关

该类别的生物标志物有：
- 总免疫球蛋白E（IgE），血液

五、与骨骼健康相关

该类别的生物标志物有：
- I型前胶原N端前肽，血液
- 甲状旁腺激素，血液
- I型胶原C端肽，血液

六、与心血管健康相关

该类别的生物标志物有：
- 载脂蛋白A1（ApoA1），血液
- 载脂蛋白B（ApoB），血液
- 纤维蛋白原，血液
- 高密度脂蛋白胆固醇（HDL-C），血液
- 高敏C反应蛋白（HsCRP），血液
- 同型半胱氨酸，血液
- 低密度脂蛋白胆固醇（LDL-C）
    - 总胆固醇/高密度脂蛋白胆固醇比，血液
    - 直接测量，血液
    - 总胆固醇，血液
    - 甘油三酯，血液
- 红细胞脂肪酸：
    - 顺式单饱和脂肪酸，血液：
        - 顺式异油酸
        - 油酸
        - 棕榈油酸
        - 欧米伽3脂肪酸：

- ▲ α-亚麻酸
- ▲ 二十二碳六烯酸
- ▲ n-3二十二碳五烯酸
- ▲ 二十碳五烯酸
- ▲ 二十碳四烯酸
- ◆ 欧米伽6脂肪酸：
  - ▲ 肾上腺酸
  - ▲ 花生四烯酸
  - ▲ 二高-γ-亚麻酸
  - ▲ n-6二十二碳五烯酸
  - ▲ γ-亚麻酸
  - ▲ 亚油酸
- 饱和脂肪酸，血液：
  - ◆ 月桂酸
  - ◆ 肉豆蔻酸
  - ◆ 棕榈酸
  - ◆ 硬脂酸
- 反式脂肪酸，血液：
  - ◆ 反油酸
  - ◆ 棕榈油酸
  - ◆ 反式-10十八碳烯酸
  - ◆ 反式马油酸
  - ◆ 红细胞脂肪酸计算变量：
    - ▲ α-亚麻酸/二十碳五烯酸
    - ▲ 花生四烯酸/二十碳五烯酸
    - ▲ 二十碳五烯酸/花生四烯酸
  - ◆ Omega-3指数
  - ◆ 总18：1顺式脂肪酸
  - ◆ 总顺式单不饱和脂肪酸
  - ◆ 总n-3PUFA
  - ◆ 总n-3（18：4；20：4；20：5；22：5；22：6）
  - ◆ 总n-6PUFA
  - ◆ 总计n-6（18：3；20：3；20：4；22：4；22：5）
  - ◆ 总n-6PUFA/总n-3PUFA
  - ◆ 总n-6LC-PUFA/总n-3LC-PUFA
  - ◆ 总多不饱和脂肪酸

- ◆ 总饱和脂肪酸
  - ▲ 总18∶1反式脂肪酸
  - ▲ 总18∶2反式脂肪酸
  - ▲ 总18∶3反式脂肪酸
- ◆ 总反式脂肪酸

七、与糖尿病相关

该类别的生物标志物有血液的：
- 葡萄糖，血浆
- 葡萄糖，血清
- 糖化血红蛋白A1c（HbA1c）
- 胰岛素

八、与肾脏健康相关

该类别的生物标志物有的：
- 微量白蛋白，尿液

九、与营养状况相关

该类别的生物标志物有的：
- 铁蛋白，血液
- 碘（MEC），尿液
- 碘（hhld visit），尿液
- 碘/肌酐比值，尿液
- 钠，尿液
- 钾，尿液
- 红细胞叶酸，血液
- 维生素B_{12}，血液
- 维生素C（L-抗坏血酸），血液
- 总维生素D_3［25-OH］，血浆
- 维生素D_3［25-OH］，血清
- 维生素D_3［3-epi-25-OH］，血清
- 维生素D_2［25-OH］，血清
- 总维生素D［25-（OH）］，血清

十、生殖激素

该类别的生物标志物有血液的：
- 雌二醇（E_2）
- 促卵泡生成激素（FSH）
- 促黄体生成激素（LH）
- 黄体酮（P_4）
- 睾酮

十一、与甲状腺状态相关

该类别的生物标志物有血液的：
- 抗甲状腺球蛋白
- 抗甲状腺过氧化物酶
- 游离甲状腺素
- 促甲状腺激素

十二、与化学有害因素暴露相关

该类别的生物标志物有：
- 挥发性有机化合物
  - 常见燃料污染物（BTEX）
    - 苯，血液
    - 乙苯，血液
    - 间二甲苯和对二甲苯，血液
    - 邻二甲苯，血液
    - 甲苯，血液
  - 三卤甲烷
    - 溴二氯甲烷，血液
    - 二溴氯甲烷，血液
    - 三溴甲烷，血液
    - 三氯甲烷，血液
  - 卤化溶剂
    - 四氯化碳，血液
    - 三氯乙烯，血液

- 四氯乙烯，血液
- 1,1,1,2-四氯乙烷，血液
■ 苯类
- 异丙苯，血液
- 硝基苯，血液
- 1,4-二氯苯，血液
■ 其他
- 4-甲基-2-戊酮，血液
- 苯乙烯，血液
• 烟草
■ 尼古丁和代谢物
- 鱼腥草碱，尿液
- 游离可替宁，尿液/唾液
- 总可替宁，尿液
- 可替宁-n-葡糖苷酸，尿液
- 尼古丁，尿液
- 尼古丁-n-葡糖苷酸，尿液
- 不含反式-3-羟基可替宁，尿液
- 反式-3-羟基可替宁-O-葡糖苷酸，尿液
■ 苯并[a]芘（B[a]P）及4-(甲基亚硝基氨基)-1-(3-吡啶基)-1-丁酮（NNK）代谢物（4-(甲基-亚硝基氨基)-1-丁酮）
- 游离4-（甲基亚硝基氨基）-1-（3-吡啶基）-1-丁醇（NNAL，主要的NNK代谢物），尿液
- 总NNAL，尿液
• 有机氯农药
■ 艾氏剂，血液
■ α-氯丹，血液
■ γ-氯丹，血液
■ 顺壬，血液
■ 反式九氯，血液
■ 氧氯丹，血液
■ β-六氯环己烷（β-HCH），血液
■ γ-六氯环己烷（γ-HCH），血液
■ 六氯苯（HCB），血液
■ 灭蚁灵，血液
■ p,p'-二氯二苯基二氯乙烯（p,p'-DDE），血液

- p,p′-二氯二苯基三氯乙烷（p,p′-DDT），血液
- 毒杀芬parlar26，血液
- 毒杀芬parlar50，血液
- 氨基甲酸酯类杀虫剂
  - 呋喃丹酚，尿液
  - 2-异丙氧基苯酚，尿液
- 有机磷杀虫剂
  - 乙酰甲胺磷，尿液
  - 磷酸二甲酯（DMP），尿液
  - 二甲基硫代磷酸盐（DMTP），尿液
  - 二甲基二硫代磷酸盐（DMDTP），尿液
  - 磷酸二乙酯（DEP），尿液
  - 二乙基硫代磷酸盐（DETP），尿液
  - 二乙基二硫代磷酸酯（DEDTP），尿液
  - 马拉硫磷二羧酸，尿液
  - 甲胺磷，尿液
  - 3,5,6-三氯-2-吡啶醇，尿液
- 杀虫剂
  - N,N-二乙基间甲苯酰胺（DEET），尿液
  - 间-[（N,N-二乙氨基）羰基]苯甲酸（DCBA），尿液
  - N,N-二乙基-间羟甲基苯甲酰胺（DHMB），尿液
  - 2-异丙基-4-甲基-6-羟基嘧啶（IMPY），尿液
- 杀虫剂（草甘膦和草铵膦）
  - 草甘膦（GLYPH），尿液
  - 氨基甲基膦酸（AMPA），尿液
  - 草铵膦（GLUF）（或草铵膦），尿液
  - 3-甲基膦丙酸（3-MPPA），尿液
- 杀虫剂（新烟碱类）
  - 5-羟基吡虫啉，尿液
  - N-去甲基乙脒，尿液
  - 啶虫脒（NXL），尿液
  - 噻虫胺（CTH），尿液
  - 呋虫胺（DTQ），尿液
  - 吡虫啉（ICP），尿液
  - 烯啶虫胺（NTM），尿液
  - 噻虫啉（TAP），尿液

- 噻虫嗪（THM），尿液
- 拟除虫菊酯类农药
  - 顺式-3-（2,2-二溴乙烯基）-2,2-二甲基环丙烷甲酸（cis-DBCA），尿液
  - 顺式-3-（2,2-二氯乙烯基）-2,2-二甲基环丙烷甲酸（顺式-DCCA），尿液
  - 4-氟-3-苯氧基苯甲酸（4-F-3-PBA），尿液
  - 3-苯氧基苯甲酸（3-PBA），尿液
  - 反式-3-（2,2-二氯乙烯基）-2,2-二甲基环丙烷甲酸（反式-DCCA），尿液
- 三嗪类除草剂
  - 莠去津硫醇盐，尿液
  - 去乙基莠去津，尿液
  - 二氨基氯三嗪，尿液
- 苯氧除草剂
  - 2,4-二氯苯氧乙酸（2,4-D），尿液
- 亚乙基硫脲（ETU），尿液
- 混合血清有机卤素，血液
- 三氯卡班，尿液
- 三氯生，尿液
- 丙烯酰胺
  - 丙烯酰胺血红蛋白加合物，血液
  - 缩水甘油酰胺血红蛋白加合物，血液
- 苯代谢物
  - 反式，反式黏康酸，尿液
  - 苯酚，尿液
  - 间苯硫醇酸，尿液
- 邻苯基苯酚（OPP），尿液
- 邻苯酚葡糖苷酸（OPP-G），尿液
- 邻苯基苯酚硫酸盐（OPP-S），尿液
- 氯酚
  - 2,4-二氯苯酚（2,4-DCP），尿液
  - 2,5-二氯苯酚（2,5-DCP），尿液
  - 五氯苯酚，尿液
  - 2,4,5-三氯苯酚，尿液
  - 2,4,6-三氯苯酚，尿液
- 对羟基苯甲酸酯
  - 对羟基苯甲酸丁酯，尿液
  - 对羟基苯甲酸乙酯，尿液

- 对羟基苯甲酸甲酯，尿液
- 对羟基苯甲酸丙酯，尿液
- 对羟基苯甲酸异丁酯，尿液
- 全氟烷基物质
  - 全氟丁烷磺酸盐（PFBS），血液
  - 全氟癸酸（PFDA），血液
  - 全氟己烷磺酸盐（PFHxS），血液
  - 全氟己酸（PFHxA），血液
  - 全氟正丁酸（PFBA），血液
  - 全氟壬酸（PFNA），血液
  - 全氟辛烷磺酸（PFOS），血液
  - 全氟辛酸（PFOA），血液
  - 全氟十一烷酸（PFUDA），血液
- 双酚A（BPA），尿液
- 双酚类似物
  - 双酚AF，尿液
  - 双酚S，尿液
  - 双酚F，尿液
  - 双酚B，尿液
  - 双酚E，尿液
  - 双酚Z，尿液
  - 双酚4-4′（BP4），尿液
- 邻苯二甲酸酯代谢物
  - 邻苯二甲酸单苄酯（MBzP），尿液
  - 单-3-羧丙基邻苯二甲酸酯（MCPP），尿液
  - 邻苯二甲酸单-3-羟基正丁酯（3OH-MBP），尿液
  - 邻苯二甲酸单环己酯（MCHP），尿液
  - 邻苯二甲酸单（2-乙基-5-羟基己基）酯（MEHHP），尿液
  - 单-（2-乙基-5-氧代己基）邻苯二甲酸酯（MEOHP），尿液
  - 邻苯二甲酸单-2-乙基己酯（MEHP），尿液
  - 邻苯二甲酸单乙酯（MEP），尿液
  - 邻苯二甲酸单异丁酯（MiBP），尿液
  - 邻苯二甲酸单异壬酯（MiNP），尿液
  - 邻苯二甲酸单正丁酯（MnBP），尿液
  - 邻苯二甲酸单正辛酯（MOP），尿液
  - 邻苯二甲酸单甲酯（MMP），尿液

- 邻苯二甲酸单羧基正庚酯（MCHpP），尿液
- 单（2-乙基-5-羧基戊基）邻苯二甲酸酯（MECPP），尿液
- 单（2-羧甲基己基）邻苯二甲酸酯（MCMHP），尿液
- 单（羧基异辛基）邻苯二甲酸酯（MCIOP），尿液
- 单（氧代异壬基）邻苯二甲酸酯（MOINP），尿液
- 单（羟基异壬基）邻苯二甲酸酯（MHINP），尿液
- 邻苯二甲酸单羧基异壬酯（MCiNP），尿液
- 邻苯二甲酸单异癸酯（MIDP），尿液
- 邻苯二甲酸单氧异癸酯（MOiDP），尿液
- 邻苯二甲酸单羟基异癸酯（MHiDP），尿液

• 替代增塑剂
- 单异壬基环己烷1,2-二羧酸酯（MINCH），尿液
- 1,2-（反式-环己烷-二羧酸酯）-单-（7-羧酸酯-4-甲基）庚酯（反式-cx-MINCH），尿液
- 1,2-（顺式-环己烷-二羧酸酯）-单-（7-羧酸酯-4-甲基）庚酯（cis-cx-MINCH），尿液
- 顺式-环己烷-1,2-二羧酸（cis-CHDA），尿液
- 1,2-（环己烷-二羧酸酯）-单-（7-羟基-4-甲基）辛酯（OH-MINCH），尿液
- 1,2-（环己烷-二羧酸酯）-单-（7-氧代-4-甲基）辛酯（oxo-MINCH），尿液
- 1,2-（反式-环己烷-二羧酸酯）-单-4-甲基辛酯（反式-MINCH），尿液
- 2,2,4-三甲基-1,2-戊二醇（TMPD），尿液
- 2,2,4-三甲基-3-羟基戊酸（HTMV），尿液
- 1,2,4-苯三甲酸酯1-（2-乙基己基）酯（1-MEHTM），尿液
- 1,2,4-苯三甲酸酯2-（2-乙基己基）酯（2-MEHTM），尿液
- 1,2,4-苯三甲酸酯4-（2-乙基己基）酯（4-MEHTM），尿液

• 多环芳烃（PAH）
- 䓛
  ◆ 2-羟基䓛，尿液
  ◆ 3-羟基䓛，尿液
  ◆ 4-羟基䓛，尿液
  ◆ 6-羟基䓛，尿液
- 荧蒽
  ◆ 3-羟基荧蒽，尿液
- 芴
  ◆ 2-羟基芴，尿液
  ◆ 3-羟基芴，尿液

- 9-羟基芴，尿液
■ 萘
- 1-羟基萘酚，尿液
- 2-羟基萘酚，尿液
■ 菲
■ 1-羟基菲，尿液
■ 2-羟基菲，尿液
■ 3-羟基菲，尿液
■ 4-羟基菲，尿液
■ 9-羟基菲，尿液
■ 芘
- 3-羟基苯并（a）芘，尿液
- 1-羟基芘，尿液
- 多氯联苯（PCB）
■ Aroclor（商品名）1260，血液
■ 多氯联苯28、52、66、74、99、101、105、118，血液
■ 印刷电路板128、138、146、153、156、163、167、170，血液
■ 多氯联苯178、180、183、187、194、201、203、206，血液
- 呋喃
■ 四氢呋喃，血液
■ 2,5-二甲基呋喃，血液
- 溴化阻燃剂（BDE）
■ 2-乙基-1-己基2,3,4,5-四溴苯甲酸酯（EHTBB）或（TBB），血液
■ 双（2-乙基己基）四溴邻苯二甲酸酯（TBPH），血液
■ 五溴乙苯（PBEB），血液
■ 5-羟基-2,2′,4,4′-四溴二苯醚（5-OH-BDE-47），血液
■ 6-羟基-2,2′,4,4′-四溴二苯醚（6-OH-BDE-47），血液
■ 6-甲氧基-2,2′,4,4′-四溴二苯醚（6-MeO-BDE-47），血液
■ 4′-羟基-2,2′,4,5′-四溴二苯醚（4′-OH-BDE-49），血液
■ 2,2′,4,4′-四溴二苯醚（PBDE 47），血液
■ 2,2′,4,4′,5-五溴二苯醚（PBDE 99），血液
■ 2,2′,4,4′,6-五溴二苯醚（PBDE 100），血液
■ 2,2′,4,4′,5,5′-六溴二苯醚（PBDE 153），血液
■ 短链氯化石蜡（SCCP），血液
■ 总短链（$C_{10} \sim C_{13}$），血液
- 同类物 $C_{10}H_{18}C_{14}$，血液

- 同类物 $C_{10}H_{17}C_{15}$，血液
- 同类物 $C_{10}H_{16}C_{16}$，血液
- 同类物 $C_{10}H_{15}C_{17}$，血液
- 同类物 $C_{10}H_{14}C_{18}$，血液
- 同类物 $C_{10}H_{13}C_{19}$，血液
- 同类物 $C_{11}H_{20}C_{14}$，血液
- 同类物 $C_{11}H_{18}C_{16}$，血液
- 同类物 $C_{11}H_{16}C_{8}$，血液
- 同类物 $C_{12}H_{20}C_{16}$，血液
- 同类物 $C_{12}H_{18}C_{8}$，血液
- 同类物 $C_{13}H_{24}C_{14}$，血液
- 同类物 $C_{13}H_{22}C_{16}$，血液
- 同类物 $C_{13}H_{20}C_{18}$，血液
  - 总中链（C_{14}～C_{17}），血液
    - 同类物 $C_{14}H_{22}C_{18}$，血液
    - 同类物 $C_{15}H_{22}C_{16}$，血液
    - 同类物 $C_{16}H_{26}C_{18}$，血液
    - 同类物 $C_{17}H_{28}C_{18}$，血液
- 多溴阻燃剂
  - 多溴联苯153（PBB 153），血液
  - 多溴二苯醚（PBDE）15和17，血液
  - 多溴二苯醚25、28、33、47、99、100、153，血液
- 有机磷阻燃剂（OP）
  - 双-2（丁氧基乙基）磷酸盐（BBOEP），尿液
  - 双（2-氯丙基）磷酸酯（BCIPP），尿液
  - 双（1,3-二氯-2-丙基），尿液
  - 磷酸酯（BDCIPP），尿液
  - 磷酸二苯酯（DPHP），尿液
  - Di-o-cresyl phosphate 或 Di-o-tolyl phosphate（DoCP），尿液
  - 二对甲苯磷酸酯或二对甲苯磷酸酯（DpCP），尿液
- 多环麝香
  - 7-乙酰基-1,1,3,4,4,6-六甲基四氢萘，[1-（5,6,7,8-四氢-3,5,5,6,8,8-六甲基-2-萘基）乙酮]（AHTN，Tonalide），血液
  - 1,3,4,6,7,8-Hexahydro-4,6,6,7,8,8-六甲基环戊[g]-2-苯并吡喃（HHCB, Galaxolide），血液
- 食品添加剂

- 3,5-二叔丁基-4-羟基苯甲酸（BHT-酸），尿液
- 金属和微量元素
  - 铝，头发
  - 锑，尿液
  - 锑，头发
  - 砷
    - 砷甜菜碱/砷胆碱，尿液
    - 砷胆碱，尿液
    - 砷酸，尿液
    - 亚砷酸，尿液
    - 二甲胂酸，尿液
    - 甲胂酸，尿液
    - 无机砷
    - 总砷，血液/尿液/头发
  - 钡，头发
  - 铍，头发
  - 铋，头发
  - 硼，尿液
  - 镉，血液/尿液/头发
  - 铯，尿液
  - 铬，头发
  - 钴，血液/尿液/头发
  - 铜，血液/尿液/头发
  - 氟化物，尿液
  - 铅，血液/尿液/头发
  - 锰，血液/尿液/头发
  - 汞
    - 无机汞，血液/尿液
    - 甲基汞，血液
    - 总汞，血液/头发
  - 钼，血液/尿液/头发
  - 镍，血液/尿液/头发
  - 铂，血液
  - 红细胞铬，血液
  - 硒，血液/尿液/头发
  - 银，血液/尿液/头发

- 碲，头发
- 铊，尿液/头发
- 钛，头发
- 钨，尿液
- 铀，血液/尿液/头发
- 钒，尿液/头发
- 锌，血液/尿液/头发

十三、与物理有害因素暴露相关

该类别的生物标志物有：

- 紫外线相关化合物
  - 2,4-二羟基二苯甲酮（Benzophenone-1），尿液
  - 2,2′,4,4′-四羟基二苯甲酮（Benzophenone-2），尿液
  - 2-羟基-4-甲氧基二苯甲酮（Benzophenone-3），尿液
  - 2,2′-二羟基-4-甲氧基二苯甲酮（Benzophenone-8），尿液
  - 4-羟基二苯甲酮（4-OH-Benzophenone），尿液
  - 2-乙基-己基-4-甲氧基肉桂酸酯（Octinoxate；Octylmethoxycinnamate），尿液
  - 3-(4-甲基亚苄基)-樟脑（enzacamene；4-MBC），尿液
  - N,N-二甲基对氨基苯甲酸（DMP），尿液
  - N-单甲基-对氨基苯甲酸（MMP），尿液

十四、与生物有害因素暴露相关

该类别的生物标志物有：

- 感染标志物
  - 甲型肝炎病毒抗体，血液
  - 乙型肝炎表面抗原，血液
  - 乙型肝炎病毒表面抗体，血液
  - 乙型肝炎病毒表面抗原，血液
  - 丙型肝炎病毒抗体，血液
  - 丙型肝炎RNA，血液
  - 沙眼衣原体，尿液
  - 单纯疱疹-2，血液
  - 人乳头瘤病毒，尿液
  - 弓形虫抗原或抗体，血液

第三节 暴露生物学标志物的用途

代表性的全球大范围的生物标志物数据库有：

一、美国国家健康和营养检查调查（US National Health and Nutrition Examination Survey，NHANES）

NHANES是涉及人类生物监测的最大的连续的国家监测计划，由美国疾病控制和预防中心（CDC）和美国国家卫生统计中心（NCHS）从1971年开始进行。NHANES使用分层、多阶段、概率整群抽样设计来选择美国居民人口的代表性样本。每年约有7000名全美随机选择的居民参加。测量的化学品包括：酚类、金属、有机氯杀虫剂、邻苯二甲酸盐、可替宁、多溴二苯醚和其他溴化阻燃剂、多氯联苯和二噁英类化学品、多环芳烃、全氟化碳和挥发性有机化合物。

二、加拿大健康措施调查（Canadian Health Measures Survey，CHMS）

加拿大健康措施调查（CHMS）是一项全国性调查，由加拿大统计局牵头，与加拿大卫生部和加拿大公共卫生署合作，收集加拿大人的总体健康信息。CHMS是从2007年开始在加拿大进行的最全面、最直接的加拿大人健康措施调查。通过个人访谈和身体测量数据的收集，该调查提供了环境暴露、慢性病、传染病、健康和营养状况等指标的基线数据，以及与这些领域相关的风险因素和保护特征，从而确定了普通人群的基线环境化学物质浓度。身体测量包括身高和体重、血压、身体健康和肺功能测量等因素，以及许多基于血液和尿液样本（包括环境化学物质）的监测。迄今为止，已经提供了血液或尿液中数百种环境生物标志物的全国代表性浓度。发展了生物监测当量（biomonitoring equivalents，BE），以帮助解释人口水平健康风险背景下的生物监测数据。由此可以计算出特定化学品的危害商数（chemical-specific hazard quotients，CHQ）和/或癌症风险估计值，指导现有暴露指导值制定。2007—2017年的（五个两年）周期发现，至少有39种化学物质在三个周期的血液或尿液中被检测到，在加拿大人口中的检出率超过50%，具体包括：金属和微量元素（无机砷、二甲基胂酸、汞、铅、镉、硒、氟化物），酚类和对羟基苯甲酸酯（BPA、三氯生、对羟基苯甲酸甲酯、对羟基苯甲酸丙酯），丙烯酰胺（丙烯酰胺血红蛋白加合物、缩水甘油酰胺血红蛋白加合物），全氟和多氟烷基物质（PFAS）[全氟辛烷磺酸（PFOS）、全氟辛酸（PFOA）、全氟己烷磺酸盐（PFHxS）]，增塑剂[邻苯二甲酸二-2-乙基己酯（DEHP）、邻苯二甲酸单乙酯（MEP）、邻苯二甲酸单正丁酯（MnBP）、邻苯二甲酸单苄酯（MBzP）、单-3-羧丙基邻苯二甲酸酯（MCPP）]，多环芳烃（PAH）（芴、萘、菲、1-羟基芘），挥发性有机化合物（VOC）[乙苯、苯乙烯、甲苯，间、对二甲苯、邻二甲苯、苯、S-苯基硫醇酸（S-PMA）、反式-反式-黏康酸（t，t-MA）]，杀虫剂 [3-苯氧基苯甲酸（3-PBA）、顺式DCCA、反式DCCA、磷酸二甲酯（DMP）、二甲基硫代磷酸盐（DMTP）、磷酸二乙酯（DEP）]。其中19种化学品的趋势正在下降，包括金属和微量元素、酚类和对羟基苯甲酸酯、有机磷农药、全氟和多氟烷基物质，以及增塑剂，而以下化学品浓度显著降低，包括邻苯二甲酸二-2-乙基己酯（DEHP；减少75%）、全氟辛烷硫酸盐（PFOS；减少61%）、全氟辛酸（PFOA；减少58%）、磷酸二甲酯（DMP；减少40%）、铅（减少33%）和BPA（减少32%）。但是2种拟除虫菊酯农药代谢物增加，3-苯氧基苯甲酸（3-PBA）增加了110%。其余18种化学物质未观察到显著趋势（包括砷、汞、氟化物、丙烯酰胺、挥发性有机化合物和多环芳烃）。

三、欧盟人类生物监测倡议（HBM4EU）

欧洲人类生物监测倡议（HBM4EU）是于2017—2022年由欧盟委员会根据地平线2020资助的化学品、环境和健康领域的欧洲联合计划，由来自30个国家的116个合作伙伴和欧洲环境署组成。该项目的目的是绘制和评估人类接触化学品的情况，利用创新研究来回答与化学品监管政策建议相关的问题，为欧洲范围内的人类生物监测（HBM）建立一个可持续的框架，并进一步调查和评估化学暴露对健康的危害，解答与化学品安全相关的法规问题，改进欧洲化学品的风险评估体系。该框架优先考虑与人类接触相关的七个物质组和两种金属：邻苯二甲酸盐和替代品（1,2-环己烷二羧酸二异壬酯，DINCH）、双酚、全氟和多氟烷基物质（PFAS）、卤化和有机磷阻燃剂（HFR和OPFR）、多环芳烃（PAH）、芳基胺、镉和铬。作为获得可比较的欧洲范围数据的第一步是根据选择标准，从科学文献中为每个物质组或金属选择最合适的生物标志物、人体基质和分析方法。生物标志物包括血清中的PFAS和HFR的母体化合物、尿液中的双酚和芳基胺、尿液中的邻苯二甲酸酯、DINCH、OPFR和PAH的代谢物以及血液和尿液中的金属，优先测量代表铬的红细胞中的六价铬。

第四节 大气污染物的暴露标志物

一、环境大气污染物

环境大气污染物关注的化合物主要有以下种类（按英文首字母排序），其对应的部分暴露生物标志物可查对第二节：丙酮、a-蒎烯、苯甲醛、苯、苯丙醇、苯并呋喃、联苯、1-溴代烷、溴二氯甲烷、三溴甲烷、1-溴辛烷、1-溴丙烷、1-丁醇、2-丁酮、2-丁氧基乙醇、苯甲酸丁酯、莰烯、四氯化碳、氯苯、1-氯十二烷、三氯甲烷、氯甲苯、4-氯，3-甲基苯酚、3-氯丙烯、环己烷、环己醇、环己酮、十甲基环五硅氧烷、十甲基四硅氧烷、癸醛、癸烷、二溴氯甲烷、1,2-二溴乙烷、1,2-二氯苯、1,4-二氯苯、1,1-二氯乙烷、1,2-二氯乙烷、2,4-/2,5-二氯甲苯、1,3-二氯-2-丙醇、1,2-二氯丙烷、2,3-二氯丙烯、1,2-二甲氧基乙烷、二甲氧基甲烷、1,2-二甲氧基-4-（2-丙烯基）苯、戊二酸二甲酯、2,5-二甲基呋喃、1,4-二恶烷、十二甲基环己硅氧烷、十二甲基五硅氧烷、十二烷、乙二醇二乙酸酯、1-乙烯基吡咯烷酮、2-（2-乙氧基乙氧基）乙醇、2-乙氧基乙酸乙酯、乙苯、苯甲酸乙酯、2-乙基-1-己醇、2-呋喃甲醛、庚醛、庚烷、1,1,2,3,4,4-六氯-1,3-丁二烯、六氯乙烷、六甲基、硅氧烷、己醛、正己烷、2-己酮、柠檬烯、2-甲氧基乙酸乙酯、2-（2-甲氧基乙氧基）乙醇、2-甲基-1,3-丁二烯、苯甲酸甲酯、己酸甲酯、1-甲基乙苯、5-甲基-2-己酮、4-甲基-2-戊酮、4-Methylpenten-2-one、2-甲基-2-丙醇、2-甲基丙基苯甲酸、1-甲基吡咯烷酮、萘、硝基甲烷、1-硝基丙烷、2-硝基丙烷、2-硝基甲苯、壬醛、壬烷、壬醇、八甲基环四硅氧烷、八甲基三硅氧烷、辛醛、辛烷值、辛醇、五氯乙烷、戊烷、1-戊醇、戊酮、2-戊酮、全氯乙烯、苯酚、1-丙醇、2-丙醇、喹啉、苯乙烯、1,1,1,2-四氯乙烷、四氢呋喃、甲苯、1,2,3-三氯苯、1,2,4-三氯苯、1,3,5-三氯苯、1,1,2-三氯乙烷、三氯乙烯、1,2,3-三氯丙烷、1,2,3-三甲苯、1,2,4-三甲苯、1,3,5-三甲苯、3,5,5-Trimethyl-2-cyclohexen-1-one、十一烷、邻二甲苯，间，对二甲苯。

二、交通相关大气污染物的暴露标志物

机动车尾气排放、汽车轮胎和刹车的磨损过程会产生交通相关大气污染物。机动车尾气排放物是有害物质的动态混合物，其中含有废气化合物，例如二氧化硫（SO_2）、二氧化氮（NO_2）、一氧化碳（CO）、臭氧（O_3）、挥发性有机化合物（VOCs；例如苯、乙醛、1,3-丁二烯和甲醛）以及多种来源产生的颗粒物。其中，颗粒物是其他污染物的有效载体，在其表面吸附了各种化学和生物物质，例如金属和多环芳烃。城市地区的汽车、摩托车和公共汽车司机、出租车司机、快递员、卡车运输业工人、交通管制员、交警、收费站工作人员通常会在工作中暴露于环境空气污染中，形成职业暴露，与一般人群相比个体更容易产生与暴露相关的毒理学效应。这些污染物可能会促进反应性代谢物的形成以及氧和氮的活性物质的产生，从而导致细胞成分受损，促进慢性炎症、肿瘤、自身免疫性疾病和人体其他疾病发展。已经确定，长期接触车辆尾气与患呼吸系统疾病、心血管疾病、传染病和癌症的风险相关。

（一）交通相关大气污染物的暴露生物标志物

交通相关大气污染物相关研究报道的暴露生物标志物有：

- 1-羟基芘（1-OHP）：尿液中，为芘的主要代谢物。常用于估计环境污染中存在的多环芳烃的总体暴露情况。
- α- 和 β- 萘酚：代表对低水平 PAH 的暴露。
- 苯：反映苯的暴露。
- S- 苯基硫醇尿酸（S-PMA）：反映苯的暴露。
- 反式，反式 - 黏康酸（t, t-MA）：反映苯的暴露。
- 儿茶酚：反映苯的暴露。
- 微量金属元素（Pb、Cd、Hg、As、Sb、Pt、V、Mn、Co、Cr、Ni）：反映金属元素暴露。
- 单羟基丁烯基硫醇酸
- BPDE（苯并［a］芘）-DNA 加合物

（二）交通相关大气污染物的效应生物标志物

空气中的细小颗粒和气体最有可能在暴露后易进入呼吸系统，导致活性氧（ROS）的产生，从而导致大分子损伤，以及能够加剧肺部炎症的炎症介质的激活，诱导血液增加凝血能力和内皮功能障碍。空气污染暴露和炎症过程可能导致血管收缩和内皮功能障碍，从而导致神经系统的自主神经失衡。因此，交通相关大气污染物相关研究报道的效应生物标志物，主要与氧化应激、炎症过程和遗传毒性相关，包括：

- 氧化应激生物标志物
  - 过氧化氢酶（CAT）活性
  - 谷胱甘肽（GSH）
  - 丙二醛（MDA）
  - 蛋白质羰基（PCO）
  - 超氧化物歧化酶（SOD）活性
  - 气道巨噬细胞吞噬碳负荷：细颗粒物通过刺激肺泡巨噬细胞来促进脂质过氧化，导致活性氧形成，从而耗尽抗氧化防御能力
- 炎性生物标志物

氧和氮活性物质水平的增加可以激活多种信号机制，例如丝裂原活化蛋白激酶、抗氧化反应元件和核因子κβ（NF-κβ）级联。吸入颗粒物通过从肺部转移到血管树中引发氧化应激，从而诱导促炎介质的释放和磷脂酰肌醇 3- 激酶途径的激活。

  - 高敏 C 反应蛋白（hs-CRP）
  - 免疫球蛋白（IgA、IgG、IgM 和 IgE）
  - 淋巴细胞（CD4T 细胞、CD8T 细胞）
  - 白细胞介素 1β（IL-1β）、白细胞介素 -6（IL-6）、白细胞介素 -8（IL-8）、白细胞介素 -10（IL-10）
  - 肿瘤坏死因子α（TNF-α）

- 干扰素γ（IFN-γ）
- 细胞间黏附分子-1（ICAM-1）：在促炎细胞因子的刺激下主要在内皮细胞上表达，是心血管风险的预测指标
- 核苷三磷酸二磷酸水解酶（NTPDase）活性

• 遗传毒性生物标志物

污染物或其代谢物与DNA相互作用可能会产生基因毒性效应，例如氧化碱基、DNA断裂、突变、缺失和非整倍体。

- 彗星试验：又称作单细胞凝胶电泳实验或彗星电泳法（single cell gel electrophoresis assay，SCGE），是一种在单个真核细胞水平上检测DNA损伤的最常用的实验技术
- DNA单链断裂
- DNA修复能力
- 染色体畸变频率
- 微核测试频率
- 姐妹染色单体交换
- 8-羟基脱氧鸟苷（8-OHdG）：尿液中，是通过DNA碱基鸟嘌呤的氧化过程形成的产物，与暴露于空气污染中存在的多环芳烃的生物标志物之间存在很强的关联
- C反应蛋白（CRP）

• 表观遗传变化

表观遗传修饰是灵活的基因组参数，可以在外源影响下改变基因组功能。表观遗传变化包括DNA甲基化、组蛋白修饰和影响转录后调控的miRNA，但核苷酸序列没有变化。环境因素可能影响表观遗传过程，导致表观遗传重编程并导致多种疾病的发展。

- DNA甲基化水平
- 全局组蛋白H3修饰：H3组蛋白可以共价修饰，例如通过乙酰化、甲基化、泛素化、磷酸化和ADP核糖基化，从而影响染色质结构和基因表达，包括H3赖氨酸9乙酰化（H3K9ac）、H3赖氨酸9三甲基化（H3K9me3）、H3赖氨酸27三甲基化（H3K27me3）、H3赖氨酸36三甲基化（H3K36me3）等。
- miRNA失调：miRNA构成一类小的、进化上保守的非编码RNA，对基因表达的调节至关重要。它在各种疾病中充当基因表达程序的调节剂，特别是在癌症中，它们通过抑制对致癌作用至关重要的基因发挥作用。miRNA的改变可能涉及对导致各种健康相关问题的环境因素和污染物的反应。

（三）交通相关大气污染物的易感性生物标志物

空气污染与疾病之间的关联，例如涉及心血管和呼吸系统结果的疾病，可能会因基因多态性而改变。交通相关大气污染物相关研究报道的易感性生物标志物有：

- 谷胱甘肽S-转移酶（GST）超家族基因的多态性：氧化反应机制通过GSH代谢途径进行，GST是Ⅱ相解毒酶，在调节炎症反应中很重要，并由活性氧触发。包括：谷胱甘肽S-转移酶theta1（GSTT1）、谷胱甘肽S-转移酶mu1（GSTM1）、谷胱甘肽S-转移酶pi1（GSTP1）
- 参与氧化应激反应的其他酶的基因多态性：血红素加氧酶-1（HMOX1）、NAD（P）H醌脱氢酶1（NQO1）、前列腺素-内过氧化物合酶1（PTGS1）、谷胱甘肽过氧化物酶3（GPX3）、溶质载体家族7成员11（SLC7A11）、BCL2凋亡调节因子（BCL2）、肾上腺素能β受体激酶1（ADRBK1）、NADH泛醌氧化还原酶核心亚基S2（NDUFS2）和NDUF亚基A12（NDUFA12），以及这三个基因（NQO1、SLC7A11和NDUFA12）
- N-乙酰转移酶2（NAT2）基因型
- DNA修复基因：8-氧代鸟嘌呤DNA糖基化酶（hOGG1）、XRCC1，XPD6，XPD23
- 参与异生素代谢激活途径的酶：细胞色素P4501A1（CYP1A1）、细胞色素P4502E1（CYP2E1，与苯代谢的Ⅰ期基因）
- 叶酸代谢基因：MS（甲硫氨酸合酶）、MTHFR（亚甲基四氢叶酸）
- 其他：CXCL3（CXC配体3，属于趋化因子家族的基因）、NME7（基因编码核苷二磷酸激酶的非转移性表达家族的成员）、C5（补体因子）、EPHX3，4（环氧化物水解酶3，4）
- FGB（rs1800790）：编码纤维蛋白原蛋白和IL-6（rs2069832）的基因
- AGTR1、ALOX15：血管功能、炎症和氧化应激的两个基因
- 与铁加工相关的基因：稳态铁调节剂（HFE）
- 与miRNA加工相关的基因：gem核细胞器相关蛋白4（GEMIN4）、DiGeorge综合征关键区域基因8［DGCR8］

参 考 文 献

[1] Califf R M. Biomarker definitions and their applications [J]. Exp Biol Med (Maywood), 2018, *243* (3), 213-221.

[2] Steckling N, Gotti A, Bose-O'Reilly S, et al. Biomarkers of exposure in environment-wide association studies—Opportunities to decode the exposome using human biomonitoring data [J]. Environ Res, 2018, 164: 597-624.

[3] Brucker N, do Nascimento S N, Bernardini L, et al. Biomarkers of exposure, effect, and susceptibility in occupational exposure to traffic - related air pollution: A review [J]. J Appl Toxicol, 2020, 40 (6), 722-736.

[4] Vorkamp K, Castaño A, Antignac J P, et al. Biomarkers, matrices and analytical methods targeting human exposure to chemicals selected for a European human biomonitoring initiative [J]. *Environ Int*, 2021, 146: 106082.

[5] Herranz M. Classification and applications of biomarkers [J]. *Biomarkers Journal*, 2022, 8 (3): 124.

[6] Chao Y S, Wu C J, Wu H C, et al. Opportunities and challenges from leading trends in a biomonitoring project: Canadian Health Measures Survey 2007-2017 [J]. *Front Public Health*, 2020, 8: 460.

[7] St-Amand, A, Werry K, Aylward L L, et al. Screening of population level biomonitoring data from the Canadian Health Measures Survey in a risk-based context [J]. *Toxicology Letters*, 2014, 231 (2): 126-134.

[8] Muzaini K, Yasin S M, Ismail Z, et al. Systematic review of potential occupational respiratory hazards exposure among sewage workers [J]. *Front public health*, 2021, 9: 646790.

[9] Pollock T, Karthikeyan S, Walker M, et al. Trends in environmental chemical concentrations in the Canadian population: Biomonitoring data from the Canadian Health Measures Survey 2007-2017 [J]. *Environ Int*, 2021, 155: 106678.

第六章　环境暴露组学的可穿戴设备开发应用

第一节　可穿戴设备相关政策分析

随着我国人口老龄化进程加快及生活方式改变，高血压等慢性病发病率升高，健康成为社会热点话题。党的十八届五中全会明确提出健康中国建设的任务，将"健康中国"上升到国家发展战略高度。习近平总书记指出"没有全民健康，就没有全民小康"。随着我国经济的迅速发展，互联网和物联网技术的快速提升，维护健康的任务从被动资料提升到主动预防与监测。利用可穿戴设备进行家庭监测成为世卫组织与各国政府明确提出的慢病自我管理和亚健康状态监测的有效管理模式，也是各国健康产业发展的重要方向之一。

2016年10月25日，中共中央、国务院印发了《"健康中国2030"规划纲要》，指出要发展基于互联网的健康服务，培育一批有特色的健康管理服务产业，探索推进可穿戴设备、智能健康电子产品和健康医疗移动应用服务等发展。随后在《国务院办公厅全面放开养老服务市场提升养老服务质量的若干意见》（国办发〔2016〕91号）中提出支持适合老年人的智能化产品、健康监测可穿戴设备、健康养老移动应用软件（App）等设计开发。2018年，在《国务院办公厅关于促进"互联网+医疗健康"发展的意见》（国办发〔2018〕26号）中提到，鼓励利用可穿戴设备获取生命体征数据，支持研发医疗健康相关的可穿戴设备等。国务院办公厅颁布的《促进和规范健康医疗大数据应用发展的指导意见》指出要支持发展医疗智能设备、智能可穿戴设备，探索推进可穿戴设备、智能健康电子产品、健康医疗移动应用等产生的数据资源规范接入人口健康信息平台。支持研发健康医疗相关的人工智能技术、大型医疗设备、健康和康复辅助器械、可穿戴设备以及相关微型传感器件。

工信部与发改委2018年联合印发了《扩大和升级信息消费三年行动计划（2018—2020年）》，该计划明确提出了推进智能可穿戴设备、虚拟/增强现实和消费类无人机等产品的研发及产业化等具体要求。2020年3月30日中共中央、国务院发布《关于构建更加完善的要素市场化配置体制机制的意见》中提出，发挥行业协会商会作用，推动人工智能、可穿戴设备、车联网、物联网等领域数据采集标准化。2020年9月23日，工信部、中国残疾人联合会联合发布关于推进信息无障碍的指导意见。意见提出，鼓励信息无障碍终端设备研发与无障碍化改造，培育一批科技水平高、产品性价比优的信息无障碍终端设备制造商,推动现有终端设备无障碍改造、优化,支持开发残健融合型无障碍智能终端产品,鼓励研发生产可穿戴、便携式监测、居家养老监护等智能养老设备。可穿戴设备行业在政策的引领下将迎来高速发展期。

一、智能可穿戴设备市场发展趋势

(一)智能可穿戴设备市场宏观趋势

被誉为可穿戴设计之父的亚历克斯·彭特兰(Alex Pentland),曾在1998年就预测道:"可穿戴科技产品可以强化一个人的感官,提升记忆力,助其社交,甚至能够帮助他或她冷静心神。"也曾有人称2013年为可穿戴设计元年,仅仅数年的时间,各式各样的可穿戴设计爆发式地出现,成为家家户户的标配。

近年来,消费电子行业快速发展,人们对于消费电子产品的需求不断扩大,消费电子智能化趋势对消费者的生活方式产生了一定影响。在技术、用户、产业的合力推动下,智能可穿戴设备更加贴近人们的生活,充分实现人与设备之间的数据化连接与智能化反馈。

根据市场调研机构IDC《中国可穿戴设备市场季度跟踪报告》显示,2019年中国可穿戴设备市场出货量9924万台,同比增长37.1%,可穿戴设备消费市场日渐成熟。苹果在2020年第二季度继续保持在全球可穿戴设备市场的领先地位。2020年第二季度,可穿戴设备市场整体增长14.1%,苹果、华为和小米等顶级厂商市场份额增加,Fitbit降幅则高达29.2%。与2019年同期相比,苹果在2020年第二季度的可穿戴设备出货量增加590万台,同比增长25.3%,市场份额从31.1%增长到34.2%。华为排在第二,小米、三星、Fitbit位列其后。2020年12月,IDC发布了2020年全球可穿戴设备第三季度数据报告。数据显示,2020年第三季度全球可穿戴设备出货量同比增长35.1%,达到1.253亿台。2020年前三季度,全球可穿戴设备出货量为2.89亿台。

图6-1 2020年可穿戴设备出货量同比增长率
(数据来源:巨量引擎)

图6-1为巨量引擎依据IDC公开数据所绘制的2020年出货量同比增长率示意图。由图6-1可看出,2020年国内可穿戴设备市场主要由耳机设备、智能手表、智能手环等瓜分,其中智能化蓝牙耳机(耳戴设备)市场出货量5078万台,同比增长41%;成人手表市场出货量1532万台,同比增长48%。这两类产品成为可穿戴设备主力。

根据IDC公开的2017—2020年市场份额数据,巨量引擎绘制了可穿戴设备厂商全球市场份额图。由图6-2可看出目前全球可穿戴设备市场主要由苹果、小米、华为、三

图 6-2 2017—2020 年可穿戴设备厂商全球市场份额
（数据来源：巨量引擎）

星、Fitbit、谷歌、亚马逊、华米等品牌瓜分，出货量排名前 5 的厂商份额不断提升，市场集中度不断提升。

展望未来，IDC 预测，五年的复合年增长率（CAGR）为 12.4%，到 2024 年将达到 6.371 亿个单位。Gartner 预计从 2021 年到 2024 年，可穿戴设备的出货量将以 15.1% 的复合年增长率增长。中国信息通信研究院依据历年来我国和全球可穿戴设备出货量预测出国内外在未来 3 年的产量及增长率：到 2024 年，我国可穿戴设备预计产量 34 403 万台，增长率超过 15%，全球产量预计达到 60 913 万台，增长率稳定在 13.5% 左右。

（二）主流厂家的产品发展趋势

苹果公司的智能可穿戴设备销量主力主要来自 Apple Watch，随着越来越多消费者对智能手表的认可，预计 Apple Watch 还将继续保持良好增势。另外，苹果公司的其他穿戴设备产品如 AirPods 等，市场表现同样出色。

受其他品牌的冲击，2018 年 Fitbit 智能可穿戴设备累计出货量 1380 万台，较 2017 年下滑 10%，市场占比由 11.4% 减少到 8%。对此，Fitbit 针对不同人群，推出四款智能手环新品，分别为 Versa "青春版" Versa Lite、专为运动爱好者设计的 Fitbit Inspire HR、Charge 3 升级版 Fitbit Inspire、专为儿童设计的 Fitbit Ace2。此外，Fitbit 不断加大在医疗领域的投入，与美国医疗健康保险企业 Blue Cross Blue Shield、United Healthcare 等合作，进一步扩大产品和服务范围。未来，Fitbit 在智能可穿戴设备市场的竞争力依然不容小觑。

三星公司在智能可穿戴设备产品方面的表现也十分强劲，2018 年全年累计出货量 1070 万台，占全球市场 6.2% 份额，这一成绩主要归功于三星 Galaxy Watch 深受市场热捧。该公司新推出智能手表 Galaxy Watch Active 对 Galaxy Watch 进行升级，具有血压跟踪以及心率监测等功能。与华为类似，三星的智能可穿戴设备与自家智能手机进行联动营销，促进了消费者的购买热情。

二、智能可穿戴设备的功能分类与技术趋势

随着传感器、操作系统等软硬件技术的发展，可穿戴设备的功能逐渐丰富，形态更加多样化，各项指标精度逐步提升，走向"高精度、连续性、舒适化"。根据智能可穿戴设备功能定位分析，可以将可穿戴设备分为四类：沉默设备，以数据采集为核心功能，常见的形式包括但不限于智能服装、智能戒指等可穿戴设备；伴随设备，以 M2M 交互为核心，需要兼具信息交换能力和信息采集能力，常见的伴随设备包括智能手表、智能手环等可穿戴设备；独立设备，以人机交互为核心，需要较强的信息交互服务能力和可视化服务能力，有机会成为下一代移动计算中心，典型代表包括智能眼镜、智能手表手机等；专用设备，其致力于专业化的信息服务，服务于细分市场的特定人群，典型产品如运动可穿戴相机 Go Pro 等。

各分类之间的关系如图 6-3 所示。

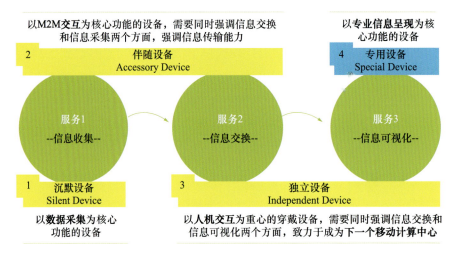

图 6-3　可穿戴设备分类

（数据来源：硕士学位论文《中国可穿戴设备行业产业链及发展趋势研究》）

（一）聚焦"以健康为中心"

智能可穿戴设备的实时监测、环境感知、通信连接等功能特点已经被市场接受。如今，越来越多的消费者希望能够借助智能设备，随时随地掌握自身健康状况，智能可穿戴设备的功能定位悄然发生转变：从单纯的健身监测设备演变为更全面地关注人体健康状况的"随身利器"，尤其是加强对于慢性病的监测与管理，达到早期发现、及时干预的目的。

众多厂商赋予智能可穿戴设备新的功能内涵。譬如，苹果公司为 Apple Watch

Series 4配备心电图功能、欧姆龙的智能手表HeartGuide具有血压监测功能。在美国拉斯维加斯举办的2019年国际消费电子产品展上，与健康监测管理相关的参展商数量增加25%，一批创新企业在会上发布了多款让人眼前一亮的智能可穿戴设备：如法国健康科技公司Chronolife研发出一件可以预判心脏疾病的智能背心，该背心能够实时测量心电图、腹式呼吸、胸部呼吸、肺阻抗等生理数据，结合机器学习技术，推算出心脏病可能发作的时间；另一家法国公司Withings推出两款新型穿戴设备，分别是智能健康手表Move ECG和智能血压计BPM Core。Move ECG的特点在于能够让消费者即时按需地测量心电状况，搭配App软件Health Mate即可显示心电图信号，并将心电图数据实时发送给医生。作为一款智能血压计，BPM Core能够准确测量血压和心率，其外形与传统血压袖带相似，消费者只需将其放在上臂，按下按钮后90 s内即可完成包括高血压、心房颤动在内的检查，对心房颤动和心脏瓣膜病早期筛查和检测起到积极辅助作用。

智能可穿戴设备正在促进医疗健康模式变革，"以健康为中心"的预防保健、健康管理模式已经兴起。未来，智能可穿戴设备监测感知的指标将更为丰富，包括生化指标、脏器功能、情绪心理、生活质量等，人类实时自我量化的便捷程度将达到前所未有的高度。

（二）耳戴式设备有望成为消费"新宠儿"

目前，智能可穿戴设备市场热点主要集中于智能手表、智能手环，两者出货量占全球智能可穿戴设备市场50%以上。其中，2018年智能手表出货量高达5300万台，占整个设备市场的29.6%。

先前，耳戴式设备的主要用途是通信和娱乐，轻便、续航佳、易充电等功能体验已成为耳戴式设备的基本特点，这类设备正变得越来越"聪明"，通过深度融合人工智能技术，实现语音查询、语音控制等智能控制功能，只需按一下设备上的按钮或说出唤醒词，就可以激活智能助手功能，进一步解放使用者的双手。

2018年全球耳戴式设备出货量实现大幅度增长，全年出货量较2017年增长55.6%，市场份额近20%，这一趋势有望在未来几年中继续保持。可以预计，耳戴式设备将在智能可穿戴设备市场中扮演重要的角色，诸如苹果AirPods这类耳戴式设备将出现较快的市场增长势头。Gartner预计，到2022年，耳戴式设备出货量将达到1.58亿台，占所有智能可穿戴设备出货量30%以上，从而取代智能手表，成为智能可穿戴设备中的"拳头产品"。

展望未来，智能可穿戴设备将成为继电视、电脑、手机之后"第四屏"的有力竞争者，随着人工智能、大数据、传感器等技术不断成熟，面向垂直应用领域的新型智能可穿戴设备将不断涌现。

三、可穿戴设备功能分类

如图6-4所示为可穿戴设备多以具备部分计算功能、可连接手机及各类终端的便携

图6-4 可穿戴设备形态

式配件形式存在,主流的产品形态包括以手腕为支撑的watch类(包括手表和腕带等产品),以脚为支撑的shoes类(包括鞋、袜子或者将来的其他腿上佩戴产品),以头部为支撑的glass类(包括眼镜、头盔、头带等),以及智能服装、书包、拐杖、配饰等各类非主流产品形态。目前可穿戴设备可分为智能可穿戴电子产品与智能可穿戴医疗器械,常见的智能可穿戴电子产品有:智能手环、智能眼镜、智能止鼾器、无线耳机等;可穿戴医疗器械有:智能心电记录仪、腕式血压计、智能体温贴、血氧仪等。

随着新型传感器的不断完善,多样化的形态是可穿戴设备发展的大趋势。可穿戴设备产品的形式将更加多样化,更多地融入个性化设计。

(一)心电测量

心脏节律性的收缩、舒张是血液在血管中循环的动力源泉。心肌细胞的兴奋和兴奋传播是以细胞膜的生物电活动为基础的,所有心肌细胞膜生物电活动的整体就构成了心电信号。而人体是一个非均质容积导体,心肌细胞产生的生物电活动可以通过周围的导体组织传导到体表的任何部位,因此将电极放置于体表或体内的某个部位,就可以记录到对应的电位变化。通过描记心动周期内由心脏电位变化引起的体表两个部位之间的电位差随时间变化的图形,即心电图(electrocardiogram,ECG),它反映了心脏兴奋的产生、传导和恢复过程中的电生理活动。由于ECG包含心脏生理状态的大量信息,所以其一直是诊断心脏疾病、评价心脏功能的重要依据。

临床心电图通常采用基于Einthoven三角形学说及Wilson网络的标准12导联系统进行心电测量,即常规心电图;而动态心电图主要通过ECG和光电容积脉搏波描记法(photoplethysmography,PPG)两种信号收集方式,也称Holter系统。ECG通过捕捉生物电信号进行检测,再经过数字化信号处理后,就能输出准确、详细的心脏健康信息。PPG则是通过检测特定时间手腕处流通的血液量而获取心率信息。从使用角度看,现有的心电图技术仍存在一些问题,如常规心电图不易捕捉一过失性心律失常,动态心电图系统成本昂贵。

用于心电测量的可穿戴设备的两种主要形态是心电贴和智能手表两类。代表性产品有AMAZFIT（图6-5）、AliveCor KardiaMobile、AliveCor KardiaBand和Lenovo H3等。

华米的AMAZFIT是一款经过国家药品监督管理局（China Food and Drug Administration，CFDA）认证的医疗级可穿戴动态心电记录仪，支持手环测量和胸贴两种测量方式。其基于二代心率引擎RealBeats 2的ECG心电图精准度达到了94.76%，与专业医生的人工判读结果基本一致。

图6-5　AMAZEFIT智能手表

通过连接手机上的米动医疗App，可以非常方便地测量、记录、查看实时非处方心电图。当有长时间心电监测需求时，可以使用可穿戴动态心电记录仪的胸贴测量方式，搭配胸部电极将设备贴附在胸口指定位置，电极与皮肤充分接触，自动记录非处方心电数据。

AliveCor推出的两款产品KardiaMobile和KardiaBand用以搭配iPhone以及Apple Watch获得ECG功能（图6-6）。KardiaMobile是一款结合智能手机使用的无线单导联移动心电图仪，大小与两块口香糖相当，其表面拥有两个3 cm×3 cm电极，内置3 V CR2016纽扣电池，可以像手机壳一样贴在手机上，使用时再用手指按压在上面。KardiaMobile记录的数据通过一款名为Kardia App呈现，用户下载好该应用之后，将手指分别按在KardiaMobile的两个电极上30 s左右，应用内便会自动生成心电图并记录在智能手机中，而随后心电图也将上传至AliveCor公司一个基于云计算的、患者和医生可以访问的服务器上。

图6-6　KardiaMobile和KardiaBand

AliveCor KardiaBand则是一款搭配Apple Watch使用的表带式心电图仪，也是首个获得美国食品和药物管理局（Food and Drug Administration，FDA）批准的可用于Apple Watch的医疗配件，同样拥有两个电极，一个位于表带内侧，另一个则在表带外部。KardiaBand使用手指或拇指通过两个金属触点就能接通电路，一个用于手指，一个用于手腕。在使用这款配件进行心率监测时，用户需要触摸位于手表带上的插槽中的传感器。现场ECG读数需要30 s，以用于测量静止时的不活动状态。另外，AliveCor还在Apple Watch版的APP中采用了一套名为SmartRhythm的技术，该技术使用AI来分析手表中的心率和活动传感器的数据，可评估心率和活动之间的相关性，进而确定用户是否处在健康和正常的心率范围。若出现异常，将提醒用户再读取一次心电图读数。同时，语音识别功能还可以让病人大声描述自己的症状。随后该应用将根据数据生成分析结果，这些数据可以通过电子邮件发送给用户的医生。此外，Apple Watch连接KardiaBand心电图仪可以使得ECG的读数完全独立，在脱离iPhone或离线的情况下也能适用。对于那些需要现场准确测量心率的医疗行为而言，这可能是一个福音。KardiaMobile和KardiaBand均具备绘制单导联心电图的功能，医疗人士可通过绘制出的心电图观察用户的心率状况，心房和心室是否存在异常颤动以及早搏等问题。

智能动态心电记录仪Lenovo H3由联想自行开发和研制，已经完成国家药品监督管理局二类医疗器械注册，目前已经上市。该产品由主机、心电导联线、绑带、充电底座、移动终端软件组成，其利用四个肢体导联电极对成人进行心电数据的采集和存储，移动终端软件（安心宝App）通过蓝牙和网络将相关心电数据信息进行处理和显示。该设备佩戴简单舒适，可AI辅助识别42种心律异常，结合手机App可实时查看心电数据，支持15 s实时心电和72 h长程心电记录，配套在线视频医生咨询服务，可发挥远程医疗优势让用户足不出户就能享受诊疗服务。

（二）心率测量

目前心率测量有ECG、PPG、生物阻抗（Bio-impedance Analysis，BIA）、摄像头Camera RGB等方法。在可穿戴设备中以PPG的运用最为广泛，其原理为：在心脏搏动周期内，外周血管中的微动脉、毛细血管和微静脉内流过的血液相应地呈脉动性变化。当心脏收缩时血液容积最大，而在心脏舒张时容积最小。血液反射红光并吸收绿光。心脏跳动时，流经手腕的血液会增加，吸收的绿光也会增加；心跳间隔期，流经手腕的血液会减少，吸收的绿光也会随之减少，采用光电容积传感器即可得PPG信号。PPG信号经过滤波、频域变换可计算得出心率。

代表性产品Apple Watch Series 4（图6-7）具备检测ECG功能，将手指放在表冠上，以便手表可以检测到心率快慢。Watch Series 4配备一个全新的心电传感器，它能够随时随地做心电图，并且还可以检测到心脏跳动。心率传感器上，Apple Watch采用PPG，使用绿色LED灯，配合对光敏感的感光器，可以检测任意时间点流经手腕的血液流量。内置的两颗绿色LED灯可以每秒闪动数百次，从而计算出每分钟的心跳次数，也就是心率。

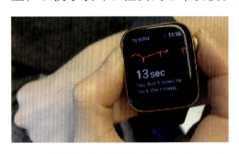

图6-7　Apple Watch Series 4

（三）血氧测量

血氧仪的测量原理是根据还原血红蛋白和氧合血红蛋白在红光和近红光区的吸收光谱特性为依据。其工作原理是采用光电血氧检测技术结合容积脉搏描记技术，用两束不同波长的光照射人体指端而由光敏组件获取测量信号，所获取信息经过处理后分析出血氧饱和度值。血液在波长660 nm附近和900 nm附近反射之比（ρ660/900）能最敏感地反映出血氧饱和度的变化。临床一般血氧饱和度仪也采用该比值作为变量，如泰嘉电子Taijia饱和度仪、脉搏血氧仪。

代表产品有ScanWatch（图6-8）、兆观智能健康指环（图6-9）和OxygenBeatsTM血氧数据AI生物引擎。

图6-8　ScanWatch

法国公司Withings设计的ScanWatch可以执行诸如跟踪心跳不规则和在睡眠期间测量血氧饱和度等新颖功能，同时保留了Withings以前的健康和健身跟踪功能。该手表内置SpO_2传感器，帮助用户在睡眠期间测量血氧水平。ScanWatch通过手表背部的两个发光二极管向腕部发射红光和红外光，另一侧的光电二极管接收反射光线，通过发射与接收的光强差来计算出血氧度。血氧水平的读数也将与睡眠时间、睡眠质量等数据关联、结合，给用户输出相应的报告。

兆观智能健康指环（图6-9）采用医用级监测技术，可以用于日常健康监护、肺炎、慢阻肺等呼吸疾病及睡眠呼吸暂停综合征筛查，已经取得国家二类医疗器械证，并在多家国内三甲医院临床使用。相关的配套App可以提供专业的数据报告和健康建议，实现一键健康管理。指环内壁上设置了三种不同波长的LED检测光源，通过连续监测红光水平判定血氧指标，并将血氧的实时监测数据通过蓝牙方式传输到手机App。如此的设计与传统的双波长方案相比，其检测的精度相对更高。兆观智能健康指环在设计上采用了创新的血氧饱和度信号处理算法可以抗运动尾迹干扰，确保长

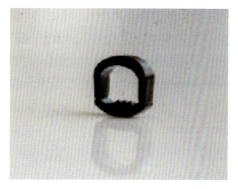

图6-9　兆观智能健康指环

时间监测运动心率和血氧饱和度。

华米科技推出了自主研发血氧的数据AI生物引擎——OxygenBeatsTM。该算法基于健康大数据模型对血氧信号进行预处理，消除信号噪声，使测量精度提升达50%；而且通过使用多组血氧检测值进行校准的方法，解决了因用户佩戴错误带来的误差，进一步提升了准确度。其采用氧降实验来验证算法的准确度，结果显示成功率可达100%，市场上的同类产品不到90%；与专业血氧仪的检测结果平均误差仅为1.67%，精度超过大多数腕部可穿戴设备的血氧检测算法。

（四）血糖测量

目前可穿戴的血糖监测设备有侵入性、微创性和无创性三种。虽然测定静脉血浆中的葡萄糖浓度是监测血糖水平的金标准，但频繁的采血不仅增加了患者的痛苦，还加重了患者的心理负担，降低了患者的依从性，不利于实时监测。微创性是基于细胞间质液的检测方法，主要有透皮式抽取技术和皮下植入式技术两种方式，相较于侵入性可穿戴设备，损伤小且可实现实时监测，但价格昂贵且存在疾病感染的风险。无创性检测具有较高的患者依从性和积极性。有报告指出，可穿戴的微型传感器可实现无创血糖监测，并且汗液、泪液和唾液中葡萄糖浓度与血液中的葡萄糖浓度相关。已有研究表明，基于汗液的智能手表传感器、基于泪液的智能隐形眼镜传感器和基于唾液的智能牙线传感器可用于血液中葡萄糖浓度的检测。

未来血糖监测将向着无创、连续血糖监测发展，同时也将致力于动态监测与闭环血糖泵相结合的方法。以往根据病情的严重程度，糖尿病患者必须每天监测几次血糖水平，并依靠服用胰岛素来调节血糖水平。随着时间的推移，大多数糖尿病患者虽然可能已经习惯了这种做法，但它可能会给日常生活带来不便和负担。而动态监测与闭环血糖泵相结合的解决方案，可以全天候连续测量血糖水平，同时胰岛素泵会注射所需的胰岛素以保持血糖在正常的范围内。

图6-10　Helo智能手环

代表产品有Helo智能手环（图6-10）、iHealth Lab Inc制造的血糖监测系统。Helo智能手环进行血糖检测是无创性的，它通过使用PPG来评估血糖水平，并将该技术结合到Helo穿戴设备中。

iHealth Lab Inc制造的血糖监测系统是FDA批准的最先进的血糖仪（图6-11），它可以测量血液中的葡萄糖含量，然后将其显示在智能手机上。这款创新的健康小工具采用时尚的便携式设计，并且与Apple设备兼容。随附的iHealth Smart-Gluco应用程序可让您保留所有测量的历史记录，并与医生共享。设备通过耳机插孔与智能手机相连接，支持安卓和iOS手机，搭配iHealth Gluco-Smart应用使用，这个应用可以显示血糖水平，并且储存用户的血糖记录。除血糖仪本身外，该套件还包括10条测试条、10条刺血针、对照溶液、刺血装置和一个提包。使用者提取血液样本后，设备上的试纸将会显示血糖水平，并且将度数同步到应用上，进行显示和储存。

（五）血压测量

血液在血管内流动时，对血管壁的侧压力称为血压。血压通常指动脉血压或体循环血压，是重要的生命体征。测量血压主要是通过血压计来量得血管壁的侧压力，血压计的主要原理是把空气加压，压迫到局部的动脉，通过施加压力阻止局部动脉的波动，从而测量这一时期的血流压力的过程。运用于可穿戴设备中的连续血压检测方法主要有以下三种。

图6-11　iHealth血糖仪

1. ECG、PPG结合法

脉搏波从心脏位置传导至PPG信号测试点的时间差，称为脉搏波传导时间（pulse transit time，PTT）。PTT血压测量模型通常使用ECG作为PTT的起点，而在身体其他位置（如耳垂、指尖）记录的PPG信号则作为PTT的终点。通过识别ECG信号和PPG信号的主波峰，便可得到两个主波峰的时间间隔。PTT与收缩压呈线性相关，运用线性回归方程建立矫正系数，能较准确地计算出收缩压。但PTT与舒张压相关性较小，通常配合其他方法计算舒张压。因人体差异及活动状态差异，需不断对PTT模型进行校准。相对于其他研究方法，该方法的理论研究较为成熟，血压测量模型已能较准确地测量血压。但除了所需测量的PPG信号外，该方法还需要额外的设备测量ECG。

2. 两路PPG结合法

两路光电容积脉搏波结合法利用人体两个不同部位，如手指、手腕、耳垂间等。根据测得的两路脉搏波信号特征点的脉搏到达时间差，通过时间差模型来估算血压。该方法相比ECG与PPG结合法，在设备复杂度上更加简单，成本较低，使用时只需要佩戴在手腕上，就可以直接测量血压。但需要佩戴多个传感器，且传感器的时间同步要求度高，一定程度上加大了测量难度。

3. 脉搏波特征参数法

脉搏波特征参数法的核心在于，建立脉搏波特征参数与血压之间的关系。该方法提取每搏血压值及对应的脉搏波特征参数，并分析血压值与脉搏波特征参数间的相关性。选择相关性较大的特征参数与血压进行回归分析，推导出血压和特征参数的方程。相比前两种只需提取主波峰特征点的方法，脉搏波特征参数法通常需要多个特征点，对PPG信号的完整程度要求较高。代表产品有BPM Core和BPM Connect（图6-12）。

Withings推出了两款全新的iPhone连接血压监测仪，型号分别为BPM Core和BPM Connect。BPM Connect能够方便用户在家查看心血管读数；BPM Connect获得了FDA

图 6-12　BPM Connect 和 BPM Core

的批准，通过颜色编码，即时准确地反馈心率、收缩压和舒张压的测量值。用户将该自动电子血压计佩戴于上臂，只需按下一个按钮，即可在屏幕上显示血压结果。

BPM Core 可以同时测量血压、ECG 和心脏声音。用户可将设备佩戴在左上臂上（类似传统袖带血压计一样的佩戴方法），就可以进行舒张压和收缩压自动测量。另一只手握住设备的银色钢管部分，还能实现心电图测量。在 90 s 内，BPM Core 可以执行三次测量。通过 AFib 检测的心率、血压和 ECG 读数通过 LED 矩阵可显示在设备上，并传输到随附的 Health Mate 应用程序上。该程序会提供即时的彩色编码反馈和专业建议，并易于跟踪测量结果。

（六）疲劳度测量

手环测量疲劳的原理主要根据心率变异性（heart rate variability，HRV）来测量的，HRV 是逐次心跳之间微小的时间差别，能够反映人体自主神经系统的活力，在临床应用较广。有些研究表明 HRV 能够反映疲劳水平，但是 HRV 与疲劳的关系还须进一步研究。手环测量 HRV 一般通过 PPG 测量的，PPG 不如 ECG 获取的 HRV 精确，但是基于 ECG 信号设计的手环测量 HRV 一般需要双手形成电势差进而获得 ECG 信号，测量时较麻烦，应用不广。根据 HRV 数值可以计算压力指数、疲劳指数、交感神经和副交感神经指数及其平衡性等。代表产品有 DHD-6000 和 NBMC 贴片。

东华原医疗生产的心率变异性检测仪 DHD-6000 已获得国家第二类医疗器械注册证，产品由主机、显示器、PPG 光电容积传感器和打印机组成，用于对患者的心率进行测量和分析并可监测患者的血流情况。实现抗压能力评测，包括压力指数、疲劳指数、压力自动分析报表、输出精神压力、疲劳度、抗压能力及抗压指数、平均心率、心率稳定性、异常心搏、自主神经活性、自主神经平衡性等数值。其针对疲劳度的测量是基于 HRV 理论。

FlexTech 管理的纳米生物制造联盟开发了一款基于汗液分析的可穿戴式监护仪。该设备能够以非侵入和无线的方式，提供优异的性能以及可靠且可操作的人体机能数据。该装置可昵称为"贴片"，它可以实时提供佩戴者的汗液电解质和水合状态，其还有可预测疲劳、提高人体机能等用途。

（七）体脂率测量

体脂率的测量主要通过BIA法，其基本原理如下：将身体简单分为导电的体液、肌肉等，以及不导电的脂肪组织，测量时由电极片发出极微小电流经过身体，若脂肪比率高，则所测得的生物电阻较大，反之亦然。BIA就是经由此种机转来做体脂率的测量，电极片表面有ITO导电膜，无损伤微弱生物电在体内循环，通过微电流经过身体来计算阻值，并测出脂肪率。

代表性产品有体脂秤、体脂手机和InBody Band手环。

体脂秤：具有体脂检测的体重秤的面板上往往有两个电极，当用户两只脚踩到体脂秤上之后，其内部的BIA模块会测量被测者从左脚到右脚的电阻，并结合被测者的身高、体重、年龄、性别等数据，计算体脂等人体健康参数。

体脂手机：三星某项专利中介绍用四个传感器来测量用户体脂。具体来讲就是，将传感器植入智能手机或者智能手机附近，这里所说的"附近"其实也就是智能手机保护壳。如图6-13所示，这四个传感器可以一同来测量阻抗信息，后者产生于传感器与人体之间的接触或互动。

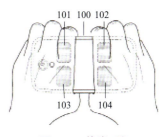

图6-13 体脂手机

体脂手环：韩国的专业身体成分分析器制造商InBody发布了InBody Band手环（图6-14）。它是借助其配备的四个传感器实现监测人体脂肪和肌肉质量、体脂率、心率和身体质量指数，其传感器的分布为两前两后。只要将手指放在前面的传感器上，再加上来自手腕的数据即可获得读数。InBody测量的是从佩戴手环的手到未佩戴的手之间的人体电阻。它机身上的4个电极可向人体通入微弱的电流，并测量所遇到的阻力。随后，InBody Band会将这些信息和佩戴者的身高和体重相结合，来计算出他们的体脂率、肌肉质量和体重指数等。

图6-14 InBody Band手环

（八）电磁刺激设备

由于生物电在体内神经系统传递信号和对器官功能进行调节和控制发挥着重要作用，相关的电刺激仪器或者其他刺激技术被提出。将电刺激作用于相关的神经，从而达到对神经损伤产生的疾病症状的调解与缓和作用。

神经调控医疗仪器在疾病的治疗方面应用十分广泛。只要能够刺激到目标神经，人体的多个地方都可以应用神经调控技术——如植入在头部内的脑深部电刺激系统能够用来缓解帕金森病的震颤症状；植入在背部的脊髓刺激系统可以抑制顽固性后背疼痛；还有植入在骶椎附近的骶神经电刺激系统，它被用来治疗顽固型尿急尿频症。电刺激的应用主要有脊髓电刺激、脑深部电刺激、骶神经电刺激、迷走神经电刺激、人工耳蜗。

Bioness和MicronMed公司生产的无线植入式电刺激系统可以与体外的发射器相连来刺激体内的神经元目标。这些系统可以用于人体各个部位疼痛的治疗，例如肩部疼痛、膝关节疼痛、坐骨神经痛等。根据需求的不同，体内部分的仪器会被植入疼痛病灶部位。

SPR Therapeutics公司也设计了一套系统，将电极植入体内，通过导线穿刺皮肤而直接和处于皮肤表面的外部刺激器相连接。这种仪器可以用于短期疼痛的治疗，例如穿戴一个月。

LivaNova公司设计的腕部穿戴设备，它通过表面电刺激的方式刺激手部的尺神经、正中神经等，从而减轻帕金森病患者的震颤症状。

磁刺激可应用于研究大脑皮层神经，检测多发性硬化病患者的中枢神经传导延迟以及退化性运动失调，也可用来检测外周神经传导速度，检测中枢神经系统功能状态。人体可兴奋细胞可通过外界电磁场以无创的方式加以刺激，这种刺激可用来直接驱动电流进入组织，对组织直接刺激或用电磁诱发的方式实施。通过产生一个可控制的，即磁通量可迅速增加的磁场，在所经过的组织内诱发一个电场。如果强度和延迟可调，诱发的电场会引起生物电流在组织中均衡地传导，磁电刺激是无创的，且由于生物组织磁导率基本均匀，磁场容易透过皮肤和颅骨达到脑内深层组织。根据电磁感应原理，一个随时间变化的均匀磁场在它所通过的空间内产生相应的感应电场。当感应电流值超过神经组织兴奋阈值时，便会像电刺激一样达到刺激相应部位神经组织的效果。经颅磁刺激仪即是使用脉冲磁信号刺激大脑特定区域的设备。

（九）脑机接口设备

脑机接口（brain-computer interface，BCI）作为脑科学、人工智能和临床医学等多学科交叉的前沿技术，已经被多个国家和地区列为战略科技力量。医疗健康领域一直是BCI技术最主要的应用领域，受到广泛的关注。BCI技术形成于20世纪70年代。发展至今，BCI技术已经成为一种连接大脑和外部设备的实时通信系统，可以把大脑发出的信息直接转换成驱动外部设备的命令，并代替肢体或语言器官实现与外界的交流以及对外部环境的控制。人类一方面可以将大脑信号转化为机器可识别的信号，实现对机器的有效控制；另一方面也可以接收来自机器的反馈，从外部实现对大脑的干预。

BCI技术的核心在于对脑电波的读写。其基本工作原理是通过对特征信号进行分类识别，分辨出引发脑电变化的动作意图，再用计算机语言进行编程，把人的思维活动转变成命令信号驱动外部设备，实现在没有肌肉和外围神经直接参与的情况下，人脑对外部环境的控制。

BCI按照接入方式分为"侵入式"和"非侵入式"，按照传输模式分为单向和双向。侵入式设备需要通过手术，将芯片植入大脑，这样采集到的脑信号强且稳定，但会对植入的生命体造成创伤；而非侵入式设备则是依靠在头皮上部署密密麻麻的电极读取数据。此外，侵入式和非侵入式所读取的信号以及信号精准度也有很大差别：侵入式是Spike信号，非侵入式是脑电波；侵入式是神经元直接放电，非侵入式是一个多源混合信号，所以不如侵入式精确。

代表产品有Muse头带、赋思头环和NextMind，Neuralink和Kernel公司则专注于脑科学应用，瞄准了人类智能方向，在脑电信号采集上都采用的是侵入式技术。

加拿大新创公司InteraXon最近研制的Muse头带：该头带配有7个脑电图传感器，中间的3个传感器用于分析大脑基本活动，位于耳部周围的4个则用于收集并翻译使用者的反馈数据。其能监测到用户大脑中负责说话、关键思维和聆听的脑电波，将神经系统科学、可穿戴技术和算法原理结合，通过对这些活动进行量化分析，以建议的方式来帮助用户改善饮食、睡眠和锻炼等生活习惯。可在冥想期间监视大脑活动，并通过蓝牙将信息传输到计算机、智能手机或平板电脑上。

由强脑科技有限公司推出的赋思头环（图6-15）是全球首款医疗级便携式脑信号读取装置，该设备可以检测脑电波，评判学生上课、写作业时是否集中注意力。但目前此类头环还很难被广泛接受，脑机接口教育应用还需要更多的铺垫和新思路。

图6-15　赋思头环

如图6-16所示，NextMind是世界上首款可用于实时交互的可穿戴、非侵入式BCI。该BCI设备带有8个干式有源电极，无须备皮和导电胶，使用十分方便，不仅可实现自由换台和控制灯光，还能与VR设备连接，实现沉浸式游戏体验。其采用不同的形状代表不同的操作，通过眼睛捕捉形状信息，输入视觉皮层。BCI设备将通过解码视觉皮层的神经元活动判断用户选择的操作，并实时传输到电脑中。最后通过意念来实现视频播放、调整音量等各种操作。

图6-16　NextMind

Neuralink的脑机接口技术将电极植入大脑，再利用芯片与头骨外的计算机进行通信。2020年8月，Neuralink脑机接口芯片植入猪脑，并成功读取脑活动，预测猪的动作。这款名为Link的芯片只有硬币大小，将柔性电极植入大脑皮层后，可以置于骨下方，只在头皮留下很小的创口。

从技术和应用的成熟度来看，脑机接口技术尚处于初级阶段，存在诸多技术难点，同时还需要更加完善的政策、制度和标准来进一步规范产业发展。

（十）信息显示与指挥调度

在航空领域，飞行员头盔显示系统是军用智能可穿戴设备的代表，当前各国空军的头盔显示系统普遍支持目标指示、态势感知、数据显示、通信联络、武器瞄准等多种作战功能。以美军F-35"雷电Ⅱ"战机新型头盔系统为例，该头盔系统可跟踪飞行头部动作动态显示飞行与作战关键信息，可通过机身四周的摄像机实施360°全向观察，可对飞行员视域内目标进行位置判定、身份认证、敌我识别、警报提示和指示开火，更可实现夜间数据与图像信息的态势叠加。与飞行员头盔系统异曲同工的是单兵头盔式夜视镜，例如美军装备普通作战部队的"ENVG"头盔式夜视镜，具备夜间热成像、智能化"集像增强"图像数字处理和激光标识目标等功能，夜间目标识别率达到150米内80%、300米内50%的水平。为了使头戴式智能设备更加轻便高效，美军正在加紧研究军用智能眼镜。据报道，美军即将配发一款名为"Q-Warrior"的智能眼镜，该眼镜能够将周边地理环境、陆空敌军力量和敌我识别信息等数据，通过全息三维影像呈现在作战人员眼前。

（十一）体力增强与康复训练

在现代高技术战争条件下，士兵执行多种行动任务，需携带的装备和物资越来越多、负荷越来越大，严重影响士兵的行军速度、机动灵活性和持续作战能力，同时士兵生存能力也越来越受到重视。由此，应用仿生技术的军用可穿戴外骨骼、智能作战服等军用可穿戴装备便应运而生。

可穿戴外骨骼是一种可穿戴的机器人（机械装置），辅助人员完成人自身体力无法完成的任务。智能可穿戴外骨骼不仅可以扩充或增强人体的生理机能，提高士兵携行能力、减轻负重对士兵的损伤，从而提高士兵负重情况下的持久作战能力；而且可以作为武器设备的搭载平台，提高单兵作战能力。

美国的"勇士织衣"属于智能作战服类，全身布满微型传感器、功能结构件、小型化功能模块等，负重智能分布于士兵全身，减小作用力，如图6-17所示。智能部件的功能特性还可以减少士兵的人体代谢消耗，增强身体机能，提高作战能力。英国采用碳纤维复合材料研制的"矫正负重辅助装置"，可有效地帮助士兵分担负重，技术已相当成熟。法国研制的"大力神"可穿戴外骨骼，可帮助士兵在负重100千克的情况下以4千米的时速行进约20公里。荷兰的"外置伙伴"可穿戴外骨骼可大幅度提高士兵的负载能力。

（十二）智能服装

智能服装是将衣服、帽子、鞋及腰带等服装产品与技术结合形成的高科技产品。美国杜邦公司推出适用于智能服饰的最新一代可拉伸电子油墨与薄膜技术，同时发布全新品牌——杜邦Intexar智能服饰科技。Intexar可将普通布料转化为主动的、可联网的智能型服饰，用来提供关键的生物特征测量数据，包括心率、呼吸速率、运动体态协调性和肌肉张力。Intexar具备极佳的可拉伸性和舒适性，能够轻松应用到服饰中。Msignal展示两款产品：一款为高端健身专用的运动内衣；另一款则为舒适型、具风格吸引力的内衣。两款都具备先进的感知技术，可实时记录心电图、呼吸和生理活动。

图6-17 美军"勇士织衣"内穿型智能作战服概念图

(十三) 执法取证与辅助

可穿戴单警装备通过无线通信,实现低耗、灵活、便捷的数据传输,在民警的执勤过程中随时检测民警的位置信息和状态,监测周围环境和被关注对象,并通过网络传输至监控中心,及时发现可疑情况,实现灵活警力调配和联动指挥。目前的警用执法仪已具有可穿戴装备的雏形,包括录音录像等功能。典型的可穿戴单警装备在国际上有多个成功案例:

2014年5月,伦敦500名警察配备了TaserAxon Body可穿戴摄像头,散布在首都的10个区内执法。这款可穿戴摄像头拥有130°广角镜头,可轻松固定在警员的制服、太阳镜和帽子上。这些摄像头能够方便警员记录犯罪证据,也可防止有些警员不当执法。有研究表明,警员配备可穿戴摄像头执法,能够大大减少警员在执法过程中使用武力频次(案例显示减少60%)。与一般可穿戴摄像头不同的是,TaserAxon Body拥有一个云服务平台。Taser产品捕捉到的视频会通过蓝牙传输至智能手机(iOS或Android系统),然后通过移动数据连接上载至Taser的云平台Evidence.com。

另据迪拜警方的一名官员2014年年初称,迪拜交警和交通员已经开始测试使用谷歌眼镜。同时,相关部门还开发了两款专门应用,一个用于拍摄和上传违反交规的人的照片,另一个则能够通过车牌号识别车辆。通过迪拜警方开发的应用,警察能够便捷地将违规照片上传至警方数据库,还能够记录下车牌号,了解汽车信息——拍下的车牌号可与数据库中的数据作对照。

第二节　可穿戴设备穿戴方式分类

一、头戴式可穿戴设备

头戴式可穿戴设备是以头部作为支撑，细分可分为：智能眼镜，智能头盔和智能头环。

最具代表性及具有跨时代意义的智能眼镜产品莫过于谷歌眼镜。而"墨菲斯计划"（Project Morpheus）是索尼PS4游戏设备的虚拟现实智能头盔项目，玩家在同时使用虚拟现实头盔和手柄来进行游戏。同时根据报道描述，这项技术将融合大量生物传感器，能够实现对眼球的跟踪以及对体温、汗液、脑波、脉搏以及脑部血液流动等数据的监测，这看起来就像是一款能够与大脑深度互动的浸入式设备。另外，当玩家靠近家中茶几、桌子等物体时，这些陈设会通过增强现实技术同步映射到头盔所展示的游戏画面中，从而提醒玩家避让，以免发生意外。

Melon智能头环内置了三个检测脑电波活动的电极，记录脑电波活动情况，用户可以通过手机查看自己脑电波活动图并通过软件分析了解自己的思维习惯。此外，还可以通过Melon内置游戏来锻炼用户的注意力。

智能眼镜和智能头盔较为相似，都是利用增强现实或虚拟现实技术让用户在正常视野中接收信息，用户则利用眼动及声音与设备进行交互。由于此类设备运用了多种新兴技术，配合强大的处理器，这样头戴式可穿戴设备具有强大的功能，并带有很强的科幻色彩。而智能头环则更像脑电波检测装置，设备本身负责收集和输出脑电波信号，并通过移动设备转换为数据。

头戴式可穿戴设备特别是智能眼镜和智能头盔，其小巧的体型对其产品功能的实现以及产品续航能力都提出了较高要求。虽然头戴式可穿戴设备技术实现成本高，但是它最大的优势是通过对大量新技术的运用，摆脱了传统智能产品的信息呈现方式以及人机交互方式，彻底解放双手。因此，头戴式可穿戴设备具有很高的探索性和实验性。

二、腕带式可穿戴设备

腕带式可穿戴设备是以手腕作为支撑，按照其功能和技术含量的不同可分为智能手表和智能手环。

智能手表的雏形是IBM在2000年推出的首款运行Linux操作系统的Lunix Watch智能手表，虽然发展时间较长，但一直处于孕育阶段。直到近期随着硬件、软件技术的不断提升，大批的智能手表产品才正式地出现在我们的视野中。智能手环则利用传感器记录用户日常生活中的实时数据,并将这些数据与移动终端同步,最终通过数据起到指导用户健康生活的作用。

最具代表性的智能手环莫过于Jawbone系列手环、Fitbit系列手环和小米手环。虽然造型各有不同,但其功能都大同小异。手环可用来记录用户的运动、睡眠和部分饮食数据,经数据分析后以指导用户健康生活。

智能手表与智能手环最大的区别在于:智能手表可以独立搭载操作系统,并可以通过安装第三方应用程序及与网络连接实现其强大功能,而智能手环则仅作为数据的收集装置,需要通过其他智能产品对数据进行分析与呈现。

腕带式可穿戴设备在信息呈现方式以及人机交互方式与普通智能设备并没有太大不同,虽然这提高了产品的操作易用性,但是其探索性、实验性相对较弱。

三、身穿式可穿戴设备

2013年7月,在一场足球友谊赛结束之后,两队球员正进行球衣交换时,现场和电视机前的球迷,以及各路记者惊奇地发现,来自巴黎圣日耳曼的核心球员伊布竟然穿了一件"女士内衣"。这件内衣正是GPSports公司开发的一款运动监测内衣,此产品可以实时监测运动员在场上的位置、奔跑速度、跑动距离、心率变化、冲击负荷以及疲劳负荷等数值,并将数据传输到专业分析设备进行对比和分析,它既可以及时了解运动员的身体状态,以便教练员进行合理的训练调整,防止伤病的出现;同时也可以在训练、比赛时了解和分析球队战术配合的执行情况,帮助教练员及时了解球队的优势与不足,并调整训练与战术要求。

身穿式可穿戴设备主要运用在运动检测,它经常以服装的形式呈现于世人面前。由于运动的特性,此类设备要求产品具有非常高的"隐身性",在穿戴过程中既要求能保证球员运动服的识别性,又要求在剧烈的运动、对抗及各种突发情况中,能保证运动员的正常运动并降低受伤风险。另外,身穿式可穿戴设备在舞台表演中也可发挥重要作用,如利用传感器感知用户的情绪,或通过移动终端来变换服装的形态、颜色。

四、脚穿式可穿戴设备

最具代表性的脚穿式可穿戴设备为Nike+训练鞋。Nike+训练鞋是Nike公司与Apple公司深度合作的产物,是在Nike+鞋子中放置一块感应器,让用户可以通过Apple公司相关产品显示出每天的运动数据。此传感器完全密封且不能充电,其使用寿命为2年。印度科技公司Ducere在面向大众用户推出了名为Lechal的智能产品,它主要由两个可插入特制的鞋垫或鞋子中的Lechal Pod组成。通过蓝牙与手机应用进行配对之后,能够检测用户的行走步数、热量消耗以及前进方向。同时,它还能实现导航的功能,在提前拟定了路线之后,通过左脚或右脚Lechal Pod的震动,可告知用户左转或右转。Ducere 公司原本希望通过 Lechal 将正确的前进方向告知盲人。其实这样的功能对于盲人和路痴者来说确实是个巨大的福音。

目前脚穿式可穿戴设备较少，已经面世的产品大都以鞋类配件的形式呈现。因为此产品体积较小，在穿戴过程中并不影响用户的正常工作与生活。与上文提到的身穿式可穿戴设备一样，其产品最大的优点在于其具有非常高的"隐身性"。同时也由于其佩戴方式的限制，产品大都是以简单数据收集功能为主，信息反馈及人机交互性则较弱。

五、佩挂式可穿戴设备

代表性产品有 Lumo Bodytech 推出的监控用户姿态的 Lumo Lift。Lumo Lift 是由传感器和小磁铁组成。佩戴方式非常简单，只需将传感器放在衣服内侧锁骨位置贴近皮肤，磁贴在衣服外侧吸住传感器即可。

如果姿势太过懒散或前倾，传感器就会通过振动帮助用户养成良好的坐姿习惯。由此可见，佩挂式可穿戴设备一般不直接佩戴在肢体上，而是贴在服饰上进行使用。但就目前的产品来说功能较为单一，一般采用蓝牙技术与手机 App 配合使用，甚至可作为移动设备的外接装置。但也正是其单一的功能，造就了其小巧的体型，同时此类产品并没有过分强调其"隐身性"，而是努力将其打造成为时尚配饰。因此佩挂式可穿戴设备在造型设计方面有极大的自由度。

第三节　可穿戴设备研究的发展阶段

一、可穿戴设备研究的发展阶段

可穿戴设备在健康管理领域研究热点的变迁脉络和演进趋势可划分为四个阶段。

第一阶段（2011—2012 年）：可穿戴设备最早在 2011 年应用于血压的连续、动态监测。这个阶段由于传感器、移动通信、电池和芯片等技术的限制，数据采集的类型较为单一，也无法做到数据的实时传输与反馈。

第二阶段（2013—2017 年）：2013 年进入以三星智能手表的发布为典型事件的"可穿戴设备元年"，此后的 4 年内可穿戴设备在健康领域呈现出井喷式发展。在这一阶段，由于大数据、互联网、物联网、半导体和传感器等技术的日益成熟，可穿戴设备在健康管理领域的应用潜力逐步显现，受到了广大学者和资本市场的关注。

第三阶段（2018 年）：可穿戴设备由于可靠性、安全性和成本效益等问题，在健康管理领域的研究也进入冷静期。

第四阶段（2019—2021 年）：2019 年，5G 技术以其低时延、高带宽等特点，逐步解决了信息实时传输问题,并开始构建健康监测、健康风险评估、健康干预和完整的健康管理系统。针对慢性疾病(如糖尿病、脑卒中等)的中老年患者进行的实时监控、及时预警和精准干预逐渐成为可穿戴设备在健康管理领域的研究方向。另外,从居民健康服务需求出发,解决居民顾虑的隐私安全等伦理问题开始受到重视。

Gartner公司在2016年发布的人机交互技术成熟度曲线,显示可穿戴设备为技术成熟中的重要标志性节点(图6-18)。

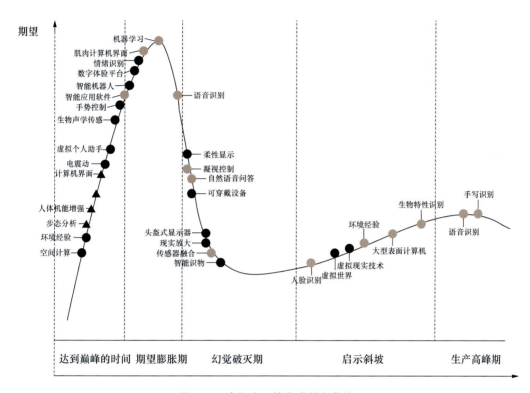

图6-18　人机交互技术成熟度曲线

二、可穿戴设备软硬件技术发展

1. 传感器

与人体紧密接触是可穿戴设备的主要特征,而可穿戴设备正常工作的前提是对人体数据的有效感知,这些都依赖于各种类型的传感器。可穿戴设备使用的传感器需要具备体积小、质量轻、功耗低、可靠性好、稳定性高、易于集成等特点,目前使用的传感器主要包括运动感知类传感器、环境感知类传感器和生理参数检测类传感器。其中生理参数检测类传感器用于检测人体各项体征数据,比如血糖、心率、血压等,是可穿戴设备提供各类健康和医疗服务的基础。

智能可穿戴设备便携、无忧、低功耗的特点决定了传感器将不断向微型化、智能化、融合化方向迈进。此外,多传感器融合技术应用趋势明显。例如,以代谢热整合法为原理的无创血糖监测可穿戴医疗器械融合了多种传感器，并能实现血糖指标测算，业界认可度较高。

2. 芯片

芯片是计算机的心脏，也是可穿戴设备的核心器件。可穿戴设备使用的芯片主要包括中央处理器（central processing unit，CPU）和数字信号处理（digital signal process，DSP）两类。CPU是相对通用的业务处理芯片，兼容性好。而DSP芯片是能够实现数字信号处理技术的芯片，强大的数据处理能力和高运行速度是DSP芯片的两大特色。随着可穿戴设备的功能越来越多，数据量越来越大，对于芯片的兼容性和运算速度都提出了更高的要求。因此，CPU和DSP的配合使用，才能更好地满足可穿戴设备的功能需求。

3. 电池

电池技术是限制可穿戴设备功能扩展的重要因素之一。目前，包括可穿戴设备在内的智能硬件均使用锂电池。随着可穿戴设备功能增加、数据交互增多，加之需要长期追踪用户数据的特性，设备的功耗也必然增大，对电池性能的要求也会更高。

因此，可穿戴设备的发展必然需要更高能量密度的锂电池或者新型电池技术的支撑。目前，学术界大量工作聚焦于功率自感知通信协议、功率自感知通信算法、节点数据融合和聚合技术，旨在优化各单元工作时间，降低系统功耗。增加电池容量，通过无线充电、极速充电、太阳能和生物充电等技术可增加电池容量，但这些充电技术大多处于研究阶段，尚未大规模商用。

4. 通信模块

数据传输几乎是所有智能硬件正常工作的必备条件，可穿戴设备也不例外。可穿戴设备中使用的无线传输技术主要包括蓝牙、Wi-Fi、蜂窝网络。蓝牙是一项专为移动设备开发的低功耗移动无线通信技术，通过减少待机功耗、使用高速连接及降低峰值功率3种方法来降低功耗。最初的可穿戴产品如手环、手表均是通过蓝牙和智能手机连接。

随着可穿戴设备的功能增多、数据量提升，Wi-Fi、蜂窝网络也在可穿戴设备中得到使用。蓝牙功耗低，但传输速度和距离有限，Wi-Fi、蜂窝网络能够满足大容量的数据传输，但功耗更高，不利于设备的续航。根据具体场景，多种通信方式搭配使用，才是使可穿戴设备性能最优的解决方案。

5. 显示屏

触摸显示屏进行人机交互是当前大部分智能硬件采用的交互方式。除此之外，还有语音、姿势、眼动等新的交互技术。语音交互的实现主要依赖于语音识别技术，随着语音识别技术的日趋成熟，其在可穿戴设备及其他智能硬件中的使用也会越来越广泛。姿势交互是通过采集人体不同部位的姿势，利用计算机图形学相关技术，转化为计算机指令，以达到交互的目的，目前使用的主要是手势交互。眼动交互则是依靠计算机识别、红外检测或者无线传感器等方式，来实现设备的控制和交互。不同于手机、Pad，可穿戴设备能够提供的屏幕面积有限，因此，语音交互、姿势交互和眼动交互等不局限于屏幕的交互方式将会在可穿戴设备中有更多的应用。

6. 操作系统

可穿戴从附属设备逐渐转变为具有自主功能、能够独立工作的智能硬件产品，可穿戴专用的操作系统也就此诞生。各大可穿戴厂商在推出自家产品的同时，也都搭载了自研的操作系统，努力构建可穿戴系统生态：苹果的Watch OS，华为的Lite OS和鸿蒙系统，三星的Tizen以及小米推出的MIUI For Watch。从智能手机的发展经验来看，融合、统一才是操作系统发展的趋势。

当前可穿戴设备操作系统主要分为实时操作系统、Android Wear、Tizenh和iOS。其中实时操作系统对硬件的要求较低，多被手环等产品选用，后三者主要用于智能手表和智能眼镜。由于操作系统碎片化，不同设备搭载着互不兼容的开发平台，各类应用与信息不能共享。各厂商希望打造自己的生态系统，包括定制操作系统、界面交互、提供接口给第三方开发者、发展开发者社区等。可穿戴设备的操作系统目前尚处在群雄争霸的状态，后续如何发展还需要一段时间的观察。

7. 能源管理

智能可穿戴设备的能源是制约其发展的重要因素，现今各大厂商都加大了对于智能可穿戴设备移动能源领域的投入。为解决智能可穿戴设备的移动能源的应用难题，纷纷采用的是使用无线充电技术来解决智能可穿戴设备的能源问题，通过此项技术的发展与应用可以解决电源1~3 m范围内的智能可穿戴设备的移动充电问题。此项技术主要利用磁场共振效应来实现能量之间的传输，所以对于人体的辐射伤害相对较小，而以苹果的MOTO为代表的无线充电无疑是为其提供了解决方案的基础。除了采用加强对于智能可穿戴设备电池的充电外，还可以采用柔性技术来提高电池空间利用率，或是通过采用大电容的方式来提高电池快速充电能力，以此来缩短电池充电时间，从而有效提高智能可穿戴设备的续航能力。

第四节　智能可穿戴设备在环境暴露组学方面的应用

环境暴露组学是一门研究环境对基因组的影响的学科，它通过分析个体暴露于不同环境因素下的基因表达、遗传变异和表型特征，来探索环境暴露对个体健康和疾病易感性的影响。环境暴露组学的研究范围广泛，包括空气污染、水质污染、食物中的化学物质、电磁辐射等多种环境因素。

环境暴露组学的研究成果已经为环境保护和健康风险评估提供了重要参考，还有助于揭示个体之间的遗传差异对环境暴露反应的影响。通过比较不同个体在相同环境暴露下的基因表达和遗传变异，研究人员可以鉴定出一些与环境暴露反应相关的遗传因子。这些遗传因子可能会影响个体对环境暴露的敏感性，从而解释了为什么有些人在相同环境暴露下容易患上某些疾病，而另一些人却不易患病。环境暴露组学的研究还可以为个性化医学提供依据。通过对个体的环境暴露组学特征的分析，可以为疾病的预防、诊断和治疗提供更加精准的策略。例如，在癌症的个性化治疗中，研究人员可以通过环境暴露组学的研究，为不同环境暴露背景下的患者制订个性化的治疗方案，提高治疗效果。

然而，环境暴露组学研究还面临一些挑战和限制。首先，环境暴露组学的研究需要大量的样本和数据，这对研究人员的实力和资源提出了要求。其次，环境因素的复杂性使得环境暴露组学的研究结果难以解释和应用。

高集成度智能可穿戴设备可用于多维环境数据感知。专业环境采集设备（如质谱仪）功能单一、体型大，但精确度却很高。现在，随着硬件到数据挖掘的科技进步以及系统集成度的提高，芯片技术、新型材料科学促使这些实验室专业设备的功能集成在可穿戴设备上，并且不断进步和发展，使得可穿戴设备功能丰富多样。

暴露概念强调了个体暴露在环境健康问题（通常是慢性）病因中的作用，该概念认为个体暴露与基因组成相比是导致出现环境健康问题的更重要的原因。关于由环境卫生引起的流行病学研究常常使用区域级汇总的数据。人们研究了某些地区的疾病流行率或发病率与在这些地区（以行政界限为依据）具有"代表性"的固定监测站收集的环境参数的统计联系。然而，来自稀疏监测站网络的记录不能充分代表不同个体的暴露范围，特别是在不同的室内和室外城市环境中。除此之外，虽然这些研究的结果对给定的区域组合是有效的，但分析结果会随着区域组合的不同而改变，这被称为可塑性面积单元问题（MAUP）。因此，更先进的方法是直接关注到个人，并用以分析个人居民区周围的缓冲区。通过应用生态回归方法，这些研究分析了个体健康状况与缓冲区中交通、绿地、工业面积等占比的关系，并以此作为定义暴露的方法。显然，这种方法只能间接测量每个个体的真实暴露量，并且存在误暴露，从而削弱了统计结果的显著性。为了减少上述影响，个人佩戴的传感器可以直接记录个人所在位置的环境参数，一些研究者称之为以人类为中心的机会感知。现代传感器的小尺寸、智能功能和低廉的成本使它们成为记录生物体内暴露数据的完美工具。

智能可穿戴设备可用于长期跟踪个体的环境影响。智能可穿戴设备通过与传统佩戴饰物的融合，可用于人员的全天候长期佩戴，对于个体生物特征和环境数据感知并可完成大量样本的持续采集，实现了长期跟踪的效果。研究机构和组织可根据长期跟踪采集的数据，开展进一步的分析、研究和处理。结合对人类身体的监测结果，可穿戴设备会实现由最初的简单信息采集到实现为服务嫁接产品。例如，利用可穿戴设备，医疗系统可以实现对人们身体状况的分析，在发生突发事件时启动自动救援服务，并预测未来一段时间内的健康状况，对某些疾病起到预防作用。

一、可穿戴式环境传感器的作用

个体暴露是多方面的，包括空气温度、空气湿度、辐射、空气污染物（气体、颗粒物）和噪声等。这一定义旨在包括所有外源性暴露因素。

由于与暴露有关的舒适或不适的结果取决于个人的身体状况和行为活动，所以必须考虑个人的特定变量。这些变量包括固定值（如年龄、性别、预先存在的健康状况）以及随时间变化的值（如GPS记录的运动行为，由加速度计记录的与身体活动相关的呼吸频率）。基于智能手机的传感方式可以同时收集上述变量。

基于个人的环境测量有助于实现以下两种截然不同的目的。首先，它们能持续收集个人完整的暴露数据。这种方法收集了累积暴露、地点和特定活动暴露量增量、暴露量增量的频率分布、移动习惯和行为的度量。环境测量可以促进可穿戴式环境传感器根据个体的行为变化进行适应，并告知其当前的暴露状态。这有助于促进个人的环境卫生知识普及。例如，骑自行车的人可以根据他们的地理位置信息调整他们的出行，城市探险者可以通过便携式传感器来获取大气参数的变化情况。其次，结合来自众多人群的众包测试数据或通过模型模拟，可对城市中所有地点或时间的数据采用公民参与式科学方法进行估算。沿着每个人的轨迹绘制的时空数据（根据时间-地理的概念）可以提高对疾病流行、病因、传播和治疗的了解，并有助于支持可持续的城市规划。

二、个体暴露测量的概念

开展环境暴露组学分析必须在当地不断监测与个人健康有关的环境接触情况。这种连续监测的结果表明，不同的暴露程度（组合）取决于个体的周边环境。基于这一概念，与一个人的日常行程相关的暴露是一系列污染模式，每一种模式都代表一个特定的微环境。例如，研究发现在柴油车、地铁或环境中有烟草烟雾的房间中，黑炭暴露量明显增加。这种微环境概念有助于根据个人的时间-活动情况和微环境的污染水平进行近似的暴露量估计。典型的微环境包括家庭、学校和交通工具。暴露于室外污染物不仅可发生在室外，也可发生在自然通风的室内。在过去，微环境是根据活动日志（日记）或地理位置来分类的，而现在GPS和加速计的使用则可以自动识别人类活动。

这种微环境概念的一个缺点是，不同公寓的室内空气污染差异很大，对于选定的环境，人们只能获得一般的信息。此外，在户外，特别是在城市社区，由于许多潜在污染源的存在（如工业、交通）和街道峡谷中迅速变化的扩散条件，各地污染情况可能存在很大差异。例如，Rabinovitch等研究了小学生接触$PM_{2.5}$（空气动力学直径不大于2.5 μm的颗粒物）的情况，他们观察到其与家庭、交通和学校微环境中的平均浓度之间存在较高的相关性。这就证明了微环境内部存在可变性。只有很少的个体暴露记录显示了微环境之间的明显差异，更显著的不同是与微环境不相关的浓度峰值。笔者确定这些峰值（暴露事件）是与健康影响相关的暴露指标。

另一个有关个人暴露的概念与城市结构有关。基本假设是，土地利用情况是衡量气候、空气质量和噪声的指标，用土地利用回归（LUR）模型来建模。这个假设在弱风条件下（本地天气）成立，作为长期平均值（从长期气候的意义上说）也是有效的

(但较弱)。如果应用合理的交叉验证模型来评估预测模型的性能,移动个人测量可以为高空间分辨率的 LUR 模型提供有价值的数据,以补充静态监测数据不足。

三、可穿戴传感数据处理的新方法

可穿戴式设备记录的所有数据都受到噪声影响。人附近的小尺度湍流,由移动个体引起的冲击(如热、噪声、痕量气体)造成的记录干扰,以及其他扰动将在测量数据中导致异常值和偏差。当一个城市区域被无数个人"探索"时,记录数据的质量可以得到提高。在他们的运动过程中,传感器可以对在时间和空间上的邻近点收集的数据进行平均处理,从而实现随机降噪。数据同化技术可以插值许多测量值,将测量值与微气象模拟相结合。这一方法类似于在全球范围内进行气象和气候测量的操作程序。

由于测量结果存在不确定性,数据同化过程在计算组合数据及其不确定性时需要考虑到这一点。为了解决这一问题,可采用贝叶斯时空模型,将微气象模拟(空气污染物、温度等)与多人携带的测量结果相结合,从而得到环境参数及其置信区间的高分辨率数据。

可穿戴式传感器的另一个功能是将记录与载体的感知联系起来。在日常生活中记录人们感知的一项新技术是行走采访(walking interview)。在特定的城市环境中,人们更容易反映自己的真实经历,这反过来反映了测量的环境条件。这项技术源自人种学研究,可以在测量的接触数据、个人行为和他们的健康状况之间建立桥梁。与可穿戴式传感器相结合,行走采访可以揭示日常生活习惯和社会环境不仅决定了个人暴露情况,而且还会导致慢性疾病的发生。智能手机传感方法是在移动过程中主动整合用户反馈(如暴露感知)的可行方法。

参 考 文 献

[1] 中国信息通信研究院, 联想 (北京) 有限公司, 中南大学湘雅三医院. 可穿戴设备质量研究报告 (2021年) [R]. 北京: 中国信息通信研究院, 2021.
[2] 陈骞. 全球智能可穿戴设备发展特点与趋势 [J]. 上海信息化, 2019, 6 (4): 78-80.
[3] 李东方. 中国可穿戴设备行业产业链及发展趋势研究 [D]. 广州: 广东省社会科学院, 2016.
[4] 邓威, 张德彬. 智能可穿戴设备军事应用与发展趋势 [J]. 国防科技, 2016, 37 (6): 57-60.
[5] 王海龙. 军用智能可穿戴设备发展综述 [J]. 电子技术, 2018, 56 (2): 5-7.
[6] 彭军, 李津, 李伟, 等. 智能可穿戴设备发展现状与展望 [J]. 西部皮革, 2017, 40 (16): 116.
[7] 李胜广, 谭林, 周千里. 可穿戴技术在单警装备中的应用模式研究 [J]. 警察技术, 2014, 30 (6): 73-76.
[8] 刘禹. 可穿戴设备发展现状及设计趋势 [J]. 创意设计源, 2015, 6 (5): 59-63.
[9] 封顺天. 可穿戴设备发展现状及趋势 [J]. 信息通信技术, 2014, 8 (3): 52-57.
[10] 张千彧. 基于技术成熟的可穿戴设备发展分析 [J]. 医学信息, 2019, 32 (6): 16-19.
[11] 赵玲. 智能可穿戴设备市场与新技术发展趋势研究 [J]. 中国新技术新产品, 2016, 24 (7下): 19-20.
[12] 杨小帆, 郭雅萍. 运动可穿戴设备的发展趋势研究 [J]. 福建体育科技, 2018. 37 (3): 17-19, 37.

［13］Schlink U, Ueberham M. Perspectives of Individual-Worn Sensors Assessing Personal Environmental Exposure [J]. Engineering, 2020. 7 (3): 285-289.

［14］李秋墨, 戴琳丽, 王烨寅. 可穿戴设备的设计趋势及展望探索 [J]. 中国集体经济, 2018, 34 (30): 147-148.

［15］Richardson D B, Volkow N D, Kwan M P, et al. Medicine. Spatial turn in health research [J]. Science, 2023. 339 (6126): 1390-1392.

［16］Rabinovitch N, Adams C D, Strand M, et al. Within-microenvironment exposure to particulate matter and health effects in children with asthma: a pilot study utilizing real-time personal monitoring with GPS interface [J]. Environmenta Health, 2016, 15 (1): 96.

［17］Ueberham M, SchmidtF, Schlink U. Advanced Smartphone-Based Sensing with Open-Source Task Automation [J]. Sensors, 2018, 18 (8): E2456.

第七章 多组学技术和精准医疗

第一节 多组学联用的系统生物学方法

一、多组学联用的系统生物学方法概述

(一) 系统生物学的发展

系统生物学是在分子生物学基础上发展起来的学科。1953年Watson和Crick建立了DNA双螺旋模型，标志着分子生物学进入新时代。此后，将生命现象建立在分子的基础上，DNA和蛋白质结构及信息编码方面取得基础性发现，中心法则（central dogma）被提出，该法则（DNA⟷RNA→蛋白质）奠定了分子生物学的理论基础。在20世纪70年代，限制性内切酶和克隆技术的重大突破，开启了基因工程和生物技术的时代。20世纪80年代，分子生物学一些基础性实验方法得到扩大应用。自动化的DNA测序仪开始出现，并在90年代中期实现了基因组水平。在这个阶段，生命科学呈现出以基因为核心的研究氛围。将复杂个体分解至分子水平，侧重研究单个分子的功能，似乎在分子水平上证实了传统观念中"一个基因决定一种酶"的概念。

还原论（reductionism）和整体论（holism）是人类认识世界的2种方式：还原论认为复杂的系统、事物和现象，可以将其分解为各部分之组合来加以理解和描述；而整体论则认为整体大于部分之和，不能割裂开来理解。随着分子生物学的发展，人类对生物体的认识取得了重大进步。但对复杂生物体的逐层分解，使研究陷入"还原论"和"基因决定论"的误区，造成某些研究的困境。例如，体外（例如细胞系）和体内进行相同的研究，其结果不一致是最常见的困境；前体mRNA借助可变性剪切，可产生多个不同的成熟mRNA，最终产生不同的蛋白质，还存在对蛋白质的修饰，打破了一个基因编码一个蛋白的认识；表观遗传（epigenetic inheritance）现象揭示DNA序列并未改变，表型也可能出现可遗传变化。这些证据都提示"还原论"和"基因决定论"存在局限性。

围绕中心法则，现代生命科学的特征是简单化、线性化、定型化和实验化。利用还原论方法，在细胞甚至分子层次对生物体有了很具体的理解，但生物学仅停留在实验科学的阶段，未形成一套完善的理论来描述生物体如何在整体上实现其功能行为的。

随着人类基因组测序和各种模式生物基因组测序的完成，生命科学进入后基因组时代。与此同时，蛋白组、转录组和代谢组等组学也展开了大量的研究，开启了从多个层次对生物体进行研究，这意味着生物学的方法论开始从还原论转向整体论。系统生物学采用了一种综合的研究方法，旨在深入理解生物系统的组成和相互作用，并揭示其中的内在规律和复杂性。与还原主义思想不同，系统生物学从整体的角度出发，将生物系统视为一个整体，研究其中各个层次的组成部分以及它们之的相互作用。其涵盖了从分子到整个生物体以及环境的范围，探索生物系统的表型、功能和行为。目前的系统生物学兼具生物学和信息科学的特点，通过融合数学、物理、化学、生物、医学、信息与计算科学等多学科方法，从一种全新的生物动力学视角出发，获得全面而综合的理解。通过整合和分析不同级别的生物数据，系统生物学研究人员可以揭示生物系统中的相互关系和动态变化，从而推断其功能和行为。

系统生物学注重研究细胞信号传导和基因调控网络、系统组成之间相互关系的结构和系统功能的涌现。为了将生物系统作为系统进行理解，需要重点关注以下4个方面：系统结构的阐述、系统行为的分析、控制系统的方法和如何设计系统。其目标之一就是模拟和发现涌现的特性，期望最终能够建立包括整个生物系统的可理解模型。事实上，已经在生殖支原体（mycoplasma genitalium）的细胞模型中实现，其中包括所有分子组成及其相互作用。模型预测指导的实验分析，确定了以前未被发现的动力学参数和生物功能。也许在将来，一个完整的多细胞生物电脑模型也会被重建。

一个学科的发展需要理论和技术的协同发展。尽管系统生物学的发展得益于人类基因组计划（human genome project，HGP，1990—2003）的实施，但系统生物学的理论发展可追溯至1931年，Onsager提出"互易关系"（reciprocity relations）理论，为非平衡热力学的发展和应用产生了深远的影响。1950年，奥地利生物学家Bertalanffy就提出一般系统理论（general systems theory），即生物和物理系统都可以被看作开放系统，其与环境之间存在物质和能量的交换和转换。有利于理解和描述各种系统之间的相互作用和关系，推动系统科学的发展。1971年，Iya Prigogine提出熵生产和耗散结构的概念，将非平衡态热力学理论应用于描述复杂系统中的结构、稳定性和波动性，为理解复杂系统的行为提供了新的理论和实验研究方向。1977年，Manfred Eigen提出"超循环"（hypercycle）理论，即自组织理论，对复杂系统如何通过自我复制和相互作用实现自我组织的方法的解释，打通了生命系统和无机物之间的桥梁。21世纪，系统生物学的发展进入了细胞信号转导和基因表达调控的分子系统生物学时期。

（二）系统生物学的定义及研究方法

张自立和王振英编写的《系统生物学》是国内高校教学广泛使用的学科书，此书著有我国杨胜利院士对系统生物学的定义：系统生物学是在细胞、组织、器官和生物体水平上研究结构和功能各异的生物分子及其相互作用，并能通过计算生物学定量阐明和预测生物功能、表型和行为的一门学科。此定义不仅简明、准确地回答了什么是系统生物学,还把学科的目的、内容和研究方法都概括在定义中,目前仍然适用。

在研究生物系统时,我们可以从分子组分和亚细胞器的水平开始,逐步扩展到细胞、组织、器官系统,最终涵盖整个生物体。这种多水平的研究可以通过2种主要方法进行:自下而上和自上而下(图7-1)。在自下而上的方法中,将细胞和分子组分视为系统的一部分,关注它们之间的相互作用和动力学过程,这些相互作用和动力学导致生理功能的产生。通过这种方法,我们能够了解不同单元是如何协同工作,提供有关生物系统内部运作的细节信息,以形成一个整体系统的机制。然而,随着系统变得更大,细

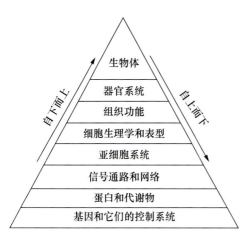

图7-1 系统生物学研究方法

节可能会掩盖整体系统的行为和功能。相反地,在自上而下的方法中,我们研究整个系统,并发现系统的特异性和潜在能力。此方法中,通常使用相关性来定义不同组分之间的相互作用,并尝试理解生物系统的整体复杂性。但由于生物系统的复杂性,我们通常无法进行因果推断。

(三)多组学联用的系统生物学方法

过去二十年来,技术的进步极大地丰富了生物数据的维度。基因和RNA测序、蛋白组学、代谢组学、脂质组学和微生物组等的研究,以及临床数据的计算整理,为我们提供了从多个角度观察生物系统的机会。然而,这些数据的增加也带来了分析的挑战,需要更复杂的方法来从中提取有意义的信息。系统生物学方法为研究人员提供了整合不同层次来源数据集的思路,可帮助研究人员建立实验和理论模型,并对数据进行分析和解释,揭示生物系统中不同层次之间的相互关系和调控机制。

1. 系统生物学应对复杂性

系统生物学试图通过考虑生物系统中各组分之间的相互作用来解释生物学。以简单的术语来说,酶对底物的作用就是一个系统,因为要考虑不止一种组分,他们之间的相互作用对理解模型至关重要。这些表面上简单的系统长期以来一直不需要复杂的计算或高通量测量来理解。然而,随着能够同时测量系统中多个不同组分技术的出现,分析变得更加复杂,通常需要计算机支持。现如今,系统生物学是一个以测量大量分析物数据集为基础的领域,对这些数据的解释需要现代计算方法。迄今并没有一个单一的、被广泛接受的系统生物学定义存在。如果一项研究满足两个条件,即测量了多个组分,并且组分之间的相互作用对结论至关重要,那么我们可以将这项研究归类为系统生物学。

2. 组学技术

尽管人类基因组只有2%能编码蛋白，但其余的非编码基因组也被证明是具有功能和动态的。除了大约有2万个编码蛋白质的基因外，还发现了数万个人类非编码RNA（non-coding RNAs，ncRNAs）。基因组的许多区域通过直接接触、ncRNA、DNA结合蛋白或RNA结合蛋白来调控其他基因。长非编码RNA（long ncRNAs，lncRNAs），微小RNA（microRNA，miRNA）和其他种类的ncRNA在蛋白质表达调控中起重要作用，无论是通过直接与DNA或蛋白质的相互作用（lncRNA），还是通过与其他mRNA的相互作用（miRNA）。人类蛋白质的数量不等同于编码蛋白质的基因数，因为单个基因可以具有几种剪切变异体，并且蛋白质的翻译会受到翻译后修饰的调控。对这种复杂性的研究需要使用组学技术进行，组学技术可以定量测量RNA、蛋白质或小分子水平。电子健康记录的使用，有助于描述代谢状态、药理反应或疾病表型（图7-2）。

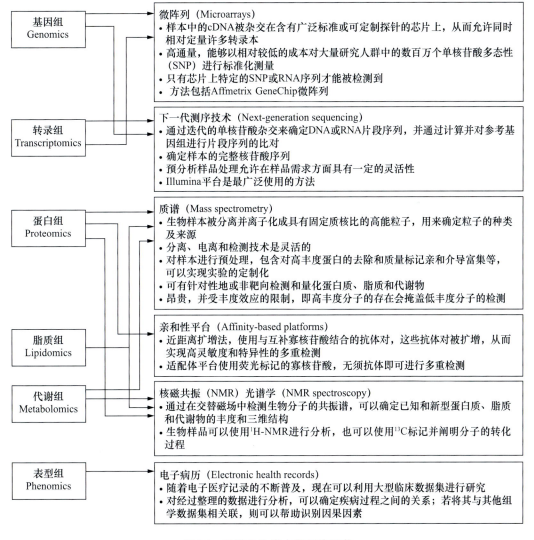

图7-2 系统生物学中使用的组学

（1）基因组

单核苷酸多态性（single-nucleotide polymorphisms，SNP）是个体间基因组中的碱基差异。通过测序方法，我们可以检测SNP，并通过统计学方法将其与表型进行关联，例如全基因组关联研究（genome-wide association studies，GWAS）中的应用。为了进行因果推断，可以使用遗传变异作为代表可调控的环境暴露物的"工具变量"。这种方法被称为Mendelian随机化，并可类比于随机对照试验。在Mendelian随机化研究中，参与者根据其遗传得分被分为两组，该得分是根据多个遗传位点的变异及其相关权重计算得出的。每个遗传位点的变异在遗传得分中是随机且独立的。因此，一个人所遗传的与疾病相关的等位基因数量应该是随机的。通过对随机分配的遗传变异与疾病进行因果推断，我们可以使用Mendelian随机化方法来评估遗传因素对疾病的影响。这种方法有助于解决观察研究中的反向因果关系问题，并提供更可靠的证据来支持因果推断。

（2）表观基因组学和转录组学

表观基因组学考虑的是基因之间的相互作用，而不是将基因组与表型进行比较。通过转录组学量，对组织中相关mRNA的基因表达进行量化，可以揭示这些基因的差异表达和模式相互作用。通过比较SNP与mRNA表达谱，可以鉴定表达定量性状位点（expression quantitative trait locus，eQTLs）。eQTLs是基因组中调控其他基因在顺式（邻近）或反式（远离）位置表达的区域。最初通过对永生化细胞系的微阵列评估鉴定，后来通过对大规模表型研究人群组织中进行高通量平行RNA测序（RNA-seq），已经鉴定出调控基因组中广泛编码和非编码区域的eQTLs。表观基因组方法可以衡量基因组在组织样本中进行转录的可用程度，例如Hi-C技术确定了基因组在细胞核中的空间定位和区域之间的关联，从而可推断直接的基因-基因相互作用；通过转座酶可访问染色质测序（assay for transposase-accessible chromatin using sequencing，ATAC-seq）来识别可供转录的染色质区域。此外，对特定细胞类型根据转录组进行精确分离，是转录组成功应用的一个方面。

（3）蛋白组

质谱技术在蛋白质组学研究中发挥重要作用，通过与已知蛋白质数据库比对来标记和定量蛋白质，检测新合成的蛋白质，以及探测构象变化和翻译后修饰等。然而，目前存在一些限制，包括成本高、对高丰度蛋白质的检测偏差以及对哺乳动物蛋白质组的覆盖不完整。为了克服这些限制，可以采取一些策略。例如，通过去除高丰度血浆蛋白质或进一步预分离样品以减少样品复杂性，或采用靶向蛋白质组学方法来对感兴趣的蛋白质进行分析。靶向蛋白质组学方法克服了随机取样的问题，提高了数据的完整性，尽管牺牲了蛋白质组的覆盖度；数据无依赖采集是一种结合了靶向蛋白质组学的优势和发现蛋白质组学优势的新型蛋白质组学方法，通过生成样品中所有可访问蛋白质的"数字指纹"，实现对给定样品中数百到数千个蛋白质的高通量分析，提高了数据的完整性。然而，高通量和成本以及检测偏移等因素可能会使质谱的蛋白质组学工作流程很少应用于非常大的群体研究。

（4）代谢组和脂质组

代谢是生物体内各种化学反应的总称，是生物体最为重要的生命活动之一；个体通过各种代谢调节来适应内外环境的变化，是生命活动的基本特征之一。"代谢组"是生物样本中所有代谢物的集合。代谢物种类繁多（可能超过百万种）、结构多样，在生物体内不同组织及体液中分布及浓度差异大。主要包括：脂质、氨基酸、有机酸、碳水化合物和核酸等。

代谢组学和脂质组学都是利用质谱和色谱等技术来分析和鉴定。代谢组学是系统研究代谢组的一门独立学科，它提供了所有细胞过程的独特生化指纹，可用于鉴定代谢生物标志物，从而阐明潜在的疾病机制，或预测对环境变化或外部干预的反应。脂质组学是系统研究脂质组的一门独立学科，作为大规模定性或定量研究脂类化合物并了解它们在不同生理、病理条件下的功能和变化的方法学，能准确全面提供生物样品在不同生理条件下的全脂信息谱图。脂质组学实际上是代谢组学的一个分支，脂类代谢参与能量运输、细胞间的信息通信与网络调控等生长发育过程中的必需事件。作为细胞膜和脂滴的主要组成成分，各种结构的脂类在广泛的生物过程，如信号传导、运输作用以及不同生化性质的生物大分子分选过程中，扮演着重要角色。

（5）表型组

表型数据在理解基因型和表型间复杂关系中非常重要，如果没有详细的表型数据，很难理解基因型与表型之间的关系图以及遗传因素与环境影响之间的互相作用。尽管我们对于基因组的表征能力取得了显著性进展，但对于表型组（个体所展示的完整表型集合）的理解仍然有限。随着电子病历的普及，患者的临床表型信息被数字化。通过对临床数据进行整理与分析，可以确定疾病过程之间的关系，若将临床表型数据与基因组、转录组、代谢组等组学数据结合起来，可以更全面地了解疾病的发病机制和个体的特征，有助于推动个性化医疗、疾病预测和治疗方法的发展，为精准医学提供重要支持。

（6）微生物组学

微生物组包括寄生在宿主特定部位的所有共生和致病微生物的总遗传内容。微生物组的研究方法通常涉及对宿主体表或内部的所有原核生物、真菌和病毒微生物的DNA或RNA进行准确测序，以获取它们的遗传信息。微生物组是一个动态的系统，其组成和相对丰度可能会受到多种因素的影响而发生变化，对其测量和分析面临挑战。不同的样本类型、测序方法和分析策略可能会导致结果的差异，需要建立标准化的分析流程。

3. 利用机器学习进行多组学数据分析

随着现代高通量组学平台的发展，生物医学研究采用了多组学整合的方法。通过机器学习（machine learning，ML）的预测算法，将不同组学来源（如基因组、蛋白组学和代谢组学）的数据进行整合，揭示系统生物学的复杂工作。ML提供了整合和分析各种组学的新技术（图7-3），有助于发现新的生物标志物，进行准确的疾病预测、患者分层和精准医学的实施。图7-3中的工具和方法分别是：特征选择多核学习（feature selection multiple kernel learning，FSMKL），联合和个体方差解释（joint and individual variation explained，JIVE），多重共协同分析（multiple co-inertia analysis，MCIA），多个数据集整合（multiple dataset integration，MDI），多元因素分析（multiple factor analysis，MFA），多组学因子分析（multi-omics factor analysis，MOFA），基于邻域的多组学聚类（neighborhood based multi-omics clustering，NEMO），模式融合分析（pattern fusion analysis，PFA），惩罚多变量分析（penalized multivariate analysis，PMA），稀疏多块最小偏二乘（sparse multi-block partial least squares，sMBPLS），相似性网络融合（similarity network fusion，SNF），非负矩阵分解（nonnegative matrix factorization，NMF），贝叶斯共识聚类（baysian consensus clustering，BCC）以及患者特异性数据融合（patient-specific data fusion，PSDF）。

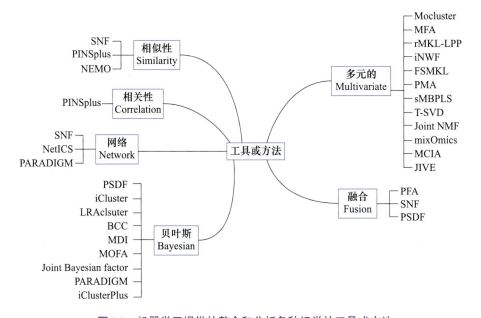

图7-3 机器学习提供的整合和分析各种组学的工具或方法

在多组学整合中，无监督（unsupervised）学习和有监督（supervised）学习是2种主要的ML学习策略。无监督学习主要用于发现无标签数据中的潜在模式，例如聚类、异常检测和降维等。它通过对输入的特征变量进行分析，而不使用目标/输出变量；有监督学习旨在预测新数据，它使用带有标签的训练数据来拟合模型，并用于预测。有监督学习可以分为回归（预测变量为数值型）和分类（预测变量为分类型）问题。监督学习的一般步骤包括从样本输入观测中拟合模型、评估模型并广泛调整模型的超参数，最后将模型用于预测。如图7-4所示，多种组学整合的方法可划分为基于"串联""模型"或"转换"的3类方法。

（1）基于串联的整合方法

基于串联的整合方法通过合并多个组学数据集，用形成的联合数据矩阵来构建模

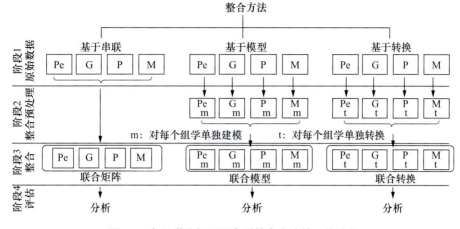

图 7-4 多组学分析不同类型整合方法的工作流程

型。整合的一般流程为：阶段1包含多个单个组学数据（例如基因组学、蛋白质组学和代谢组学）以及相应表型信息的原始数据；通常基于串联的整合不需要任何预处理，因此没有阶段2；阶段3将来自各单组学的数据连接起来，形成一个包含多组学数据的大矩阵；阶段4中，联合矩阵被用于监督或无监督分析。而不同的基于串联的整合方法可以被进一步分为：

① 基于监督学习的串联方法

不同的基于串联的监督学习方法已被用于表型预测。将串联的多组学数据（以联合矩阵的形式）作为输入，应用于多种经典机器学习方法，如决策树（decision tree，DT）、朴素贝叶斯（Naïve bayes，NB）、人工神经网络（artificial neural networks，ANN）、支持向量机（support vector machine，SVM）、K-最邻近（K-nearest neighbor，KNN）、随机森林（random forest，RF）和K-Star。例如，多组学特征（包括基因表达、拷贝数变异和突变）的联合矩阵与经典的RF和SVM一起用于预测抗癌药物的反应。此外，Boosted Trees和支持向量回归（support vector regression，SVR）也被用于寻找血糖健康的纵向预测因子。除了经典的机器学习算法，深度神经网络也被用于分析串联的多组学数据，用于利用RNA、miRNA和甲基化数据识别肝癌的稳健生存亚组。

② 基于串联的无监督方法

各种基于串联的无监督方法已用于聚类和关联分析。随着不同的基于矩阵分解的方法在不断发展，联合非负矩阵分解（non-negative matrix factorization，NMF）被提出用于整合非负值的多组学数据。iCluster框架采用类似NMF原理，允许整合具有负值的数据集。而iCluster+框架则是对iCluster的显著改进，它能够发现模式并结合具有二进制、分类和连续值的各种组学数据。另一种基于NMF的改进方法是联合和个体变异解释（joint and individual variation explained，JIVE），能够捕捉整合数据类型的共同变异及每种数据类型的结构变异和残差噪声。在JIVE中，稀疏性问题得到了改进，采用了联合贝叶斯因子（joint bayes factor，JBF）方法。JBF使用联合因子分析评估特征空间，并将其转换为共享和数据类型特定的组件。MoCluster则使用多块多变量分析来突出显示不同输入组学数据之间的模式，并在它们之间找到联合聚类。通过整合蛋白质组学和转录组学数据进行验证，MoCluster显示出比Cluster和iCluster+更高的聚类准确性和更低的计算成本。LRAcluster用于整合高纬度的多组学数据，而iClusterBayes则克服了iCluster+在统计推断和计算速度方面的局限性。多组学因子分析（multi-omics factor analysis，MOFA）解开了不同组学共享的异质性，可发现主要的变异源。

（2）基于模型的整合方法

基于模型的整合方法为不同组学数据创建多个中间模型，从各种中间模型构建最终模型。阶段2为每个组学数据开发了单独的模型，阶段3将阶段2的模型集成到一个联合的模型中，阶段4最终的多维联合模型可以使用ML（如神经网络）构建。基于模型的整合方法的主要优点是能够合并基于不同组学类型的模型，其中每个模型都是从具有相同疾病信息的不同患者群体中开发出来的。不同的基于模型的整合方法可以被进一步分为不同类型：

① 基于监督学习的模型方法

基于模型的监督学习方法包括多种用于开发模型的框架，如基于多数投票的方法（majority-based voting）、分层分类器（hierarchical classifiers）、集成方法（ensemble-based approaches）和KNN。同时，深度学习方法也被广泛用于基于模型的监督学习，例如多组学后期整合（multi-omics late intergration，MOLI）、分层整合深度灵活神经森林（hierarchical intergration deep flexible neural forest，HIDFNForest）和Chaudhary等。可遗传和环境网络关联分析工具（analysis tool for heritable and environmental network associations，ATHENA）被用于分析多组学数据，结合语法演化神经网络等进行研究不同的分类和定量变量，并开发预测模型。多组学自编码器（multi-omics supervised autoencoder，MOSAE）用于泛癌症分析。

② 基于无监督学习的模型方法

目前已经实现多种基于模型的无监督学习方法，如PSDF（patient-specific data fusion）是一种非参数贝叶斯模型，用于结合基因表达和拷贝数变异数据来对癌症亚型进行聚类。类似地，CONEXIC同样使用贝叶斯网络来整合源自肿瘤样本的基因表达和拷贝数变异数据，以识别驱动突变。如FCAz（formal concept analysis）共识聚类、MDI（multiple dataset integration）、PINS（perturbation clustering for data interation and disease subtyping）、PINS+和BCC（bayesian consensus clustering）等方法更加灵活，允许后期集成聚类。不同的基于网络的方法可用于关联分析，如Lemon-Tree和SNF（similarity network fusion），帮助发现多组学数据之间的相似性和关联性。

（3）基于转换的整合方法

基于转换的整合方法首先将每个组学数据集转换为图或核矩阵，然后将其组合成一个图或核矩阵构建模型。基于转换整合方法的一般流程为：阶段1建立单个组学的原始数据和相对应的表型信息；阶段2为每个组学开发单独的转换（以图或内核关系的形式），这些转换在第3阶段合并为一个联合转换。最后，在第4阶段进行分析。此整合方法的主要优势在于，如果存在唯一信息（如患者ID），则可以用于将各种组学数据结合在一起。

图形提供了一种正式的方式来转换和描绘不同组学样本之间的关系，其中图的节点和边分别表示主体及其关系。该方法可以将数据从原始空间转换为更高维的特征空间。这些方法在特征空间中可探索线性决策函数，而在原始空间中是非线性的。而不同的基于转换的整合方法可以被进一步分为：

① 基于监督学习的转换方法

已有多种基于转换的监督学习方法被提出，其中大部分是基于核和图的算法。基于核的整合方法包括规划支持向量机（semi-definite programming SVM，SDP-SVM）、带特征选择的多核学习（multiple kernel learning with feature selection，FSMKL）、相关向量机（relevance vector machine，RVM）和boost RVM。此外，还使用了快速多核学习用于降维（fast multiple kernel learning for dimensionality reduction，fMKL-DR），结合支持SVM来整合基因表达、miRNA表达和DNA甲基化数据。基于图的整合方法包括基于图的半监督学习（semi-supervised learning，SSL）、图锐化、组合网络和BN。总的来说，基于核的算法比基于图的方法具有更好的性能，但它们通常需要更多的时间用于训练阶段。相反基于图的方法可以在计算较短的情况下揭示样本之间的关系。最近，多组学图卷积网络（multi-omics graph convolutional networks，MOROENT）利用组学特征和患者之间的关联使图卷积网络获得更好的分类结果。

② 基于无监督学习的转换方法

为了进行聚类分析，正则化的多核学习局部保持投影（regularised multiple kernel learning for locality preserving projections，rMKL-LPP）为每个组学数据使用了单独的核函数，并结合图嵌入框架，用于识别不同癌症类型的亚组。PAMOGK利用平滑的最短路径图核（smoothed shortest path graph kernel，SmSPK）将多组学数据与通路整合在一起。元分析支持向量机（meta-analytic SVM，Meta-SVM）整合多组学数据后，能够在研究中检测与疾病相关的一致性基因。基于邻域的多组学聚类（neighborhood based multi-omics clustering，NEMO）使用基于患者间相似性矩阵的距离度量来逐个评估输入组学数据集，将组学矩阵合并为一个矩阵，使用基于谱的聚类方法进行分析。

R语言因其开源性、良好的兼容性和可扩展性的优势，在生物学和医学领域成为常用的统计分析和可视化的工具。例如mixOmics包提供多种方法来探索并整合多种类型的数据，利用潜在成分进行生物标志物发现的数据整合分析（data intergration analysis for biomarker discovery using latent components，DIABLO）的多组学整合方法，将多个高维数据源（如基因表达数据、蛋白质组数据、代谢组学数据）整合起来，识别出在不同数据源中共同变化的模式和相关特征。通过DIABLO，可以减少单个数据集的局限性,并揭示出不同数据源之间的关联性和生物学信息。

4. 多组学网络分析

网络是在许多系统生物学研究中使用的计算模型。网络模型可以用来描述生物系统中的分子、基因、蛋白质等生物分子之间的相互作用和调控关系。在进行网络分析前,通常会使用Spearman相关性分析计算不同变量之间的相关性系数。只有当相关性系数满足|r|>0.9且Q-value<0.05时,才会将其用网络模型进行展示。不同变量间的网络模型通常以节点和边的形式表示,其中节点代表生物分子,连接线称为边,表示节点之间的关系。边可以携带关于该关系的强度、类型和方向等信息。节点具有特定的计算属性,如中心性(描述连接节点的数量)、介数(描述节点与网络的通信程度)和可访问性(描述节点与网络其余部分的关系)等。网络中的模块或簇是密切相关的节点,它们共享相似的拓扑、功能或疾病特征。如图7-5所示,模块或簇与彼此的邻居节点形成边并共享边。这些模块或簇被认为共同在一个子系统中协同工作。

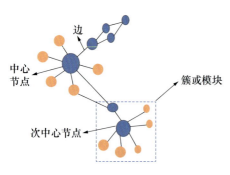

图7-5 网络分析示意图

通过构建和分析网络模型,研究人员可以揭示生物系统的复杂性、动态性和功能特征。网络分析方法可以帮助识别关键调控节点、寻找功能模块和通路。然而,需要注意的是,共表达或差异表达数据并不能确定因果关系,因果关系需要进一步在分子层面去验证。例如,利用多尺度嵌入相关网络分析可以对糖尿病发展过程中脂质协同调控的扰动进行系统性评价,揭示在糖尿病发病前,生物体内的同类脂质内(non-PUFA TAGs和PUFA-TAGs)以及不同类脂质间(TAGs和PUFA-Peps)的脂质协同调控就已经发生。

5. 整合分析在多组学中的应用

近年来,不同的多组学研究凸显了整合方法在理解不同疾病的复杂性方面的重要性,这是单组学分析无法做到的。通过对研究队列中轻度、中度和重度新冠肺炎患者和健康对照组的血浆进行分析,发现10种血浆代谢物可有效区分新冠患者和健康人群($AUC=0.975$),并揭示富含神经节苷脂的外泌体可能参与了新冠肺炎发病机制的有关病理过程。进一步,将COVID-19不同时间阶段患者富含外泌体的细胞囊泡分离,将其进行脂质组学(重点是固醇和氧化固醇)和蛋白组学分析,揭示外泌体脂膜各向异性变化的改变影响了PS-1在高炎症期的外泌体定位,为阐明新冠发病机制中代谢失调提供了线索。此外,通过整合心脏发育过程中的脂质组学和转录组学数据,确定心脏发育过程中心磷脂和磷脂动态重塑的候选驱动分子。这些整合研究方法为我们提供了深入了解疾病机制和代谢调控的新途径。

(四)多组学联用生物学方法的挑战和机遇

将多组学数据集整合起来以获得对生物过程和疾病的整体理解确实面临着许多挑

战。个体组学数据的异质性和数据集的大规模使得计算密集型分析和多种工具的使用成为一项挑战，导致多组学数据的整合和分析变得复杂而困难。

多组学数据是通过各种广泛的平台生成的，因此存储和格式存在较大的差异。许多多组学综合分析工具需要采用特定的数据格式（通常为特性X样本的矩阵），对单个组学数据进行预处理。预处理步骤包括数据过滤、系统性标准化、去除批次效应和质量检查。然而，由于预处理步骤对整合分析具有重要影响，使用这些步骤时需谨慎。例如，数据过滤步骤在过滤噪声和减少输入数据集中的特征数量方面发挥重要作用，大多数整合方法是计算密集型的，因此减小输入数据集的大小是先决条件。然而，由于缺乏通用标准，决定过滤的适当标准是一项具有挑战性的任务。

任何整合分析的关键在于选择适合的方法来解决感兴趣的生物学问题。尽管有一些研究对多组学工具进行了基准测试，但在生物学问题背景下工具选择方面不够全面。需要更多这样综合性的研究来指导研究人员更好地理解多种工具。

通用数据元素（common data elements，CDEs）和通用数据模型（common data models，CDMs）等数据标准的出现确实在提高数据互操作性方面发挥了重要作用。它们帮助解决了语法和概要数据异质性的问题，使得不同数据源之间的数据发现、访问和整合更加便捷。然而，CDEs和CDMs在捕获数据的语义方面仍然存在一定限制。为了进一步提高数据整合的效率和准确性，本体论的语义标准发挥了关键作用。借助本体论，研究人员可以对异构数据源中的变量有一致的理解，并明确表达和建模变量之间的关系和上下文。特别是在内部暴露组学的研究中，例如细胞本体和基因本体，采用本体论的语义标准非常有益。通过建立的共享词汇，使内部暴露组学数据不仅可理解于人类用户理解，还可用于计算机程序的计算。例如，基因本体论（gene ontology，GO）的发展。GO的最初旨在提供一组结构化词汇，用于描述任何生物体中的基因产物，现已广泛用于促进数据注释和数据整合，以及在生物学知识共享方面发挥着重要作用。

多组学数据解释的另一个维度是临床信息。目前，尚无标准的方法将组学数据与非组学数据（临床数据）相融合。未来多组学数据整合分析的发展应当着眼于简化多个数据集的互相操作性，并创建一个框架，促进组学数据间的无缝分析。

第二节　环境暴露组学数据和机器学习方法

生物学的一个基本原则是：表型是基因和环境相互作用的结果。得益于大规模的全基因组关联研究（GWAS），基因组的表征受到很多关注，但遗传只能解释10%的个体健康状况，其余似乎受环境因素和基因-环境相互作用的影响。2005年，Christopher Wild首次提出对应于"基因组"的"暴露组"（exposome）概念，即涵盖一个人从出生到死亡期间的所有环境暴露。之后在2008年，Wild提出"广义上的环境暴露，包括所有的生活方式、感染、辐射、自然和人造化学物质以及职业暴露"，这些暴露并非由基因所驱动。

一、环境暴露组学数据的分类

环境暴露的总体是多样化和动态的，而且可能相互作用。为了更好地研究环境组学数据，提出了多种框架来对各种环境暴露进行建模和分类。在2012年提出的最常用的框架将环境组学分为3个领域：内部环境暴露，即影响身体内部环境的暴露，例如代谢因子、激素和肠道菌群；一般外部环境的暴露，即社会、文化和生态环境，包括城乡环境、交通、气候因素和社会资本；具体外部环境暴露，即一个人所暴露的具体外部因素，例如特定的污染物、不良饮食和缺乏运动。然而，由于在描述某些暴露时的非特异性，一些争论也随之产生。例如，运动究竟属于内部环境暴露还是具体外部环境暴露领域；接受教育的暴露可以是特定的外部环境暴露因素（即个人的教育历史），也可以是一般的外部环境暴露因素（即一个人居住的教育环境），这些都取决于如何衡量该暴露。

最近的研究认为将环境暴露组学仅分为两个领域：外部环境暴露和内部环境暴露，其中外部环境作为一个整体进行研究。考虑到环境组学因素的多级性和数据跨领域来源的异质性，正确且明确地定义和表征环境组学的每个领域是必要的，有助于研究人员系统地思考和结构化潜在的环境暴露，从而更好地理解生物系统中环境与基因的相互作用。

二、环境暴露组学数据的产生、获取和挑战

随着高通量组学技术的推动，内部暴露组在研究中受到显著性的关注。通过利用基因组、转录组、蛋白组和代谢组等高通量技术，研究人员能够开发生物标志物，从而使得对内部暴露组因子的测量变得更加可行。同时，技术的不断进步，比如遥感和可穿戴设备，也使得外部暴露组数据的收集变得更加丰富。可以收集来自暴露环境的生命体（真菌、细菌和花粉等）以及非生命体（如化学物质）的数据，这为研究人员提供了探索个体和人群水平的外部暴露对健康结局贡献的研究机会。

与内部暴露数据的获取相比，部分外部暴露数据依赖于国家相关部门的统计，如表7-1所示，这些数据可以从政府相关部门的官方网站上获取。此外，对于更加详细的局部区域数据的获取，通常需要获得相应的权限。在申请使用权限时，研究人员需要明确阐述研究目的和重要性，并说明将如何使用这些数据进行科学研究。合理的申请将被相关部门认可，并得到支持。政府部门通常鼓励并支持科学研究，因为这些研究可以为公众健康和环境保护提供有益的信息和见解。例如，降水和湿度数据可以向气象局进行申请，而空气质量数据可向环保局进行申请。

表 7-1　外部暴露组数据获取链接

数据平台	链接	数据类型
国家统计局	http://www.stats.gov.cn/sj/pcsj/	人口、经济、农业、工业等
中华人民共和国教育部政府门户网站	http://www.moe.gov.cn/jyb_sjzl/moe_560/2021/	教育
中华人民共和国国家卫生健康委员会	http://www.nhc.gov.cn/mohwsbwstjxxzx/tjzxtjsj/tjsj_list.shtml	医疗、卫生
中华人民共和国财政部	http://www.mof.gov.cn/gkml/caizhengshuju/	财政
中华人民共和国生态环境部	https://www.mee.gov.cn/hjzl/	生态环境
中华人民共和国国家发展和改革委员会	https://www.ndrc.gov.cn/fgsj/	经济、贸易、民生

然而，暴露组学数据的不断增加，也带来了一些挑战。首先，现有的暴露组数据库仍然缺乏对大多数化学暴露物进行注释的能力，目前的注释率仅为5%。其次，环境暴露的测量通常来自不同的数据源，这使得访问、共享、整合、管理、处理、报告和解释这些暴露组数据时，需要大量的工作来克服独特的数据挑战，特别是来自不同数据域和数据源的数据具有异构的语法、架构和语义。最后，在研究健康结局时，必须考虑个体/人群与其环境暴露之间的相互作用，并处理多个领域、多个层次和多个规模的数据，包括基因组（基因组学和转录组学）、表型组（疾病表型、行为和器官特征）和暴露组（身体形态、环境污染物和社会资本）及其相互作用。为了全面了解这些不同类型数据的结果和影响因素，必须优先考虑实现现有数据的整合和重复使用，并减少数据获取障碍。

由于环境暴露组数据的高纬度和复杂性，数据分析时需要注意过拟合和多重共线性问题。为了有效处理这些挑战，研究人员通常采用先进的统计方法，如机器学习、网络分析、路径分析等，这些方法旨在帮助研究人员确定数据中存在的有意义的模式和关联，并建立健康结局的预测模型。

三、机器学习在环境暴露组学数据分析中的优越性

环境暴露组学作为一门新兴学科，站在基因组学的肩膀上，对研究对象进行系统性的探索，从各个方面收集大量复杂高纬度的数据。由于环境暴露组学数据的非线性特点，传统的统计方法可能不足以揭示其中的重要模式。而机器学习方法为处理这类数据提供了一种强大而灵活的选择，通常能够提供更好的预测性机器学习模型，并能够同时处理数千个预测变量而不会过拟合，这使得它们在处理高纬度的环境暴露组学数据时表现出色。此外，机器学习方法可以处理连续和非连续数据，且对于包含大量缺失值的数据集也能适应。

机器学习被广泛定义为将数据拟合来构建预测模型或识别数据中信息分组的过程。其本质在于试图通过计算机的计算能力来近似或模仿人类识别模式的能力。当需要分析的数据集过于庞大（数据点较多）或过于复杂（包含大量特征）而无法进行人工分

析时，或者当希望实现数据分析自动化以建立可重复且高效的流程时，机器学习发挥着重要的作用。

在生物学中使用机器学习有2个主要目标：其一是在缺乏实验数据时要求做出准确的预测，并利用这些预测来指导未来的研究工作；其二是借助机器学习来深化对生物学的理解。在训练机器学习模型时，应该遵循以下步骤：第一步，充分了解手头的数据（输入）和预测任务（输出），需要对问题有生物学上的深入理解，例如了解数据的来源和噪声来源，以及从生物学原理上理解如何从输入预测输出；第二步，将数据划分为训练、验证和测试集（图7-6 a）。训练集用于直接更新正在训练的模型参数，验证集用于监控训练过程，避免模型在训练数据上发生过拟合，而测试集用于评估模型在未用于训练或验证的数据上的性能（估计其预期的实际应用性能）；第三步，根据数据的性质和预测任务选择适合的模型；最后，通过评估模型在测试集上的准确性来验证模型的性能，确保其在真实应用中的可靠性（图7-6 b）。

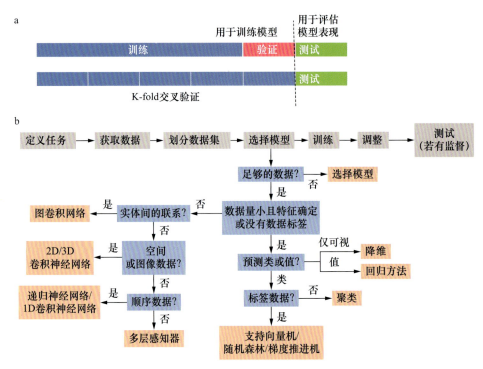

图7-6　机器学习方法的选择和训练
a. 可用数据的划分　b. 机器学习方法的选择和训练

传统的机器学习是指那些不基于神经网络的机器学习方法（图7-7）。以下是传统机器学习的一些常见方法：回归分析用于找出因变量（观察属性）与一个或多个自变量（特征）之间的关系；支持向量机（SVM）对原始输入数据进行变换，以便在变化后的版本（称为"隐变量"）中，属于不同类别的数据之间有一个尽可能宽的明确间隙，用于分类问题；梯度提升使用一组弱预测模型（通常是决策树）进行预测，单个预测器以分阶段的方式组合，以得出最终预测；主成分分析通常用于降维，找到一系

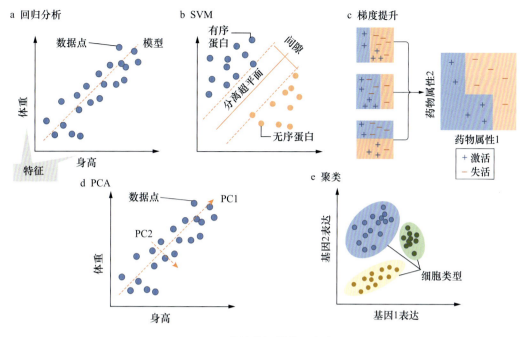

图 7-7 传统的机器学习方法

a. 回归分析，根据人的身高预测其体重；b. 支持向量机（SVM），预测蛋白质是有序还是无序；c. 梯度提升，根据分子描述来预测药物活性；d. 主成分分析（PCA），通常用于降维，第一主成分（PC1）显示身高和体重强烈的正相关，第二主成分（PC2）可能描述了与身高和体重没有强相关的其他变量（肌肉质量或体脂率）；e. 聚类，根据基因表达谱对细胞类型进行分组

列特征组合，这些特征组合可以在互相正交的同时更好地描述数据；聚类使用算法对相似对象的集合进行分组，用于无监督学习中的数据聚类。

人工神经网络模型最初被设计用于模拟学习大脑的功能，所拟合的数学模型的形式受到大脑中神经元的连接性和行为的启发。然而，如今科学数据中广泛使用的神经网络已不再被视为大脑的模型，而是成为提供最先进性能的机器学习模型。神经网络的一个关键特性是它们是通用函数逼近器，在很少的假设下，正确配置的神经网络可以将任何数学函数逼近到任意精度水平。主要的神经网络方法有多层感知器（multilayer perceptron）、卷积神经网络（convolutional neural network，CNN）、循环神经网络（recurrent neural network，RNN）、图卷积网络（graph convolutional network）和自由编码器（autoencoder）（图 7-8）。

图 7-8 中，a 为多层感知器由代表数字的节点（以圆圈表示）组成：输入值、输出值或内部（隐藏）值。节点按层排列，每一层的节点与下一层的节点之间有连接，表示已学习的参数。b 为卷积神经网络使用在输入层上移动的滤波器，并用于计算下一层的值。整个层上操作的滤波器意味着参数是共享的，无论实体的位置如何，都可以检测到相似的实体。c 为循环神经网络使用相同的学习参数处理序列输入的每一部分，针对每个输入给出输出和更新的隐藏状态。隐藏状态用于传递有关序列前部分的信息。图中预测转录因子在 DNA 序列中每个碱基的结合概率。d 为卷积网络使用图中的连接

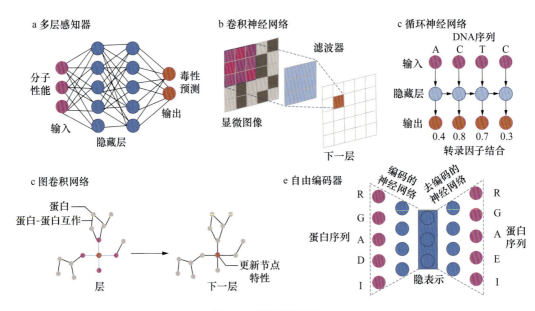

图 7-8 神经网络方法

节点信息，如蛋白质-蛋白质互相作用网络，通过组合所有邻近节点的预测来更新网络中的节点属性。更新后的节点属性形成网络中的下一层，并在输出层预测所需的属性。e 为自由编码器由（autoencoder）一个编码器神经网络（encoder，将输入转换为低维隐表示），以及一个解码器神经网络（decoder，将隐表示转换成原始输入）。在图示中，自由编码器编码和解码后，输入的 5 个氨基酸残基中有 4 个得到了正确的输出，代表序列准确性是 80%。

人工神经元层以完全连接的方式排列是神经网络模型最基本的布局方式。在这种布局中，一定数量的"输入神经元"代表从输入到网络中计算的特征值，而且每个神经元对之间的连接则表示一个可训练的权重参数，对这些权重参数的优化即为神经网络的训练过程。在网络的另一端，"输出神经元"代表网络的最终输出值。正确配置的网络可以用于进行复杂的分层决策，因为在给定层中的每个神经元都接收来自前一层中所有神经元的输入。这种简单排列的神经元层通常被称为"多层感知器"，尽管新的模型体系结构已经超越了这些简单的结构，但仍然使用完全连接层作为其子组件。

适用于图像数据的一种优秀模型，它能够充分利用数据中存在的局部结构。在分析图像时，准确识别这些局部结构是至关重要的目标。CNN 神经网络由一个或多个卷积层组成，其中输出是一个称为滤波器或核函数的小型单层完全连接的神经网络，应用于输入中的局部特征变量组来得到的。以输入图像为例，该局部区域是图像中的一小块像素。卷积层的输出与原始图像一样，形成一个阵列，携带着对整个输入数据进行滤波器"滑窗"处理的结果，并计算每个位置的输出。CNN 通过配置参数，使其能够适用于不同空间的输入数据，在遗传序列数据的变异信息鉴定、3D 基因组折叠、DNA-蛋白质互相作用、冷冻电镜图像分析和医学背景下的图像分类等领域都取得了成功应用。

适合于有序序列形式的数据，其中相邻数据点之间存在某种依赖性或相关性（至少理论上）。RNN可被视为神经网络层的其中一块，它将序列中的每个条目（或时间）对应的数据作为输入，并为每个条目产生依赖于先前已处理条目的输出。RNN被用于从基因序列中识别启动子区域、预测蛋白质二级结构或基因随时间的表达水平变化模型。

非结构化数据是指像图像一样没有明显可见的规律和模式，由任意指定的关系或互作的实体组成的数据。生成的每个图都有一组顶点或节点，以及一些用于表示节点之间不同类型关系或连接的边。卷积网络利用生成的图形结构来确定神经网络模型中的信息流。在进行预测时，不同关联的图形表示可以整合不同的信息来源。PyTorch Geometric和Graph NetS是训练图形卷积网络的软件，它们能够有效地处理和学习非结构化数据，为各种复杂问题的解决提供了有力支持。

自编码器旨在通过自编码的形式将原始数据点映射到预定维度的新空间中进行降维展示的方法，而预定维度通常远少于输入数据的维度数量。自编码器通过编码器的过程可将输入数据转换为一个紧凑的内部表示，这个内部表示也被称为"隐向量"或"隐表示"，它在新的空间中表示为独立的数据点。相反，输入隐向量并通过解码器的过程可将其映射回具有原始维度的原始数据。编码器致力于将输入数据进行压缩，而解码器则致力于解压缩这些数据，使其恢复到原始的维度。自编码器被应用于预测DNA甲基化状态、基因和蛋白质序列工程以及单细胞RNA测序分析等任务。

神经网络在结构上比传统的机器学习算法复杂，因此存在一些神经网络特有的训练问题。选择神经网络作为预期应用的适当模型后，单个训练示例对其进行训练，目的在于发现编程中的错误。PyTorch和Tensorflow是训练神经网络的常见软件包。训练神经网络需要大量计算资源，因此需要匹配足够强大的图形处理器（GPU）或张量处理器（TPU）来加速训练过程。

四、机器学习在环境暴露组学数据中的应用

（一）特征选择

特征选择是环境暴露组学数据中非常重要的步骤。环境暴露组学数据中包含大量的变量，因此必须找到与健康效应相关的变量。机器学习如支持向量机（SVM）和决策树可以被用来确定变量之间的关系，找出与健康效应相关的变量，同时可以减少数据量，提高模型的可靠性和效率。

（二）数据预处理

环境暴露组学数据分析中，数据质量和数据完整性非常重要。机器学习可以使用多种技术来处理和净化数据，以确保数据的准确性和一致性。例如，可以使用聚类分析和主成分分析（PCA）来减少数据中的噪声、去除重复的信息和降低数据的维度，从而使数据更容易分析和解释。

（三）建立模型

机器学习在环境暴露组学中广泛应用建立模型来预测环境暴露的影响。例如，可以使用分类器和回归模型来预测个体对某种环境污染物的敏感性，或者预测不同类型环境暴露对基因表达、蛋白质含量或代谢产物水平等的影响。常见的机器学习算法包括支持向量机、随机森林、人工神经网络、贝叶斯网络等。

（四）图像识别

一些研究正在尝试将图像识别技术应用于环境暴露组学数据中。通过对大气颗粒物图像的识别和分类，可以提高环境污染物的监测和控制效率。同样，图像识别技术还可以用于环境土壤、水源和植被等与环境暴露相关的数据。

（五）多模态数据融合

将来自不同源头的数据整合到一起，以提高对环境暴露与健康之间关系的理解。例如，将气象数据、土地利用数据、人口数据和地理信息数据等多种数据类型融合，可以更好地预测环境暴露对人类健康的影响。

机器学习在环境暴露组学数据中可以用来发现新知识。例如，可以使用聚类分析和关联规则挖掘等技术来识别不同类型环境暴露的共同作用，或者发现环境暴露与某种疾病之间的关系，从而提供新的研究思路和潜在的治疗策略。

总之，机器学习在环境暴露组学数据中的应用具有广泛的潜力。

五、机器学习在环境暴露组学数据中的挑战与未来发展

（一）面临的挑战

尽管机器学习在环境暴露组学中的应用已经展现出广泛的应用前景和重要作用，但是同时也面临着一些挑战和发展方向：

1. 样本规模和数据质量

机器学习算法的准确性和泛化能力高度依赖于训练数据的规模和质量，而环境暴露组学数据通常具有样本量少、维度高、噪声大等问题，这可能会影响模型的准确性和稳定性。不同研究者在不同条件下进行的数据采集，造成收集到的数据之间的差异。

2. 模型的透明性和可解释性

机器学习算法，例如深度学习的"黑匣子"性质，难以解释模型的预测结果。对于医疗诊断、风险评估等应用场景，模型的透明性和可解释性对于临床决策建立信任至关重要，这可能会降低其在实际应用中的可靠性和可接受性。

3. 数据集的代表性和可重复性

环境暴露组数据的收集和处理过程非常复杂，且数据集的代表性和可重复性也是一个重要的问题。一些数据集可能不具有代表性，例如特定人群的数据，导致算法的过拟合和泛化能力差。同时，由于数据的采集和处理方法不同，可能会导致算法的可重复性差。

4. 计算和存储成本

使用ML进行多组学分析需要计算和数据存储成本。多数ML算法需要高计算能力和大容量的存储来保存结果和分析，在规划基于ML的多组学工作流之前，应充分考虑相关成本。常用的ML算法具有不同的属性，因此选择合适的算法进行多组学分析至关重要。最近，利用人工智能驱动的自动化ML平台和工具可以穷尽地搜索最佳的ML模型，但计算成本却很高。

5. 隐私保护和数据安全

环境暴露组学数据通常包含大量敏感信息，涉及个人基因信息、疾病风险等。因此，隐私保护和数据安全成为机器学习在环境暴露组学中的应用的一个重要挑战。

（二）未来的发展

尽管机器学习在环境暴露组学中面临上述挑战，但未来仍然有以下方面的发展方向：

1. 平衡模型的准确性和可解释性

环境系统的特征是各种参数和过程的复杂相互作用。传统的建模通常是基于重要简化和假设，依赖于人类专家的领域知识。ML模型旨在通过理解数据中嵌入的复杂关系来尽可能准确预测，具有"黑匣子"属性，很难理解输入对输出的影响。可以将ML模型和传统模型相结合，保留各自的优点并进行应用。

2. 数据的共享

在暴露组学研究中，数据共享应该是一个共识，因为在建立模型之前，需要花费大量的时间来收集和清理数据。建立一个开放访问的数据共享中心很重要，通过添加更多实验或观察数据点来帮助增加数据的规模和多样性，并制订统一的数据和元数据模式，促进数据的重复使用和共享。

3. 从可信的来源收集数据

数据可以从利益相关方（政府数据库）获得，这些利益相关方通常拥有与环境相关的实际数据，为研究提供有价值的信息。也可使用仪器直接测量，得到实时数据。文献数据也是可信的数据来源，通过文献研究和文本挖掘的方法，从文献中提取有价值的信息和数据。

4. 开设机器学习处理环境暴露数据的课程

为了充分利用机器学习的快速发展和无与伦比的计算能力，人类应开设数据科学和机器学习应用等相关课程，帮助研究人员系统性学习，提高他们在研究中使用机器学习环境暴露数据的处理能力。

第三节 多组学联用和精准医疗

一、精准医疗的定义和发展

2015年3月我国科技部召开国家精准医疗战略专家会议，提出中国精准医疗计划，并纳入"十三五"重大科技专项。尽管精准医疗（precision medicine，PM）的定义存在差异，但广义上理解为基于遗传、生物标志物或心理社会特征，为每位患者量身定制的诊断工具和治疗方法。精准医疗的推动源于一种范式转变，旨在赋予临床医生预测复杂疾病做合适疗程的能力，并改善日常医疗和公共卫生实践。了解患者的多组学构成及其临床数据，有助于确定易感性、诊断、预后和预测生物标志物，并为不同类型和靶向性的慢性、急性和传染性疾病提供个性化护理的最佳路径。

精准医疗是生命和医学科学领域最重要的发展之一，其倡导将集体和个性化临床数据与患者特定的多组学数据相结合，从而促进治疗策略和知识库的发展，为多样化人群提供预测性和个性化医疗。机器学习算法和人工智能方法进一步增强精准医疗的能力，特别是在利用和扩展原始数据中所蕴含的信息方面，根据公开的注释数据对患者特定的多组学数据进行建模，研究人员能够更好地理解疾病的发病机制。

二、多组学策略与精准医疗

精准医疗利用与患者相关的临床数据以及患者的基因组/多组学数据，得出医生应如何进行特定治疗的结论。与以症状为导向的医学方法相比，精准医学考虑到一个关键事实，即不同患者对相同治疗或药物的反应并不相同。药物基因组学（pharmacogenomics）是精准医疗的关键组成部分，可以用于选择最佳用药剂量，更准确地确定对治疗有反应的个体，并能避免严重的与药物相关的毒性反应。由于药物基因组标记信息可以帮助确定药物剂量、疗效和安全性，FDA批准的药物信息中开始包含药物基因标签（http://www.fda.gov/drugs/scienceresearch/researchareas/pharmacogenetics/ucm083378.htm），此标签中可能会介绍基因型对药物反应的影响，包括相关基因组标记的描述、基因组变异的功能影响、基于基因型的剂量建议和其他适用的基因组信息。

基因组学标志物具有更敏感、更具特异性和更可靠的疾病相关预测的能力。从靶向基因组测序到全外显子组测序再到全基因组测序的转变，进一步推动了精准医疗的发展。基因组测序正在成为临床中广泛应用的方法，用于理解常见疾病的遗传基础，并支持基因—疾病数据的整合、分析和注释。因此，出现了许多临床、基因组学和临床基因组学数据库（表7-2）。通过基因组工具，临床医生能够找到之前无法诊断疾病的病因，确定癌症驱动基因突变，这进一步促进了对许多疾病病理生理学的理解。

表 7-2　临床、基因组学和临床基因组数据库

数据库	链接
eDGAR	http://edgar.biocomp.unibo.it/gene_disease_db/
Clin Var	https://www.ncbi.nlm.nih.gov/clinvar/
DNetDB	https://ngdc.cncb.ac.cn/databasecommons/database/id/3723
DISEASES	https://diseases.jensenlab.org/Search
DisGeNET	https://www.disgenet.org/home/
Ensembl	https://www.ensembl.org/index.html?redirect=no
GenCode	https://www.gencodegenes.org/
MalaCard	https://www.malacards.org/pages/info/
Novoseek	https://pubchem.ncbi.nlm.nih.gov/source/NovoSeek
Orphanet	https://www.orpha.net/consor/cgi-bin/index.php
UniProtKB/Swiss-Prot	https://www.uniprot.org/
GeneCards	https://www.genecards.org/
miR2Disease	https://ngdc.cncb.ac.cn/databasecommons/database/id/1307
LncRNADisease	http://www.cuilab.cn/lncrnadisease
Disease Ontology	https://disease-ontology.org/
DiseaseEnhancer	http://biocc.hrbmu.edu.cn/DiseaseEnhancer/
Human Gene Mutation Database（HGMD）	https://www.hgmd.cf.ac.uk/ac/index.php
Online Mendelian Inheritance in Man（OMIM）	https://www.omim.org/
Catalogue Of Somatic Mutations In Cancer（COSMIC）	https://cancer.sanger.ac.uk/cosmic

　　理解基因组变异的功能一直是一个挑战，但结合多组学技术，如代谢组（研究代谢物）、转录组（研究RNA）、蛋白组（研究蛋白质）和表观基因组学，有助于对基因组功能的理解，加速推动精准医疗的实施。代谢产物与临床生化指标显著相关，有助于改善临床医生的诊断能力，并为研究人员提供新的代谢靶点。代谢组学在多组学系统中具有显著性优势，尤其是在代谢紊乱的疾病中，如糖尿病和癌症。在糖尿病前期患者的应激事件模型中，代谢组学的分类性能仅次于多组学，在受试者操作特征曲线下面积达到80.1%。多组学数据的整合有解释潜在因果关系变化，加强组学科学对生物医学的理解以及提供疾病完整景观的能力。基于与相关遗传特征相关的特定代谢产物的存在与否及其浓度的绝对或相对水平的代谢状态，将有助于对疾病表型进行描述。分析参与细胞过程的代谢产物和蛋白质，分析遗传、生活方式和环境因素（暴露组）对它们的影响，这样可以更全面地理解健康状况，尤其是与下一代测序结合使用时。在过去的几十年里，代谢组学在精准医疗方法方面取得了巨大进展：预测药物反应（例如阿司匹林、辛伐他汀和降压药）和鉴定疾病易感性的生物标志物；鉴定有效的癌症治疗疗法；为创伤患者提供个体化护理；将药物代谢组学应用于罕见癌症、微生物研究和治疗；发现与疾病进展和相关治疗反应相关的动态生物标志物；将代谢组与蛋白组数据整合用于生物标志物发现，支持多发性硬化的个体医疗；使用高通量代

谢组芯片进行快速和定量的代谢物计算；用于精准心血管医疗全局代谢物的表征和定量；分析不同COVID-19感染阶段患者血浆外泌体脂质组学和蛋白组学特征，阐明COVID-19发病过程中的代谢失调机制；利用多组学手段整合代谢组学和代谢表型，推动精准医疗。

机器学习在推动多组学研究并重塑我们的医疗系统方面将发挥重要作用。精准医学的未来是个人组学，它结合了多组学、环境因素、社会互动和个人生活方式，且基于独特的个人参考。

三、多组学联用在罕见病诊断中的应用

罕见病，尤其是患有重症的婴儿和儿童，需要平等获得快速准确的诊断以指导临床，属于典型的精准医疗。传统的诊断技术主要依赖于经验法则，将以往罕见病的临床经验与医学文献相结合。但这种方法存在一定的局限性，大量罕见病患者多年未能得到确诊，诊断延迟从数月至数十年不等，这取决于患者的表型、年龄和可用资源，其中许多人甚至死于没有准确诊断的情况下。

外显子及全基因组测序技术，能使部分罕见且未诊断的疾病的分子原因被确定。全基因组测序联合其他组学技术，使罕见病患者得到确诊的比率提升。例如，在一项为期2年的急诊基因组计划中，为290个家庭提供了全基因组测序。平均结果时间为2.9天，诊断率为47%，并能对未诊断患者进行额外的生物信息学分析和转录组测序。在选定的个案中，采用长度测序和功能分析（酶分析和定量蛋白质组学分析），使额外19个病例得到准确诊断，总体诊断率提升至54%。在得到准确诊断后，120名患者（77%）的重症护理管理发生变化。其中，94名患者（60%）的管理产生了重大影响，如指导精准治疗、外科手术和移植决策及缓解治疗。

80%的罕见病有遗传来源，对于这些具有遗传性的罕见病，通过基因组测序了解家族病史，并告知患者将疾病传给后代的风险，有助于让后代免受此病的困扰。尽管对罕见病的研究取得了重大进展，特别是多组学联用提供了了解其分子基础的工具，但大多数罕见病仍然缺乏批准的治疗方法。然而，罕见病知识的进展正在转化为潜在药物，治疗方式在小分子的基础上增加了单克隆抗体、蛋白质替代疗法、寡核苷酸、基因和细胞疗法及药物再利用等多种治疗方式。

四、精准医疗的挑战和未来发展

精准医疗是知识医学应用和解释的范式转变，从确定性的概念化转变为遗传风险的概率解释。目前尚无单一综合性解决方案，能够将各方面的数据联系起来，包括人口统计信息、个人生活方式、病史、近期就诊医生和医疗机构提供者的信息、已进行的诊断、实验室检测、长期影像、药物治疗和操作、取样进行的湿实验和干实验，以

及治疗不可治愈的疾病等。此外，还面临着难以追踪和前瞻性地跟踪患者的临床进展和结果的挑战，也无法及时更新临床效果数据。医疗保健领域尚未有一个紧凑的解决方案来实现自动化的数据匿名化，以满足内部和全球研究目标，并在高容量和复杂性的最新生成和现有数据集之间进行共享和有效比较。要显著改善医疗服务，以更低的成本改善人群的健康状况，以及改善临床医生和工作人员的工作生活，需要在医疗保健领域建立安全、互操式、分布式、联邦化、产品线大规模数字化健康信息和基础设施。这样的平台将为医学研究和分析提供强有力的支持，让医疗服务更加高效和精准。

尽管目前取得了一些进展，但目前还没有独立的平台能够有效地整合临床、代谢组学和基因组学数据，以支持精准医学的实践。为了在临床实践中广泛推广精准医疗，需要解决以下数据整合的挑战：多组学数据的聚合、可扩展性和与电子健康记录的整合；处理全基因组数据中固有的错误率；评估连续和纵向数据；根据基因表达分类代谢物异质性的复杂模式；实施人工智能/机器学习以识别代谢多模态性出现的原因。

为了实施数据分析，还必须克服以下大数据管理挑战：异构数据的快速增长以及存在多种数据标准、结构、类型和格式；临床数据的可分析性不足，以及对临床数据的解释和推理算法的理解；缺乏有效的开源工具来建模生物相互作用；整合临床和分析系统以及跨学科领域的障碍；实施安全可靠的医疗数据收集、简化、管理、分析和共享框架。而解决多组学和医疗数据分析挑战不仅将解决许多与医疗数据相关的复杂问题，如实施安全网络、管理、普及计算、高级分析、过程建模、数据表示、完整性、隐私、可靠性和交换，而且还将建立一个跨学科的协作研究环境，通过分析原始和聚合的医疗数据，带来新的基础性洞察。

为了有效实现医疗数据分析的目标，需要来自各个领域的专家（如管理人员、研究调查员、医生、护士、数据和实验室科学家等）在多学科科学（如医学、病理学、流行病学、代谢组学、基因组学、蛋白质组学、生物信息学、数据科学、精准医疗等）中共同努力，这些专家可能位于一个或多个组织单位（如医院、研究实验室、核心设施、安全、信息技术等）。其中一个主要尚未解决的挑战是建立一个高效安全的工作流程，能够连接所有内部和外部组织单位、人员和系统，以实现透明和可重复的数据流、质量检查、整合、管理、分析、可视化、报告和共享（图7-9）。

未来，精准医学需要实施和应用新颖且适合临床的平台，通过智能整合临床、代谢组和基因组学数据的分析、可视化和解释，提高患者护理水平。为了实现这一目标，需要采用可发现性、可访问性、智能性和可重复性的方法，促进精准医疗的实施，加速超越传统症状驱动和疾病因果诊断和预防护理策略。其用户将包括遗传学家、生物学家、临床医生和计算科学家。通体概念是指帮助支持和实施一个新的医疗数据分析和研究过程，通过将来自不同背景和专业领域的人与电子健康记录和处理后的多组学数据连接起来，以便进行分析查询和提供有价值的输出来促进决策。

需要开发新的大规模、用户友好、互动性强、跨平台、加密、多角色基础、自动化、定制化和集中式的多数据库管理系统，将临床、基因组学和其他类型的组学数据、

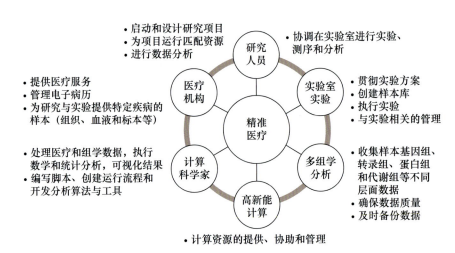

图7-9 精准医疗将连接多个组织单位、人员和系统

表型数据和生物标志物数据储存在一个可操作的框架中（例如，在数据库中储存元数据，在集群和云中储存实际数据），并进行结构化（例如，关系模式、标准命名规范和数据结构）和安全（例如，加密、解密、归档、备份、事件日志记录、有限访问和密码管理）管理。这些管理系统应该整合数据分析流程、支持研究高表达基因中的致病变异，以找到不确定性的根本原因，例如常染色体隐性携带者、表型表现为杂合子以及与代谢物变化相关的遗传关联。这还将有助于执行强大的基因分析，以识别与异常代谢物水平相关的功能性变异或导致代谢多样性出现的单基因和多基因变异，以及影响BMI的变异。仅仅将特定基因组变异和致病性的断言相关联是不够的，为了诊断目的，我们还需要开发用户友好的图形界面，使来自多学科背景且缺乏编程技能的用户能够执行复杂的生物信息学、生物医学信息学和数据科学任务，同时也为经验丰富的生物信息学专业人员提供更有效的数据管理、整合和分析方式。

参 考 文 献

［1］ 张自立, 王振英. 系统生物学 [M]. 北京: 科学出版社, 2009.
［2］ Kitano H. Foundations of Systems Biology [M]. Cambridge: The MIT Press, 2001.
［3］ Westerhoff H V, Palsson B O. The evolution of molecular biology into systems biology [J]. *Nat Biotechnol*, 2004, 22 (10): 1249-1252.
［4］ Karr J R, Sanghvi J C, Macklin D N, *et al*. A whole-cell computational model predicts phenotype from genotype [J]. *Cell*, 2012, 150 (2): 389-401.
［5］ Bertalanffy L V. The theory of open systems in physics and biology [J]. *Science*, 1950, 111 (2872): 23-29.
［6］ Glansdorff P, Prigogine I, Hill R N. Thermodynamic Theory of Structure, Stability and Fluctuations [J]. *American Journal of Physics*, 1973, 41 (1): 147-148.
［7］ Eigen M, Schuster P, The hypercycle. A principle of natural self-organization. Part A: Emergence of the hypercycle [J]. *Naturwissenschaften*, 1977, 64 (11): 541-565.

[8] Tavassoly I, Goldfarb J, Iyengar R. Systems biology primer: the basic methods and approaches [J]. *Essays Biochem*, 2018, 62 (4): 487-500.

[9] Joshi A, Rienks M, Theofilatos K, et al. Systems biology in cardiovascular disease: a multiomics approach [J]. *Nat Rev Cardiol*, 2021, 18 (5): 313-330.

[10] Wang R, Li B, Lam S M, et al. Integration of lipidomics and metabolomics for in-depth understanding of cellular mechanism and disease progression [J]. *J Genet Genomics*, 2020, 47 (2): 69-83.

[11] Houle D, Govindaraju D R, Omholt S. Phenomics: the next challenge [J]. *Nat Rev Genet*, 2010, 11 (12): 855-866.

[12] Subramanian I, Verma S, Kumar S, et al. Multi-omics Data Integration, Interpretation, and Its Application [J]. *Bioinform Biol Insights*, 2020, 14: 1177932219899051.

[13] Reel P S, Reel S, Pearson E, et al. Using machine learning approaches for multi-omics data analysis: A review [J]. *Biotechnol Adv*, 2021, 49: 107739.

[14] Singh A, Shannon C P, Gautier B, *et al*. DIABLO: an integrative approach for identifying key molecular drivers from multi-omics assays [J]. *Bioinformatics*, 2019, 35 (17): 3055-3062.

[15] Lu J, Lam S M, Wan Q, *et al*. High-Coverage Targeted Lipidomics Reveals Novel Serum Lipid Predictors and Lipid Pathway Dysregulation Antecedent to Type 2 Diabetes Onset in Normoglycemic Chinese Adults [J]. *Diabetes Care*, 2019, 42 (11): 2117-2126.

[16] Song J W, Lam S M, Fan X, *et al*. Omics-Driven Systems Interrogation of Metabolic Dysregulation in COVID-19 Pathogenesis [J]. *Cell Metab*, 2020, 32 (2): 188-202 e5.

[17] Lam S M, Zhang C, Wang Z, *et al*. A multi-omics investigation of the composition and function of extracellular vesicles along the temporal trajectory of COVID-19 [J]. *Nat Metab*, 2021, 3 (7): 909-922.

[18] Miao H, Li B, Wang Z, *et al*. Lipidome Atlas of the Developing Heart Uncovers Dynamic Membrane Lipid Attributes Underlying Cardiac Structural and Metabolic Maturation [J]. *Research*, 2022. doi: 10.34133/research.0006.

[19] Smith B, Ceusters W. Ontological realism: A methodology for coordinated evolution of scientific ontologies [J]. *Appl Ontol*, 2010, 5 (3-4): 139-188.

[20] Blake J A, Bult C J. Beyond the data deluge: data integration and bio-ontologies [J]. *J Biomed Inform*, 2006, 39 (3): 314-320.

[21] Wild C P. Complementing the genome with an "exposome": the outstanding challenge of environmental exposure measurement in molecular epidemiology [J]. *Cancer Epidemiol Biomarkers Prev*, 2005, 14 (8): 1847-1850.

[22] Wild C P. Environmental exposure measurement in cancer epidemiology [J]. *Mutagenesis*, 2009, 24 (2): 117-125.

[23] Wild C P. The exposome: from concept to utility [J]. *Int J Epidemiol*, 2012, 41 (1): 24-32.

[24] Gao P, Shen X, Zhang X, *et al*. Precision environmental health monitoring by longitudinal exposome and multi-omics profiling [J]. *Genome Res*, 2022, 32 (6): 1199-1214.

[25] Zhang H, Hu H, Diller M, *et al*. Semantic standards of external exposome data [J]. *Environ Res*, 2021, 197: 111185.

[26] Fountain-Jones N M, Machado G, Carver S, et al. How to make more from exposure data? An integrated machine learning pipeline to predict pathogen exposure [J]. *J Anim Ecol*, 2019, 88 (10): 1447-1461.

[27] Greener J G, Kandathil S M, Moffat L, et al. A guide to machine learning for biologists [J]. *Nat Rev Mol Cell Biol*, 2022, 23 (1): 40-55.

[28] Zhong S, Zhang K, Bagheri M, *et al*. Machine Learning: New Ideas and Tools in Environmental

Science and Engineering [J]. *Environ Sci Technol*, 2021, 55 (19): 12741-12754.

[29] Ahmed Z. Precision medicine with multi-omics strategies, deep phenotyping, and predictive analysis [J]. *Prog Mol Biol Transl Sci*, 2022, 190 (1): 101-125.

[30] Abdelhalim H, Berber A, Lodi M, *et al*. Artificial Intelligence, Healthcare, Clinical Genomics, and Pharmacogenomics Approaches in Precision Medicine [J]. *Front Genet*, 2022, 13: 929736.

[31] Schuck R N, Grillo J A. Pharmacogenomic Biomarkers: an FDA Perspective on Utilization in Biological Product Labeling [J]. *AAPS J*, 2016, 18 (3): 573-577.

[32] Prokop J W, May T, Strong K, *et al*. Genome sequencing in the clinic: the past, present, and future of genomic medicine [J]. *Physiol Genomics*, 2018, 50 (8): 563-579.

[33] Long N P, Nghi T D, Kang Y P, *et al*. Toward a Standardized Strategy of Clinical Metabolomics for the Advancement of Precision Medicine [J]. *Metabolites*, 2020, 10 (2): 51.

[34] Marwaha S, Knowles J W, Ashley E A. A guide for the diagnosis of rare and undiagnosed disease: beyond the exome [J]. *Genome Med*, 2022, 14 (1): 23.

[35] Lunke S, Bouffler S E, Patel C V, *et al*. Integrated multi-omics for rapid rare disease diagnosis on a national scale [J]. *Nat Med*, 2023, 29 (7): 1681-1691.